计算机类技能型理实一体化新形态系列

高级路由交换技术

（第2版·微课版）

主　编　田庚林　张少芳
　　　　田　华
副主编　白增山　游自英
　　　　赵艳春

清华大学出版社
北京

内容简介

本书主要介绍计算机网络高级路由交换技术,是计算机网络技术专业中组网技术的专业用书。

按照高职高专"面向工作过程,项目驱动、任务引领,做中学、学中做"的教学模式,本书以一个模拟网络工程为主线,以工程项目模式组织教学内容。

本书共分7章,第1章介绍企业网络规划;第2章介绍规划企业网络IP地址;第3章介绍企业网络交换技术;第4章介绍企业网络路由技术;第5章介绍企业网络广域网连接;第6章介绍企业网络热点区域无线覆盖;第7章介绍企业网络设备管理与维护。

本书可以作为网络工程技术人员和高职高专院校学生的参考书。本书配套教学课件、参考答案及实训报告(可打印或使用书末活页)。

本书封面贴有清华大学出版社防伪标签,无标签者不得销售。
版权所有,侵权必究。举报:010-62782989,beiqinquan@tup.tsinghua.edu.cn。

图书在版编目(CIP)数据

高级路由交换技术:微课版/田庚林,张少芳,田华主编.—2版.—北京:清华大学出版社,2024.5
(计算机类技能型理实一体化新形态系列)
ISBN 978-7-302-65929-7

Ⅰ.①高… Ⅱ.①田… ②张… ③田… Ⅲ.①计算机网络—信息交换机 ②计算机网络—路由选择 Ⅳ.①TN915.05

中国国家版本馆 CIP 数据核字(2024)第 064512 号

责任编辑:张 弛
封面设计:刘代书　陈昊靓
责任校对:李 梅
责任印制:刘 菲

出版发行:清华大学出版社
　　　　网　　址:https://www.tup.com.cn,https://www.wqxuetang.com
　　　　地　　址:北京清华大学学研大厦A座　　邮　编:100084
　　　　社 总 机:010-83470000　　　　　　　　邮　购:010-62786544
　　　　投稿与读者服务:010-62776969,c-service@tup.tsinghua.edu.cn
　　　　质量反馈:010-62772015,zhiliang@tup.tsinghua.edu.cn
　　　　课件下载:https://www.tup.com.cn,010-83470410
印 装 者:三河市君旺印务有限公司
经　　销:全国新华书店
开　　本:185mm×260mm　　印　张:16.5　　字　数:396千字
　　　　(附实训报告)
版　　次:2014年1月第1版　2024年6月第2版　　印　次:2024年6月第1次印刷
定　　价:69.00元

产品编号:097956-01

前　言

本书面向高等职业教育，是"计算机网络技术"专业系列教材之一。本书是在介绍网络通信基本原理、定长子网掩码地址规划、静态路由、默认路由、简单动态路由和VLAN交换技术的基础上介绍网络系统设计、高级IP地址规划技术、高级路由与交换技术的教材。

按照高职高专"面向工作过程、项目驱动、任务引领、做中学、学中做"的教学模式，本书以一个模拟的网络工程为主线，按照任务需要介绍必备的知识，逐项完成工程任务。本书包含了大量的实训任务，让学生通过实训项目学习网络技能。

本书第一版自出版以来受到广大读者的欢迎。本次再版主要修改的是围绕华为设备进行设备配置介绍，并针对教学难点增加了微课内容。本书内容共7章，第1章模拟一个学院网络组网工程环境，包括用户需求、网络设计、设备选型；第2章介绍高级IP地址规划技术，包括VLSM、DHCP等IP地址节约技术；第3章介绍企业网络交换技术，包括链路聚合和生成树技术；第4章介绍企业网络路由技术，包括RIPv2、OSPF以及路由引入和VRRP技术；第5章介绍企业网络广域网连接，主要介绍PPP及认证配置；第6章介绍企业网络热点区域无线覆盖，主要介绍无线网络接入、安全认证、无线网络勘测及无线接入设备配置；第7章介绍网络设备的管理与维护。

本书提供的教学资源除了课堂教学时使用的教学课件之外，还对操作性较强、学生较难掌握的教学内容录制了微课，供学生课上课下学习使用。本书的教学课件、电子版实训报告等教学资源可以通过扫描书中的二维码从清华大学出版社教学资源网站观看和获取。

本书由田庚林负责组织策划、主持编写和统稿审定工作。第1章由白增山编写，第2章和第3章由游自英编写，第4章和第5章由张少芳编写，第6章由田华编写，第7章和附录部分由赵艳春编写。微课录制由张少芳、游自英完成，微课后期制作由游自英完成。

由于计算机网络技术发展更新较快，编者对内容的理解可能有不当之处，希望广大读者给予批评和指正。

编　者
2024年3月

教学课件

参考答案

实训报告
（另附于书末活页）

目 录

第 1 章 企业网络规划 ································· 1

- 1.1 用户需求分析 ································· 1
  - 1.1.1 用户单位基本信息 ···················· 1
  - 1.1.2 用户总体需求 ·························· 2
- 1.2 网络功能分析 ································· 2
- 1.3 网络拓扑设计 ································· 4
  - 1.3.1 局域网分层网络设计 ················ 4
  - 1.3.2 网络的可用性和高性能保证 ······ 6
- 1.4 网络设备选择 ································· 9
  - 1.4.1 交换机的技术参数和特性 ········· 9
  - 1.4.2 分层网络对交换机功能的要求 ··· 12
  - 1.4.3 其他因素 ······························· 13
- 1.5 企业网络设计方案 ·························· 14
  - 1.5.1 局域网络拓扑结构 ·················· 14
  - 1.5.2 局域网络设备选择 ·················· 15
- 1.6 小结 ··· 17
- 1.7 习题 ··· 17
- 1.8 实训 ··· 18
  - 1.8.1 紧缩核心型网络的实现 ············ 18
  - 1.8.2 三层交换网络的实现 ··············· 21

第 2 章 规划企业网络 IP 地址 ······················ 25

- 2.1 IP 地址规划项目介绍 ······················· 25
- 2.2 路由聚合技术 ································· 26
  - 2.2.1 IP 地址与路由 ························ 26
  - 2.2.2 无类别域间路由 ····················· 26
  - 2.2.3 超网 ····································· 28
- 2.3 变长子网划分 ································· 29
  - 2.3.1 可变长子网掩码 ····················· 29
  - 2.3.2 有类别和无类别路由选择协议 ··· 31

2.4 使用私有 IP 地址 ··· 32
   2.4.1 末梢网络使用私有 IP 地址 ··· 32
   2.4.2 串行链路使用私有 IP 地址 ··· 32
2.5 动态 IP 地址分配技术 ··· 33
   2.5.1 DHCP 报文格式 ·· 34
   2.5.2 DHCP 运行步骤 ·· 36
   2.5.3 DHCP 的配置和验证 ··· 37
   2.5.4 DHCP 中继 ··· 41
2.6 企业网络 IP 地址规划实现 ··· 43
2.7 小结 ·· 45
2.8 习题 ·· 46
2.9 动态 IP 地址配置实训 ·· 46

第 3 章 企业网络交换技术 ·· 50

3.1 企业网络交换技术项目介绍 ·· 50
3.2 GVRP ·· 51
   3.2.1 GARP 简介 ·· 51
   3.2.2 GVRP 简介 ·· 52
3.3 链路带宽聚合技术 ·· 57
   3.3.1 链路带宽聚合的模式 ·· 57
   3.3.2 链路带宽聚合的配置 ·· 58
3.4 生成树协议 ·· 61
   3.4.1 冗余带来的问题 ··· 61
   3.4.2 生成树协议概述 ··· 63
   3.4.3 RSTP ·· 67
   3.4.4 MSTP ··· 68
3.5 企业网络交换技术实现 ··· 79
3.6 小结 ·· 81
3.7 习题 ·· 81
3.8 实训 ·· 81
   3.8.1 链路带宽聚合配置实训 ··· 81
   3.8.2 生成树协议配置实训 ·· 83

第 4 章 企业网络路由技术 ·· 88

4.1 企业网络路由项目介绍 ··· 88
4.2 RIPv2 ··· 89
   4.2.1 路由优先级 ·· 89

4.2.2　RIPv2 的概念 ········· 89
　　　4.2.3　RIPv2 的基本配置 ········· 90
　　　4.2.4　抑制接口 ········· 94
　　　4.2.5　RIP 报文定点传送 ········· 95
　　　4.2.6　手工路由汇总 ········· 96
　　　4.2.7　RIPv2 的认证 ········· 99
　　　4.2.8　传播默认路由 ········· 100
　4.3　OSPF 协议 ········· 102
　　　4.3.1　OSPF 基础 ········· 102
　　　4.3.2　单区域 OSPF ········· 108
　　　4.3.3　多区域 OSPF ········· 121
　4.4　路由引入技术 ········· 135
　　　4.4.1　路由引入命令 ········· 135
　　　4.4.2　路由引入的应用 ········· 136
　4.5　虚拟路由器冗余协议 ········· 141
　　　4.5.1　VRRP 基础 ········· 142
　　　4.5.2　VRRP 的配置和验证 ········· 144
　　　4.5.3　VRRP 的认证 ········· 149
　　　4.5.4　VRRP 监视指定接口 ········· 151
　　　4.5.5　VRRP 的负载分担 ········· 152
　4.6　企业网络路由技术实现 ········· 154
　4.7　小结 ········· 157
　4.8　习题 ········· 157
　4.9　实训 ········· 158
　　　4.9.1　RIPv2 基本配置实训 ········· 158
　　　4.9.2　RIPv2 路由汇总和认证配置实训 ········· 161
　　　4.9.3　单区域 OSPF 配置实训 ········· 163
　　　4.9.4　OSPF 控制 DR 选举和传播默认路由实训 ········· 165
　　　4.9.5　多区域 OSPF 配置和路由汇总实训 ········· 167
　　　4.9.6　OSPF 认证和末梢区域配置实训 ········· 170
　　　4.9.7　路由引入实训 ········· 174
　　　4.9.8　VRRP 配置实训 ········· 176

第 5 章　企业网络广域网连接 ········· 181
　5.1　企业网络广域网连接项目介绍 ········· 181
　5.2　HDLC ········· 181
　　　5.2.1　HDLC 帧结构 ········· 181

5.2.2 HDLC 的配置 ································ 182
5.3 点到点协议 ···································· 183
  5.3.1 PPP 基础 ································ 184
  5.3.2 PPP 的配置 ······························ 185
5.4 企业网络广域网连接配置 ···················· 192
5.5 小结 ·· 192
5.6 习题 ·· 192
5.7 PPP 配置实训 ································· 193

第 6 章 企业网络热点区域无线覆盖 ················ 196
6.1 企业网络无线覆盖项目介绍 ·················· 196
6.2 IEEE 802.11 标准 ····························· 197
  6.2.1 IEEE 802.11 ······························ 197
  6.2.2 IEEE 802.11a ···························· 197
  6.2.3 IEEE 802.11b ···························· 197
  6.2.4 IEEE 802.11g ···························· 198
  6.2.5 IEEE 802.11n(Wi-Fi 4) ················· 198
  6.2.6 IEEE 802.11ac(Wi-Fi 5) ················ 198
  6.2.7 IEEE 802.11ax(Wi-Fi 6) ················ 198
6.3 无线网络拓扑 ·································· 199
  6.3.1 BSS ······································· 199
  6.3.2 ESS ······································· 200
6.4 无线接入过程 ·································· 201
  6.4.1 扫描 ····································· 201
  6.4.2 认证 ····································· 202
  6.4.3 关联 ····································· 203
6.5 无线设备介绍 ·································· 204
  6.5.1 无线接入点 ···························· 204
  6.5.2 天线 ····································· 205
  6.5.3 无线控制器 ···························· 207
  6.5.4 无线网卡 ······························· 207
6.6 无线网络勘测与设计 ·························· 208
  6.6.1 无线网络勘测设计流程 ············· 208
  6.6.2 无线网络勘测设计总体原则 ······· 209
  6.6.3 室内覆盖勘测设计原则 ············· 211
  6.6.4 室外覆盖勘测设计原则 ············· 213
  6.6.5 室外桥接勘测设计原则 ············· 214

6.7 无线网络工程施工技术 ·· 216
   6.7.1 无线网络安装组件介绍 ·· 216
   6.7.2 无线网络工程安装规范 ·· 218
6.8 无线网络设备配置 ·· 220
   6.8.1 Fat AP 基本配置 ·· 221
   6.8.2 WEP 配置 ·· 224
   6.8.3 WPA/WPA2 配置 ·· 225
6.9 企业网络无线覆盖实现 ·· 227
6.10 小结 ·· 228
6.11 习题 ·· 228
6.12 Fat AP 配置实训 ·· 229

第 7 章 企业网络设备管理与维护 ·· 231

7.1 企业网络设备管理与维护项目介绍 ·· 231
7.2 华为设备基础 ·· 231
   7.2.1 华为命令级别 ·· 231
   7.2.2 华为的文件系统 ·· 232
7.3 配置文件管理 ·· 233
   7.3.1 配置文件管理常用命令 ·· 233
   7.3.2 配置文件的备份和恢复 ·· 241
7.4 网络设备的远程管理 ·· 244
   7.4.1 密码验证方式 ·· 244
   7.4.2 用户名/密码验证方式 ·· 246
7.5 企业网络设备管理与维护方案 ·· 246
7.6 小结 ·· 247
7.7 习题 ·· 247
7.8 实训 ·· 248
   7.8.1 网络设备系统安装实训 ·· 248
   7.8.2 网络设备远程管理实训 ·· 251

参考文献 ·· 253

第1章 企业网络规划

在当今高度信息化的社会中，对于一个企业而言，无论其企业性质及其企业经营方向存在什么区别，信息化都是其战略投资中必不可少的一部分，而信息化的核心则是起到支撑作用的企业网络。一个企业从创建伊始就需要构建自己的网络，而随着企业规模的扩大，企业网络的规模也会随之扩大，以支撑整个企业的信息化。对于一个具备相当规模的企业而言，其网络也会具备一定的复杂度，需要各个层次上的多种不同协议协同工作才能保障网络通信的正常进行。为使读者了解网络中各种常用协议的配置以及各个协议之间的关系，进而掌握企业网络规划和设计的知识，本书首先给出一个完整的企业网络规划，并通过网络功能分析将其拆解为多个项目，然后依次完成各个项目以最终实现整个网络构建。

在企业网络的结构上，为了使教学内容更贴近企业的实际网络，本书将模拟一个学院网络。该模拟学院网络在机构设置上包括各个职能处室、教学系部等数十个部门，这些部门分别位于办公楼、教学楼、图书馆等多栋不同的建筑中，而且学院还有多个处于不同地域的校区，因此网络具有足够的复杂度，是中型企业网络中的典型代表。同时，以模拟学院网络为例能够让学生将其与实际网络联系起来，更好地理解网络中的相关知识。

1.1 用户需求分析

在进行网络规划之前，首先需要与用户进行沟通，了解用户单位的具体情况以及用户的需求，包括学院有几个校区、每个校区内的建筑情况，以及部门的具体分布等信息，以作为网络规划的依据。

1.1.1 用户单位基本信息

经过与用户沟通，假定了解到该模拟学院的基本信息如下。

学院共有三个处于不同地域的校区，包括一个主校区和两个分校区。

学院由二十余个部门组成，包括教务处、学生处、人事处等职能处室，计算机系、通信系、金融系等教学系部，以及慧创软件技术有限公司和惠远咨询服务公司两个院属公司。每个部门的工作人员数量10~50人不等。

学院主校区有教学楼、图科楼、清苑大厦、校园宾馆及体育馆等数栋建筑。教学楼和图科楼均为6层，每层有信息点15~20个，共有信息点250个左右；清苑大厦共有18层，每层有信息点30~35个，共有信息点630个左右；校园宾馆共有6层，每层有信息点30~35个，共有信息点210个左右；体育馆共有信息点10~15个。

以上只给出了与本教材内容相关的部分信息，在实际与用户沟通的过程中，需要详细了解并描述用户单位的组织机构、业务情况、各个组织机构的员工情况,以及用户单位的地理位置分布等信息。

1.1.2 用户总体需求

对于学院而言,希望通过一次投入,建设起完善的学院网络,并且要求网络能够满足学校不断发展和员工不断增多的需求。具体的需求如下。

学院的各个部门分散在多栋楼宇中,一个部门可能有多个处于不同楼层的办公地点,而同一楼层可能有多个部门的办公室。要求按照部门进行网段的划分和路由,为学院的每一位员工分配一个静态 IP 地址,使所有员工均能连接网络的同时保证部门间的广播隔离。

要求所有的教室均可以连接网络,以保证教师上课时可以通过网络进行资料查询或远程登录到办公室的计算机上进行操作。

在网络带宽方面,要求信息点的接入带宽达到主流的 100Mbps,上游主干链路带宽达到 1 000Mbps。对于个别对带宽需求较高的部门能够提供高于 100Mbps 的带宽,以免出现网络通信的瓶颈。

在学院的局域网(LAN)内部,对网络可靠性要求比较高的部门其网络必须有冗余机制,避免因为单点故障而导致断网事件的发生。而这种冗余机制对用户要透明,即不能为了提高了网络的可用性而增加终端用户的使用难度。

为方便教师和学生接入网络,在为教师办公室提供固定接入的同时,还要对学院内的热点区域(如教学楼的教室内、大厅等位置)进行无线网络的覆盖,使教师和学生能够使用笔记本电脑、智能手机等方便地接入网络。出于安全考虑,必须对无线网络的接入进行认证和加密,以免网络被非法侵入。

要求学院的网络在出现网络震荡或故障时能够及时被发现并能够快速地修复故障,恢复网络服务。

对于网络规划和设计人员,与之进行沟通的用户代表往往是非网络专业的人员,甚至是非计算机专业的人员,用户代表基本上都是从实际的应用效果和实现效果角度提出需求。网络规划和设计人员需要对这些需求进行专业的分析和归类,以确定网络中涉及的技术协议,从而给出网络的设计方案。

在完成了用户需求分析之后就要进行网络功能分析、网络拓扑结构设计、网络设备选择,并最终给出企业网络设计方案。在企业网络设计中需要考虑的问题、需要使用的技术只靠网络技术基础课程中的知识是不够的。本教材的设计会使用很多没有遇到过的概念和技术,这些内容可以在后续章节中逐步学习掌握。

1.2 网络功能分析

结合用户单位的信息及用户的需求进行分析,即可以确定网络应该具备的功能,以及涉及的技术协议,具体内容如下。

1. 网络拓扑设计和设备选择

学院有多个校区,在各个校区之间必然存在广域网的连接。

在每个校区内部的局域网中,由于要将处于不同楼层的同一个部门办公室划分到一个网段中,还需要实现多个楼宇之间的连接,因此必然会涉及接入、汇聚和核心的 3 层网络拓扑结构设计,还要在接入交换机上进行虚拟局域网(VLAN)的划分,并在汇聚交换机上进行 VLAN 间的路由,以实现按部门进行的逻辑划分和路由。

为满足网络带宽的需求,接入交换机必须具备 1 000Mbps 的上连端口,而汇聚和核心交换机则应该是全千兆的端口。

2. 综合布线需求

网络设计应该充分考虑网络综合布线的需求,布线系统一般会在遵循兼容性、开放性、灵活性、可靠性和先进性等原则的基础上采用模块化和分层星型拓扑结构进行设计,将布线系统分割成工作区子系统(work area subsystem)、配线子系统(horizontal subsystem)、干线子系统(backbone subsystem)、设备间子系统(equipment room subsystem)、管理子系统(administration subsystem)和建筑群子系统(campus subsystem)6 个部分分别进行设计和实现。为了确保各子系统之间相对独立,相邻子系统之间通过跳线进行交连和互连。本教材主要介绍实际网络中的高级路由交换技术,综合布线技术请参考相关教材。

3. IP 地址规划

由于要按照部门进行逻辑网段的划分,而每个部门中的员工数量并不相同,因此必须使用可变长子网掩码(variable length subnet masks,VLSM)技术进行子网的划分。这样一方面确保了子网的大小能够符合相应部门或连接对 IP 地址的数量要求;另一方面又能尽量避免 IP 地址的浪费。

为了减少路由表中的路由条目,同一栋建筑中的多个部门使用的子网 IP 地址应该尽量连续,以确保其可以在汇聚交换机上使用无类别域间路由选择(classless inter-domain routing,CIDR)技术进行路由的聚合。

对于教室,考虑到一般不会出现所有教室同时使用的情况,而且教室也没有对 IP 地址长期持有的需求,因此可以使用动态主机配置协议(dynamic host configuration protocol,DHCP)对其进行 IP 地址的动态分配,这样在减少了地址分配工作量的同时还可以实现 IP 地址的节约。

4. 交换技术

由于网络中存在数十个 VLAN,而这些 VLAN 需要配置在每台交换机上,因此,可以通过 GARP VLAN 注册协议(GARP VLAN registration protocol,GVRP)实现 VLAN 在交换机之间的传播,以方便 VLAN 的配置和管理。

对于有较高带宽需求的部门,为确保其上行链路的带宽能够满足需求,可以考虑使用链路聚合控制协议(link aggregation control protocol,LACP)将多条物理链路聚合成一条逻辑链路,以增加上行链路的带宽。

对于网络的可靠性要求比较高的部门,可以在数据链路层引入冗余链路并运行生成树协议(spanning tree protocol,STP)。在主链路正常工作的情况下,逻辑上断开备份链路,而一旦主链路出现故障,备份链路将被启用以保障网络的连通性。

5. 路由技术

由于在 IP 地址规划中采用了 VLSM 技术,因此必须选择无类别的路由选择协议进行不同网段之间的路由。在各个校区的局域网内部可以通过第二代路由信息协议(routing information protocol version 2,RIPv2)来实现局域网内部各网段之间的路由；而在各个校区之间可以考虑采用开放最短通路优先协议（open shortest path first，OSPF），以保证网络的快速收敛。

对于网络的可靠性要求比较高的部门，可以在网络层引入冗余设备和冗余链路并采用虚拟路由器冗余协议（virtual router redundancy protocol，VRRP），使多台物理网关设备虚拟成一台逻辑网关设备。即使某一台物理网关设备出现故障，其他的物理网关设备依然可以保障网络的连通性。

6. 广域网技术

多个校区之间的连接需要使用广域网，可以在广域网连接上配置高级数据链路控制（highlevel data link control，HDLC）协议或者点到点协议（point-to-point protocol，PPP）来进行数据链路层的封装。在采用PPP时还可以进行认证配置以确保对端设备的可靠。

7. 无线热点覆盖

对于学院内的热点区域进行无线覆盖时，由于热点区域相对分散且没有太多的覆盖设计需求，可以考虑在接入交换机下连接Fat AP进行覆盖，并使用Wi-Fi安全接入（Wi-Fi protected access，WPA）技术对无线网络的接入进行认证和加密。

8. 网络设备管理与维护

为保证网络设备出现故障时能够快速地修复，要求所有的网络设备必须能够远程登录进行配置管理。同时，必须对所有网络设备的操作系统及配置文件进行备份，以便设备的系统文件出现故障时可以进行恢复。

通过对网络应该具备的功能进行分析，即可以依据这些功能进行网络的设计并逐项实现相应的功能。

1.3 网络拓扑设计

模拟学院网络，包括广域网和局域网两部分。广域网部分租用互联网服务提供商的线路即可，不会涉及网络拓扑的设计，因此本节的重点是讨论局域网的设计。

1.3.1 局域网分层网络设计

1. 分层网络设计模型

使用自备通信线路时，地理覆盖范围较小的单位内部网络一般都使用局域网技术实现。当一个局域网内部的信息点较多时（例如，本教材给出的模拟学院网络中的信息点达到了上千个），局域网的设计一般采用分层网络设计方法。同国际标准化组织/开放系统互连（ISO/OSI）模型的理念类似，分层网络设计模型把网络逻辑结构设计这一复杂的网络问题分解为多个小的、更容易管理的问题。它将网络分成互相分离的层，每层提供特定的功能，这些功能界定了该层在整个网络中扮演的角色。对网络的各种功能进行分离，可以实现模块化的网络设计，从而提高网络的可扩展性和性能。典型的分层网络设计模型可分为3层：接入层、汇聚层和核心层，如图1-1所示。

在局域网分层网络设计模型中，各层网络设备通常使用包转发速率较高的以太网交换

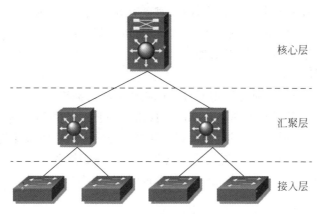

图 1-1　分层网络设计模型

机实现。

(1) 接入层

接入层负责将终端设备,如 PC、服务器、打印机等连接到网络中。接入层的主要目的是提供一种将设备连接到网络并控制允许网络中的哪些设备进行通信的方法。根据网络接入方式的不同,接入层设备一般是较低档次的以太网交换机或无线接入设备,所有的用户终端均由接入层连接到网络中。

(2) 汇聚层

汇聚层位于接入层和核心层之间,先汇聚接入层发送的数据,再将其传输到核心层,并最终发送到目的地。汇聚层通过定义通信策略控制网络中的通信流,尤其是进入核心层的通信,用以提供边界的定义。汇聚层通过通信策略控制将核心层和网络的其他部分区分开,以达到禁止不必要的流量进入核心层的目的。汇聚层一般使用具有较高包转发速率和路由功能的三层交换机,在汇聚层交换机上除了完成较高速率的数据转发之外,还需要为下层交换机提供 VLAN 之间的路由。

(3) 核心层

核心层是局域网分层网络中的高速主干。它是局域网分层网络设计模型中的一个层次定义,而不是整个网络系统的核心骨干网络。局域网分层网络设计模型中的核心层主要用于汇聚所有下层设备发送的流量,进行大量数据的快速转发。核心层不承担任何访问控制、数据加密等影响快速交换的任务。核心层的设备通常需要具备极高的数据转发速率。

需要注意的是,局域网分层网络设计模型只是一个概念上的框架,实际的网络设计结构会因网络的具体情况而异。这三层可能位于清晰明确的物理实体中,也可能不是。在很多规模较小的网络中通常采用紧缩核心型的网络设计,即将核心层和汇聚层合二为一,形成一个"接入层＋核心层"的两层结构。

2. 分层网络设计的优点

(1) 可扩展性好

分层网络具有很好的可扩展性。由于采用了模块化的设计,并且同一层中实例设计的一致性,当网络需要扩展时,分层网络可以很方便地将某一部分的设计直接进行复制。例如,如果网络设计中为每 8 台接入层交换机配备了 2 台汇聚层交换机,则在网络接入点增多时，可以不断地向网络中增加接入层交换机，直到有 8 台接入层交换机交叉连接到 2 台汇聚层交换机上为止。如果网络接入点继续增多，则可以重复上述过程，通过增加汇聚层交换机和接入层交换机来确保网络的可扩展性。

（2）网络通信性能高

改善通信性能的方法是避免数据通过低性能的中间设备传输。在局域网分层网络设计中，分层网络一般通过使用转发速率较高的交换机设备将通信数据以接近线速的速度从接入层发送到汇聚层。随后，汇聚层交换机利用其高性能的交换功能将此流量上传到核心层，再由核心层交换机将此流量发送到最终目的地。由于核心层和汇聚层选用高性能的交换机，因此数据报文可以在所有设备之间实现接近线速的数据传递，大大提高了网络的通信性能。

（3）安全性高

局域网分层网络设计可以提高网络的安全性。在接入层，分层网络可以通过端口安全选项的配置来控制允许哪些设备连接到网络。在汇聚层，分层网络则可以使用更高级的安全策略来定义在网络上部署哪些通信协议以及允许这些协议的流量传送到何方。例如，分层网络可以在接入层交换机上通过端口绑定技术来限制只允许特定 IP 地址和介质访问控制（MAC）地址的主机接入网络。在汇聚层交换机上它可以通过定义并应用访问控制列表（access control lists，ACL）来限制允许或禁止特定高层协议（如 IP、ICMP、TCP、HTTP 等）数据流量的通过。

接入层交换机一般只在第 2 层执行安全策略，即使接入层的某些交换机支持第 3 层功能。第 3 层的安全策略通常由汇聚层交换机来执行，因为汇聚层交换机的处理效率要比接入层交换机高很多。而核心层不必定义任何安全策略。

（4）易于管理和维护

由于局域网分层网络设计的每一层都执行特定的功能，并且整层执行的功能都相同，因此，分层网络更容易管理。如果需要更改接入层交换机的功能，则可以在该网络中的所有接入层交换机上重复此更改，因为所有的接入层交换机所执行的功能都相同。由于几乎无须修改即可在同层不同交换机之间复制配置，因此还可以简化新交换机的部署。利用同一层各交换机之间的一致性，可以实现快速恢复并简化故障排除。当然，也可能因为网络的特殊需求造成两台同层交换机之间的配置不一致，此时一定要妥善记录这些配置，以免出现管理上的混乱。

另外，在局域网分层网络设计中，每层交换机的功能并不相同。因此，可以在接入层上使用较便宜的交换机，而在汇聚层和核心层上使用较昂贵的交换机来实现高性能的网络，从而实现成本的控制。

1.3.2 网络的可用性和高性能保证

1. 网络的可用性保证

在网络系统设计中，通常引入冗余机制来提高网络的可用性。冗余机制通过在网络中提供冗余设备和冗余链路来保障网络的可靠运行。在实际网络设计中，网络中的某一部分可能会要求比较高的可用性，例如某一部分网络不允许出现通信中断故障，为了保证部分网络的安全畅通，可以通过冗余机制来实现。

冗余机制包括增加冗余设备和增加冗余链路。增加冗余设备是为了保障网络中某些设备出现故障时网络的可用性；增加冗余链路是为了保障网络中某些链路出现故障时网络的可用性。实际上，冗余设备和冗余链路往往是同时存在的，使用了冗余设备就需要使用冗余链路连接。冗余机制能够在网络出现故障时确保网络的可用性，而在网络正常运行时，网络中的冗余链路和冗余设备还可以实现网络通信流量的负载分担功能。

冗余机制设计如图 1-2 所示。PC1 的上行链路采用了冗余机制。汇聚层、核心层的某个交换机出现故障，或者汇聚层、核心层的某一条链路出现故障，都不会影响 PC1 的网络通信。

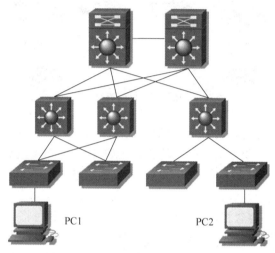

图 1-2　冗余机制设计

考虑到成本和接入层流量较少、终端设备功能有限等问题，一般不会在接入层采用冗余机制。在汇聚层和核心层也不会去做整个网络的完全冗余，而是根据需要只做可用性要求较高的那一部分。在较大型的网络中，对于可用性要求比较高的部分会增加汇聚层设备，并在接入层和汇聚层之间增加冗余链路；而在核心层往往会采用"双核心"，即使用两台核心层设备，汇聚层设备和两台核心层设备之间均有链路连接，两台核心层设备互为备份并进行负载的分担。

冗余机制在提高网络可用性的同时也造成了网络中数据链路层环路的存在，从而可能引起广播风暴等一系列问题。此类问题的解决方法为在交换机上运行生成树协议，使网络的数据链路层在逻辑上形成一个树形结构，具体的解决方法详见 3.4 节的生成树协议。

2．网络的高性能保证

要保证网络的高性能传输，一方面需要尽可能减少信源和信宿之间经过的设备数量，以降低数据的传输延时；另一方面需要在逻辑上增大某些链路的带宽，以避免出现数据传输的瓶颈。

（1）网络直径

在分层网络设计中，网络直径是指网络中任意两台终端之间进行通信需要经过的网络设备数量的最大值，而不是指通信的最大距离。如图 1-3 所示，PC1 和 PC2 之间进行通信最多经过 5 台交换机，即网络直径为 5。

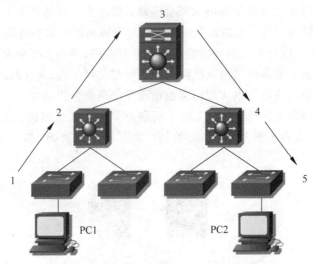

图 1-3 网络直径

在进行分层网络设计时,应该尽可能地降低网络直径,因为数据在经过网络设备时都会产生延时,网络直径越大,积累的延时就越长。例如,数据帧在经过交换机时,交换机需要确定数据帧的目的 MAC 地址,从"端口—MAC 地址映射表"中查找转发端口,再将数据帧转发到相应的端口上。这个过程虽然只有几分之一秒的延时,但如果数据帧要经过许多台交换机,累加后的延时将不容忽视,而数据报文经过路由器的延时将会更长。因此,将网络直径保持在较低的水平是提高网络传输性能的一个重要方法。

在分层网络设计中,网络直径总是源设备和目的设备之间的跳数,而跳数是可以预测的。在局域网中,即使网络采用了冗余机制,在汇聚层和核心层引入了冗余设备和冗余链路,网络直径也一般会被控制在 6 以内;但是在涉及广域网的大型网络中,网络直径往往会较大,网络设计中应该尽量降低网络直径。

(2) 通信链路带宽设计

在网络设计中,各个部分之间的通信链路往往有着不同的需求,在通信链路的设计中需要分别设计每条通信链路的带宽。分层网络的核心层、汇聚层一般要求较高带宽的通信链路,而接入层一般需要的通信链路带宽较低。一般情况下,局域网线路可以设计较高的链路带宽,如百兆级、千兆级;但是在广域网线路中,链路带宽的设计需要兼顾通信线路的费用。无论如何,在通信链路设计中,都必须满足用户的链路带宽需求。

在有些情况下,网络中的某一部分通信链路对带宽可能会有比较高的要求。例如图 1-4 中,学院的人事处和教务处之间由于经常有较大的通信量,所以可能要求接入层和汇聚层之间的通信链路带宽要高于 100Mbps;汇聚层和核心层之间的通信链路带宽也需要高于 100Mbps。

在通信链路需要的带宽大于网络设备接口提供的最高带宽时,可以使用链路聚合技术来解决问题。链路聚合技术是将多个网络设备端口链路组合在一起,在逻辑上形成单个高带宽链路,从而在低带宽通信接口之间实现高速数据传输的技术。

如图 1-4 所示,人事处主机和教务处主机之间需要较高的带宽,而网络中使用的交换机端口速率只有 100Mbps。因此,对它们进行通信经过的接入交换机—汇聚交换机、汇聚交换机—核心交换机之间的链路使用链路聚合技术,通过使用两条通信链路来达到链路带宽

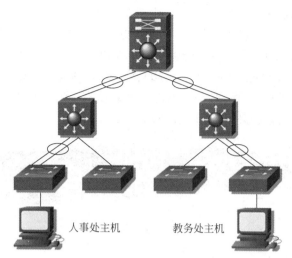

图 1-4 链路聚合

的要求。

在链路聚合中,同一逻辑链路中的物理链路成员彼此互为冗余,共同完成数据通信并相互备份。只要还存在能够正常工作的物理链路成员,整个逻辑链路就不会失效。因此,链路聚合技术在增加链路带宽的同时也提高了链路的可用性。

1.4 网络设备选择

如何为网络中的每一层选择合适的网络设备是一个非常复杂的问题,在给出的模拟学院网络环境中,实际上包含了两部分网络。一部分是各校区之间的广域网连接,使用的网络设备为路由器,对于不同的应用需求需要向互联网服务提供商(Internet server provider,ISP)租用不同的广域网链路,并添加相应的路由器模块。另一部分是各校区内部的局域网连接,使用的设备为交换机,本节主要讨论局域网设备即交换机的选型。

在进行局域网设备选型时,不但要了解交换机的各种技术参数和特性、分层网络中每一层对于交换机功能的要求,还需要考虑网络中的某些部分对于网络的特定要求。下面就分别对以上几点进行介绍。

1.4.1 交换机的技术参数和特性

1. 交换机的物理特性

在选择交换机时,首先需要考虑的就是交换机的物理特性,包括交换机的物理尺寸和其是否可以进行模块的扩展等。

在实际网络中,网络设备包括路由器、交换机等往往会被集中放置在配线间和设备间的机柜中,因此在选择交换机时,物理尺寸成为一个需要考虑的因素。一般交换机的设计宽度为 48.26cm(19in)或 58.42cm(23in),而高度则是使用"机架单元"U 来进行衡量,1U 的高度大约等于 4.445cm。交换机的高度均为 U 的整数倍,大部分低端的接入层、汇聚层交换机高度为1U,而高端的核心层交换机会达到18U甚至更高。

按照是否可以进行物理扩展来划分,可以将交换机分为固定配置交换机(盒式交换机)和模块化交换机(框式交换机)。固定配置交换机在出厂时物理配置已经固定,不能够再增加出厂配置以外的功能或配件,如华为S3700、S5720系列等。不过,一般同一型号的交换机会有不同的配置可供选择,例如,华为S3700系列就有24口、48口两种不同端口数量的交换机。固定配置交换机的外形如图1-5所示。

图1-5　固定配置交换机

模块化交换机则拥有开放性的插槽,在网络规模增大时可以通过向空闲插槽添加相应的网络模块来提高网络的接入容量。例如,可以向原本拥有24端口的模块化交换机上再添加一个24端口的网络模块,使交换机的端口数量增加到48个。另外还可以根据具体的网络需求选择不同的模块,如光纤模块等。典型的模块化交换机有华为S7700、S12700系列等,如华为S7706交换机拥有6个业务插槽,即最多可以支持6个网络模块。模块化交换机的外形如图1-6所示。

图1-6　模块化交换机

相比较而言,固定配置交换机的成本较低,而模块化交换机的可扩展性更好。对于一个企业或单位而言,网络规模会随着业务的发展而不断地增大,因此在网络建设的初期就需要考虑到网络的日后扩展。如果网络前期建设采用了固定配置交换机,则当网络需要扩展时就需要新增交换机,这样不但会造成连接线路的复杂度增高,还会因为每台交换机都需要独立管理而造成管理成本的增加。而如果采用模块化交换机就可以很好地解决网络扩展的问题,但是另外一个问题是模块化交换机往往价格比较高。所以在早期,解决网络可扩展性的成本较低的方法是采用可堆叠交换机。

可堆叠交换机可以使用专用的背板电缆将多个交换机连接起来当作一台交换机使用，当网络需要扩展时增加堆叠交换机的个数即可，而在管理上仍然作为一台交换机。例如，Cisco 公司的 StackWise 技术最多允许将 9 台交换机进行堆叠。堆叠需要交换机的支持，但并不是所有的交换机都支持堆叠。随着模块化交换机成本的降低以及固定配置交换机端口的增加，交换机的堆叠技术越来越少地被使用。

2. 交换机的端口密度

端口密度是指一台交换机上可用的端口数。一台固定配置交换机设备通常最多支持 48 个端口，部分机型还提供 2 个或 4 个附加端口用于连接小型可插拔（SFP）设备。在空间和电源接口有限的情况下，较高的端口密度可以更有效地利用这些资源。例如，两台 24 口交换机，最多可以支持 46 台设备，因为每台交换机都至少要有一个端口用于将交换机本身连接到网络的其他部分，而且需要两个电源插座。但是，一台 48 口交换机则可以支持 47 台设备，只需要使用一个端口将交换机本身连接到网络的其他部分即可，并且只需要一个电源插座来为交换机供电。

对于大型企业的网络而言，在某一物理点如配线间、设备间，可能有数量庞大的网络接入需求。如果使用端口密度较低的交换机，一方面需要配置大量的交换机，占用许多电源插座和大量的空间；另一方面为解决交换机间链路的带宽问题，还需要额外占用大量的端口来提供交换机之间的链路聚合。而使用端口密度较高的交换机则不存在上述问题。模块化交换机一般都可以通过增加网络模块来提高交换机的端口密度，例如，一台 Catalyst 6500 交换机最多可以支持 1 000 多个端口。

3. 交换机的转发速率

转发速率是指交换机每秒能够处理的数据量，它用来定义交换机的数据处理能力。转发速率越高则交换机的数据处理能力越好，最佳情况是交换机的转发速率可以支持其所有端口之间实现全线速的通信。线速是指交换机上每个端口能够达到的数据传输速率，如 100Mbps、1 000Mbps 等，所谓全线速通信即所有端口之间都可以进行完全无阻塞的数据交换。例如，一台 48 端口的千兆交换机全线速运行时能够产生 48Gbps 的流量，如果要实现全线速的通信，则该交换机的转发速率至少需要达到 48Gbps。但是考虑到成本的原因，很多的低端交换机并不支持全线速通信。

在分层网络中，一方面部分用户终端的流量较少，另一方面受到通往汇聚层的上行链路的限制，接入层交换机通常不需要全线速运行。因此在进行设备选择时，在接入层就可以选择转发速率较低，同时成本也较低的交换机。而在汇聚层和核心层由于数据流量大，则需要选择成本较高但支持全线速运行的交换机。

4. 交换机的三层功能

提到交换机时，人们自然会想到其工作层次为数据链路层，即二层交换机。但是，在实际应用中为实现不同广播域之间的路由，交换机往往需要具有第三层的功能。典型的三层设备为路由器，但是路由器由于需要通过软件来实现数据报文的路由，延时时间长，往往成为网络通信中的瓶颈。而交换机通过增加路由模块可以实现第三层路由，并且突破了路由器的速率限制。另外，由于三层交换机可以提供更多的端口并且成本比路由器要低，因此在局域网中通常使用三层交换机来实现路由功能。

当然，三层交换机并不能完全取代路由器，因为路由器对于一些高级路由协议有着更好的支持,并且路由器在支持广域网接入方面更加灵活。因此,路由器依然是广域网连接的首选设备,在某些情况下甚至是唯一的设备。

1.4.2 分层网络对交换机功能的要求

在了解了交换机的部分技术参数和特性后,还需要了解分层网络中每一层对于交换机功能的要求,这样才可以依据具体要求为每一层选择合适的交换机。

1. 接入层交换机的功能

接入层交换机负责将终端节点设备连接到网络。它们需要支持端口安全、VLAN 和链路聚合等功能,还要根据用户终端的具体需求支持相应的端口速度和转发速率。

端口安全功能允许交换机决定允许多少设备或哪些设备连接到交换机,它通过在交换机的端口下绑定接入设备的 MAC 地址来实现。如果为某一个交换机端口分配了安全 MAC 地址,那么当数据包的源地址不是已定义地址组中的地址时,端口不会转发这些数据包。端口安全功能应用于接入层,作为保护网络的第一道重要防线。

对于 VLAN 的支持也是对接入层交换机的基本要求。在实际的网络中,通常存在不同部门的终端设备连接到同一台接入层交换机上或者同一部门的终端设备连接到不同接入层交换机上的情况,而同一部门的终端设备一般划分到同一个子网中。因此接入层交换机必须能够进行广播域即 VLAN 的划分。

在选择接入层交换机时还需要考虑交换机的端口速度。端口速度必须能够满足网络的性能需求。在网络中,不同的终端设备对于带宽可能有着不同的需求。对于大多数终端设备的数据流量来说,快速以太网端口(100Mbps)已经足够;但是部分终端设备如应用服务器等可能需要千兆以太网端口(1 000Mbps)。与仅支持快速以太网端口的交换机相比较而言,千兆以太网端口交换机可以极大地提高数据传输的速度,提高用户的工作效率;但是千兆以太网端口交换机的成本也比仅支持快速以太网端口的交换机高出很多。

链路聚合是大多数接入层交换机所共有的另一项功能,接入层交换机通过链路聚合可以增加接入层交换机到汇聚层交换机上行链路的带宽。

由于通信的瓶颈通常在接入层交换机和汇聚层交换机之间的链路上,因此接入层交换机对转发速率的要求并不太高。一般的接入层交换机都不能达到而且不需要达到所有端口全线速通信,它们仅需要处理来自终端设备的流量并将其转发到汇聚层交换机即可。

2. 汇聚层交换机的功能

汇聚层交换机负责收集所有接入层交换机发来的数据并将其转发到核心层交换机。它们需要具有第三层的功能,支持安全策略、链路聚合,具有一定的冗余和较高的转发速率。

接入层交换机上实施了 VLAN 的划分,而汇聚层交换机上需要实现其下连接的接入层交换机上的 VLAN 之间的路由,以实现同一汇聚层交换机下不同 VLAN 之间的通信,因此,汇聚层交换机需要具有第三层的功能。不同汇聚层交换机下的 VLAN 之间的通信需要由核心层交换机来实现,但是核心层交换机需要学习到各个汇聚层交换机下 VLAN 的路由,这就要求在核心层交换机和汇聚层交换机之间运行路由选择协议。因此,要求汇聚层交换机必须至少支持一种动态路由选择协议,如路由信息协议(routing information protocol,RIP)等。

汇聚层为网络中的流量应用高级安全策略以控制流量如何在网络上传输,因此,汇聚层交换机必须支持安全策略的应用。典型的安全策略为 ACL,使用 ACL 需要占用大量的处理资源,因为交换机需要检查每个数据包并查看该数据包是否与交换机上定义的 ACL 的某个规则匹配。这也就要求汇聚层交换机具有强大的数据处理能力。

汇聚层交换机同样需要支持链路聚合功能。通常,接入层交换机使用多条链路连接到汇聚层交换机以确保为接入层上产生的流量提供足够的带宽。而汇聚层交换机由于要接收多个接入层交换机发送的流量,并且需要尽快将所有流量转发到核心层交换机上,因此,还需要回连核心层交换机的高带宽聚合链路。

另外一个需要考虑的是汇聚层交换机的冗余功能。由于汇聚层交换机是所有接入层流量的必经之路,因此,其一旦出现故障,就会严重影响网络的其他部分。为确保网络的可用性,汇聚层交换机通常成对使用,互为冗余,并且在每一台汇聚层交换机上都应该有一部分冗余端口。同时汇聚层交换机还应该支持多个可热插拔电源,以确保在其中某个电源出现故障时,交换机仍可继续运行。

与接入层交换机相比,汇聚层交换机需要具有更高的转发速率和更高的可用性。通常,汇聚层交换机的端口速度都要达到 1 000Mbps。

3. 核心层交换机的功能

核心层交换机负责汇聚所有下层交换机发送的流量,并实现高速的数据交换。它们需要具有第三层的功能,支持链路聚合,并且需要高度的冗余和极高的转发速率。

核心层交换机用来实现整个网络的数据路由,因此需要具有第三层功能,并且支持动态路由选择协议。

核心层交换机通过链路聚合功能增加汇聚层交换机到核心层交换机上行链路的带宽。

核心层交换机必须具备高度的冗余,因为一旦核心层交换机出现故障可能会导致整个网络的瘫痪。一般核心层都会采用比汇聚层更加完善的冗余,甚至是完全冗余,包括设备、线路以及设备组件的冗余。另外,由于核心层交换机的传输负载很高,所以它运行时的温度通常比接入层或汇聚层交换机的温度更高,因此应该配备更完善的冷却方案。

在整个分层网络体系中,核心层交换机应该具有最高的数据转发速率,以实现整个网络的高速运转。通常核心层交换机的端口速度至少要达到 1 000Mbps,甚至达到 10 000Mbps。

1.4.3 其他因素

实际上,在进行交换机的选型时,还需要考虑网络的具体情况和要求,并对其进行分析。一般需要进行用户群分析、流量分析、服务器分析等,以选择适合某些特定要求和应用的交换机,保障网络的可扩展性和可用性。

进行用户群分析可以确定各类用户群体对网络性能的影响和需求。通常将一个职能部门划分为一个用户群,因为相同职能的用户所需访问的资源和应用程序也大体相同。在进行用户群分析时,要考虑不同用户群的不同需求,对于人员增长可能比较快的用户群,要选择端口密度较大的交换机,以确保有足够多的闲置交换机端口用来扩展;对于流量较大的用户群,要选择转发速率较高的交换机,以免产生数据传输的瓶颈。

进行流量分析可以了解网络中各部分的流量大小,确定其对带宽的具体需求,以选择合适的交换机。实际上,流量分析更多地用来在网络投入运行后,测量网络带宽的使用率,以确定其是否需要调整和升级网络。

另外需要考虑的是各种应用服务器和数据存储服务器,一般服务器的数据流量总是很大,因此要选择转发速率较高的交换机,并且其应该具备高度的冗余,以确保可用性。在逻辑上,经常访问服务器的用户群应该尽量靠近服务器,以减少用户通信的网络直径,提高网络传输效率。

1.5 企业网络设计方案

模拟学院网络中的广域网部分直接租用 ISP 的服务即可,在此不进行讨论。模拟学院局域网部分以主校区为例进行网络的设计。

1.5.1 局域网络拓扑结构

学院主校区的网络,可以采用分层网络来设计,由接入层、汇聚层、核心层三层构成。拓扑结构如图 1-7 所示。

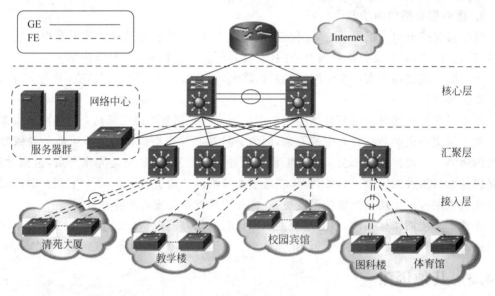

图 1-7 学院主校区网络拓扑结构

在汇聚层交换机上进行 VLAN 的创建,并在接入层交换机上通过将接入端口指定到相应的 VLAN 中来按部门划分广播域,由汇聚层交换机实现其下的接入层各 VLAN 之间的路由。在汇聚层交换机和核心层交换机之间运行动态路由选择协议,由核心层交换机实现整个局域网的路由。

在链路带宽上,接入层交换机和汇聚层交换机之间采用了 100Mbps 的快速以太网连接,介质为超五类双绞线;汇聚层交换机和核心层交换机之间采用了 1 000Mbps 的千兆以太网连接,介质为多模光纤。

为满足位于清苑大厦的人事处和位于图科楼的教务处主机对带宽的需求,分别在其接入层交换机与汇聚层交换机之间的链路上进行链路聚合,将两条带宽为 100Mbps 的物理链路聚合成一条带宽为 200Mbps 的逻辑链路。

为保障网络的可用性,对教学楼的汇聚层交换机采用了冗余机制,并使用虚拟路由器冗余协议(virtual router redundancy protocol,VRRP)技术保障教学楼的终端接入不会因为某一台汇聚层交换机出现故障而导致网络中断。核心层网络采用了双核心的设计,并在汇聚层和核心层之间采用线路的完全冗余,使用两台完全相同的核心层交换机互为备份并进行负载的均衡。

对于需要进行无线热点覆盖的区域,在相应的接入交换机下连接 Fat AP 进行覆盖,并通过 WPA 预共享密钥(WPA-PSK)对无线网络进行安全防护。

考虑到用户终端对服务器的访问流量较大,为避免产生网络瓶颈,将各个服务器通过一台端口带宽为 1 000Mbps 的接入层交换机直接连接到核心层交换机上。一方面,1 000Mbps 的带宽可以确保流量的高速传输;另一方面,可以减少用户终端访问服务器的网络直径,提高网络传输效率。

1.5.2 局域网络设备选择

在确定了网络的拓扑结构以后,开始对网络中的交换机进行选型。在选型时应尽量选择同一厂家的设备,以保证技术上的兼容性。在这里,以华为公司交换机为例进行选型。

1. 接入层交换机选型

学院的教学楼和图科楼,每层有信息点 15~20 个,为每一层配备一台接入层交换机;体育馆共有信息点 10~15 个,配备一台接入层交换机。教学楼和图科楼都有 6 层,加上体育馆共需要 13 台交换机。选择的交换机为华为 S3700-28TP-EI-AC,该款交换机为华为公司推出的一款三层以太网交换机,详细参数如表 1-1 所示。

表 1-1 华为 S3700-28TP-EI-AC 交换机详细参数表

产品类型	企业级三层可网管交换机
交换容量	64Gbps,所有端口支持线速转发
交换模式	存储转发(store and forward)
接口类型/数目	下行 24 个百兆端口,上行 4 个千兆端口
VLAN	支持基于端口的 VLAN(4 000 个) 支持 VLAN VPN(QinQ) 支持 GVRP
链路聚合	支持 LACP 支持手工汇聚 最大支持 13/8 个聚合组,每个聚合组支持 8 个端口汇聚
堆叠	支持智能堆叠
最大功率	17W
外形尺寸	442mm×420mm×43.6mm
重量	≤2.5kg

校园宾馆和清苑大厦,每层有信息点 30~35 个,分别为 6 层和 18 层,为每层配备一台接入层交换机,共 24 台交换机。选择的交换机为华为 S3700-52TP-EI-AC,该款交换机的参数与 S3700-28TP-EI-AC 的基本相同,只是 10/100Mbps 端口有 48 个,以满足每层 30~35 个信息点接入的需求。

网络中心的服务器配备一台接入层交换机,选择的交换机为华为 S5720-36PC-EI-AC。

该款交换机为全千兆以太网交换机,详细参数如表1-2所示。

表1-2 华为S5720-36PC-EI-AC交换机详细参数表

产品类型	企业级三层可网管交换机
交换容量	598Gbps
接口类型/数目	28个10/100/1 000Base-T以太网端口,4个复用的千兆Combo SFP,4个千兆SFP
VLAN	支持基于端口的VLAN(4 000个)
链路聚合	支持LACP
堆叠	支持通过标准以太网接口进行堆叠、支持本地堆叠和远程堆叠
最大功率	38.3W
外形尺寸	442mm×220mm×43.6mm
重量	<3kg

2. 汇聚层交换机选型

清苑大厦、校园宾馆和图科楼分别配备一台汇聚层交换机,教学楼配备两台汇聚层交换机,体育馆由于只有一台接入层交换机,因此不再配备汇聚层交换机,而是将其接入层交换机连接到邻近的图科楼汇聚层交换机上。选择的交换机为华为S5720-36PC-EI-AC,与为网络中心服务器配备的接入层交换机相同。

3. 核心层交换机选型

核心层选择的交换机为华为S7706,华为S7700系列交换机是华为公司推出的高端多业务路由交换机,华为S7706是其中可以提供6个业务插槽和2个主控插槽的一款。该款交换机的详细参数如表1-3所示。

表1-3 华为S7706交换机详细参数表

产品类型	高端多业务路由交换机
交换容量	19.84/86.4Tbps
槽位数量	8
业务槽位	6
冗余设计	电源冗余
VLAN数量	4 000
链路聚合	支持,每组最大支持8个GE口或8个FE口捆绑,支持跨板端口聚合
IP路由	支持IP、TCP、UDP、ICMP协议 支持IPX协议 支持OSPF 支持RIP1/2 支持静态路由 支持IS-IS 支持BGP4 支持策略路由 支持等价路由 支持VRRP
最大功率	2 200W
外形尺寸	442mm×489mm×442mm,10U
重量	≤50kg

华为 S7706 作为一款模块化交换机,实际上只是一个可以提供 6 个模块化插槽的交换机机箱,还需要另外配置主控模块和业务模块才能够运行。为交换机配置监控板 LE0DCMUA0000 和主控模块 ES0D00SRUA00,并配置一块 36 端口百兆/千兆以太网电接口和 12 端口百兆/千兆以太网光接口板 ES0DG48CEAT0,用来实现其与汇聚层交换机和接入路由器之间的连接。

经过选型,最终确定的学院主校区网络设备需求情况如表 1-4 所示。

表 1-4 学院主校区网络设备需求情况表

设 备 名 称	数量/台
华为 S3700-28TP-EI-AC	13
华为 S3700-52TP-EI-AC	24
华为 S5720-36PC-EI-AC	6
华为 S7706	2
监控板 LE0DCMUA0000	2
主控模块 ES0D00SRUA00	2
36 端口百兆/千兆以太网电接口和 12 端口百兆/千兆以太网光接口板 ES0DG48CEAT0	2

两个分校区的局域网与主校区类似,但网络规模相对较小,因此可以采用"接入层+核心层"的两层网络设计,具体在此不再赘述。

1.6 小 结

本章首先进行了用户的需求分析,并根据用户需求分析确定了该模拟学院网络需要具备的网络功能。基于网络功能需求及局域网络的分层设计原则最终给出了模拟学院主校区网络的拓扑结构设计和网络设备选择。本章是后续章节的基础和铺垫,通过对本章给出的主校区网络的拓扑结构和网络功能进行分解,可以得到一个个网络项目并在后续章节中逐个完成这些项目。

1.7 习 题

(1) 典型的分层网络设计模型可以分成哪几层?每一层的功能是什么?
(2) 什么是网络直径?在网络设计中为什么要尽量降低网络直径?
(3) 简述分层网络设计的优点。
(4) 网络设备的高度所使用的计量单位是什么?如何与标准长度计量单位进行换算?
(5) 简述分层网络设备选型时需要考虑的问题。
(6) 假设学院某分校区对网络的要求与主校区类似,但不需要考虑网络的可用性问题,并且信息点的数量也相对较少,请尝试给出一个紧缩核心型网络拓扑结构,并简单描述其功能实现。

1.8 实　　训

1.8.1 紧缩核心型网络的实现

实训学时:2 学时;每实训组学生人数:5 人。

1. 实训目的

掌握紧缩核心型网络的搭建;理解紧缩核心型网络中核心层和接入层的功能;复习并掌握 VLAN 划分、VLAN 间路由等知识。

2. 实训环境

(1) 安装有 TCP/IP 通信协议的 Windows 系统 PC:4 台。

(2) 华为 S5720 交换机:1 台。

(3) 华为 S3700 交换机:2 台。

(4) 超五类 UTP 电缆:7 条。

(5) Console 电缆:3 条。

(6) 保持所有的交换机为出厂配置。

3. 实训内容

(1) 搭建紧缩核心型网络。

(2) 创建 VLAN。

(3) 核心层交换机虚接口 IP 配置和默认路由配置。

4. 实训指导

(1) 网络搭建。按照如图 1-8 所示的网络拓扑结构及如表 1-5 所示的端口连接搭建紧缩核心型网络,完成网络连接。

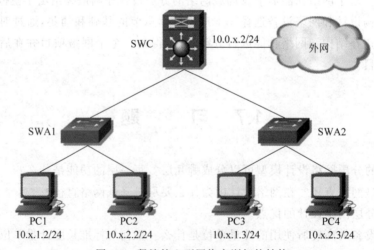

图 1-8　紧缩核心型网络实训拓扑结构

表 1-5　紧缩核心型网络实训设备端口连接表

端　　口	IP 地址
SWC：G 0/0/1	SWA1：E 0/0/24
SWC：G 0/0/2	SWA2：E 0/0/24
SWC：G 0/0/24	外网
SWA1：E 0/0/1	PC1
SWA1：E 0/0/11	PC2
SWA2：E 0/0/1	PC3
SWA2：E 0/0/11	PC4

（2）创建 VLAN 并分配端口。在 3 台交换机上分别创建 VLAN 10 和 VLAN 20，VLAN 名称使用系统默认名称。在接入层交换机 SWA1 和 SWA2 上分别将端口 E 1/0/1 指定给 VLAN 10，将端口 E 1/0/11 指定给 VLAN 20。参考命令如下。

```
[SWC]vlan batch 10 20

[SWA1]vlan batch 10 20
[SWA1]interface Ethernet 0/0/1
[SWA1-Ethernet0/0/1]port link-type access
[SWA1-Ethernet0/0/1]port default vlan 10
[SWA1-Ethernet0/0/1]quit
[SWA1]interface Ethernet 0/0/11
[SWA1-Ethernet0/0/11]port link-type access
[SWA1-Ethernet0/0/11]port default vlan 20
[SWA1-Ethernet0/0/11]quit

[SWA2]vlan batch 10 20
[SWA2]interface Ethernet 0/0/1
[SWA2-Ethernet0/0/1]port link-type access
[SWA2-Ethernet0/0/1]port default vlan 10
[SWA2-Ethernet0/0/1]quit
[SWA2]interface Ethernet 0/0/11
[SWA2-Ethernet0/0/11]port link-type access
[SWA2-Ethernet0/0/11]port default vlan 20
[SWA2-Ethernet0/0/11]quit
```

（3）将核心层交换机和接入层交换机之间的链路配置成 Trunk 模式。参考命令如下。

```
[SWC]interface GigabitEthernet 0/0/1
[SWC-GigabitEthernet0/0/1]port link-type trunk
[SWC-GigabitEthernet0/0/1]port trunk allow-pass vlan all
[SWC-GigabitEthernet0/0/1]quit
[SWC]interface GigabitEthernet 0/0/2
[SWC-GigabitEthernet0/0/2]port link-type trunk
[SWC-GigabitEthernet0/0/2]port trunk allow-pass vlan all
[SWC-GigabitEthernet0/0/2]quit

[SWA1]interface Ethernet 0/0/24
[SWA1-Ethernet0/0/24]port link-type trunk
```

```
[SWA1-Ethernet0/0/24]port trunk allow-pass vlan all
[SWA1-Ethernet0/0/24]quit

[SWA2]interface Ethernet0/0/24
[SWA2-Ethernet0/0/24]port link-type trunk
[SWA2-Ethernet0/0/24]port trunk allow-pass vlan all
[SWA2-Ethernet0/0/24]quit
```

（4）配置 PC 的 IP 地址。根据图 1-8 为各个 PC 配置 IP 地址和子网掩码。

（5）网络连通性测试。在 PC 的"命令提示符"窗口下执行 Ping 命令测试跨接入层交换机同 VLAN 主机之间的连通性和同接入层交换机下不同 VLAN 主机之间的连通性，并思考原因。

（6）配置核心层交换机的虚接口以及默认路由。为核心层交换机的 VLAN 10 和 VLAN 20 虚接口分别配置 IP 地址，以实现 VLAN 间的路由。参考命令如下。

```
[SWC]interface Vlanif 10
[SWC-Vlanif10]ip address 10.x.1.1 24
[SWC-Vlanif10]quit
[SWC]interface Vlanif 20
[SWC-Vlanif20]ip address 10.x.2.1 24
[SWC-Vlanif20]quit
```

为核心层交换机的 GigabitEthernet 0/0/24 接口配置 IP 地址，并配置去往外部网络的默认路由。参考命令如下。

```
[SWC]interface GigabitEthernet 0/0/24
[SWC-GigabitEthernet0/0/24]undo portswitch
[SWC-GigabitEthernet0/0/24]ip address 10.0.x.2 24
[SWC-GigabitEthernet0/0/24]quit
[SWC]ip route-static 0.0.0.0 0 10.0.x.1
```

（7）配置 PC 的网关。为各个 PC 配置相应的虚接口地址作为网关。

（8）网络连通性测试。在 PC 的"命令提示符"窗口下执行 Ping 命令测试与接入层交换机下不同 VLAN 主机之间的连通性，并思考原因。

5．实训报告

填写如表 1-6 所示的实训报告。

表 1-6　紧缩核心型网络实训报告

	主机	IP 地址	子网掩码	默认网关	连接端口
PC 的 TCP/IP 属性配置	PC1				
	PC2				
	PC3				
	PC4				
创建 VLAN 并分配端口	SWC				
	SWA1				
	SWA2				

续表

	主机	IP 地址	子网掩码	默认网关	连接端口
Trunk 链路设置	SWC				
	SWA1				
	SWA2				
连通性测试 1	跨接入层交换机同 VLAN 主机测试结果				
	原因				
	同接入层交换机下不同 VLAN 主机测试结果				
	原因				
核心层交换机虚接口及默认路由配置					
连通性测试 2	同接入层交换机下不同 VLAN 主机测试结果				
	原因				

1.8.2 三层交换网络的实现

实训学时：2 学时；每实训组学生人数：5 人。

1. 实训目的

掌握三层交换网络的搭建；理解三层网络中核心层、汇聚层和接入层的功能；复习并掌握 VLAN 划分、VLAN 间路由、RIP 等知识。

2. 实训环境

(1) 安装有 TCP/IP 通信协议的 Windows 系统 PC：8 台。

(2) 华为 S5720 交换机：3 台。

(3) 华为 S3700 交换机：4 台。

(4) 超五类 UTP 电缆：15 条。

(5) Console 电缆：7 条。

(6) 保持所有的交换机为出厂配置。

3. 实训内容

(1) 搭建三层交换网络。

(2) 创建 VLAN。

(3) 汇聚层交换机虚接口 IP 配置。

(4) 动态路由选择协议 RIP 配置。

4. 实训指导

本次实训是在第 1.8.1 节的基础上进行扩展，将第 1.8.1 节中的两组实训环境(图 1-9 虚线框中所示)使用一台三层交换机进行连接来实现。

(1) 网络搭建。按照如图 1-9 所示的网络拓扑结构及如表 1-7 所示的端口连接搭建三层交换网络，完成网络连接。

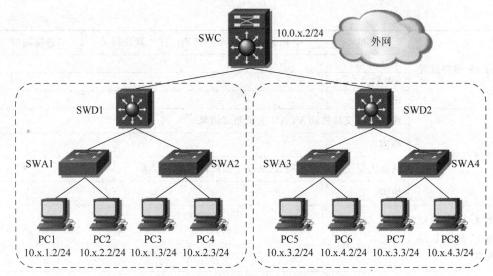

图 1-9 三层交换网络实训拓扑结构

表 1-7 三层交换网络实训设备端口连接表

端　　口	IP 地址	端　　口	IP 地址
SWC：G 0/0/1	SWD1：G 0/0/24	SWA2：E 0/0/11	PC4
SWC：G 0/0/2	SWD2：G 0/0/24	SWD2：G 0/0/1	SWA3：E 0/0/24
SWC：G 0/0/24	外网	SWD2：G 0/0/2	SWA4：E 0/0/24
SWD1：G 0/0/1	SWA1：E 0/0/24	SWA3：E 0/0/1	PC5
SWD1：G 0/0/2	SWA2：E 0/0/24	SWA3：E 0/0/11	PC6
SWA1：E 0/0/1	PC1	SWA4：E 0/0/1	PC7
SWA1：E 0/0/11	PC2	SWA4：E 0/0/11	PC8
SWA2：E 0/0/1	PC3	—	—

（2）VLAN、虚接口、PC 配置。汇聚层和接入层交换机所涉及的 VLAN 配置、虚接口配置及 PC 的配置，除 IP 地址外均与第 1.8.1 节的配置完全相同。其中 SWD2 的 VLAN 10 虚接口的 IP 地址为 10.x.3.1/24，SWD2 的 VLAN 20 虚接口的 IP 地址为 10.x.4.1/24。

（3）核心层与汇聚层交换机连接端口、核心层交换机与外网连接端口的配置。核心层交换机在此作为多以太口路由器使用，核心层交换机和汇聚层交换机之间连接端口，以及核心层交换机与外部网络连接端口的工作模式设置为路由模式，并进行 IP 地址的配置。IP 地址如表 1-8 所示。

表 1-8 核心层与汇聚层交换机连接 IP 地址表

端　　口	IP 地址
SWC：G 0/0/1	10.x.5.1/24
SWC：G 0/0/2	10.x.6.1/24
SWC：G 0/0/24	10.0.x.2/24
SWD1：G 0/0/24	10.x.5.2/24
SWD2：G 0/0/24	10.x.6.2/24

参考命令如下。

[SWC]interface GigabitEthernet 0/0/1
[SWC-GigabitEthernet0/0/1]undo portswitch
[SWC-GigabitEthernet0/0/1]ip address 10.x.5.1 24
[SWC-GigabitEthernet0/0/1]quit
[SWC]interface GigabitEthernet 0/0/2
[SWC-GigabitEthernet0/0/2]undo portswitch
[SWC-GigabitEthernet0/0/2]ip address 10.x.6.1 24
[SWC-GigabitEthernet0/0/2]quit
[SWC]interface GigabitEthernet 0/0/24
[SWC-GigabitEthernet0/0/24]undo portswitch
[SWC-GigabitEthernet0/0/24]ip address 10.0.x.2 24

[SWD1]interface GigabitEthernet 0/0/24
[SWD1-GigabitEthernet0/0/24]undo portswitch
[SWD1-GigabitEthernet0/0/24]ip address 10.x.5.2 24

[SWD2]interface GigabitEthernet 0/0/24
[SWD2-GigabitEthernet0/0/24]undo portswitch
[SWD2-GigabitEthernet0/0/24]ip address 10.x.6.2 24

（4）RIP 配置。在核心层交换机和汇聚层交换机上运行 RIP 协议，实现整个网络的路由。参考命令如下。

[SWC]rip
[SWC-rip-1]network 10.0.0.0

[SWD1]rip
[SWD1-rip-1]network 10.0.0.0

[SWD2]rip
[SWD2-rip-1]network 10.0.0.0

（5）默认路由配置。在核心层交换机和汇聚层交换机上配置默认路由，以实现局域网内所有网段与外部网络的连通性。参考命令如下。

[SWC]ip route-static 0.0.0.0 0 10.0.x.1
[SWD1]ip route-static 0.0.0.0 0 10.x.5.1
[SWD2]ip route-static 0.0.0.0 0 10.x.6.1

（6）网络连通性测试。在 PC 的"命令提示符"窗口下执行 Ping 命令测试不同汇聚层交换机下主机之间的连通性，并思考原因。

5．实训报告

填写如表 1-9 所示的实训报告。

表 1-9 三层交换网络实训报告

主　机		IP 地址	子网掩码	默认网关	连接端口
PC 的 TCP/IP 属性配置	PC1				
	PC2				
	PC3				
	PC4				
	PC5				
	PC6				
	PC7				
	PC8				
创建 VLAN 并分配端口	SWD1/2				
	SWA1/3				
	SWA2/4				
汇聚层交换机虚接口配置	SWD1				
	SWD2				
核心层与汇聚层交换机连接端口的配置	SWC				
	SWD1				
	SWD2				
RIP 配置	SWC				
	SWD1				
	SWD2				
连通性测试	不同汇聚层交换机下主机测试结果				
	原因				

第 2 章　规划企业网络 IP 地址

在确定了网络的拓扑结构,构建起物理网络以后,第一步需要解决的就是为各个部门按照其规模大小和对 IP 地址的需求情况进行子网的划分,在确定了具体的子网后,才能进行网络设备的逻辑配置以实现网络的逻辑连通性。

2.1　IP 地址规划项目介绍

本项目要求为模拟学院网络中的各个部门划分逻辑网段,并为网络中的终端分配固定或非固定的 IP 地址,以满足终端连接网络的需求。

作为一个具有上千个终端的中大型局域网,申请到的合法 IP 地址肯定不能满足为所有终端均分配一个合法固定 IP 地址的需要,因此合理并充分地利用 IP 地址来解决网络终端的通信需求是该项目的一个非常重要的任务,需要考虑到很多方面的问题,具体如下。

(1) 满足各部门对 IP 地址的需求。在模拟学院网络中,一般要求为每一位教职工分配一个合法固定的 IP 地址,教职工分别隶属于不同的部门,子网以部门为单位进行划分。不同部门可能在规模上存在差异,因此对 IP 地址数量的需求也就有所区别。如果采用简单的定长子网划分的方式,一方面会在规模较小的部门造成 IP 地址的浪费;另一方面可能无法满足较大部门对 IP 地址的需求。为合理利用 IP 地址,在子网的划分上需要采用变长子网划分的技术,并为各个部门尽量分配大小合适的子网,以免 IP 地址的浪费。

(2) 满足计算机机房对 IP 地址的需求。在模拟学院网络中,一个计算机机房一般会有数十台到上百台计算机供学生实训使用,如果为每台计算机分配一个合法固定的 IP 地址,学院的 IP 地址远远无法满足需求。因此,需要在计算机机房内部使用私有 IP 地址,而在出口处使用唯一的合法固定 IP 地址来满足所有计算机连接外部网络的需要。

(3) 满足多媒体教室对 IP 地址的需求。为方便教师通过网络进行授课,所有的多媒体教室均应能够连接外部网络。考虑到所有的教室不会被同时使用,对于多媒体教室的计算机一般不会为其分配固定的 IP 地址,而是采用动态 IP 地址分配技术以实现 IP 地址的节约。

(4) 降低上游路由器的路由条目。一般在路由器上为每一个逻辑网络维护一条路由,由于模拟学院局域网内部进行了大量的子网划分,因此会导致上游路由器的路由表变得非常庞大,以至于影响路由效率。采用路由聚合技术,聚合连续路由,能有效减少路由条目。

要解决上述的各种问题并完成模拟学院网络的 IP 地址规划,需要掌握 IP 地址规划中涉及的多种技术,下面的各节将对这些技术进行详细介绍。

2.2 路由聚合技术

2.2.1 IP 地址与路由

在第 4 版互联网协议(IPv4)编址中,IP 地址类别的定义决定了各类 IP 地址所占地址空间的大小,如图 2-1 所示。A 类地址和 B 类地址占 IP 地址总空间的 75%,但由于网络位长度的限制,只有少于 17 000 个组织或公司能够分配到一个 A 类或 B 类地址。事实上,A 类地址和 B 类地址早已分配完,即使获得它们的组织或公司有大量的 IP 地址尚未使用,这些地址也不能再次被分配给其他组织,造成了大量的 IP 地址浪费。目前只剩下 C 类地址可以分配给有 IP 地址需求的新组织。C 类地址仅占 IP 地址总空间的 12.5%,但它可以提供更多的网络号,以满足网络中不断增加的新组织对 IP 地址的需求。

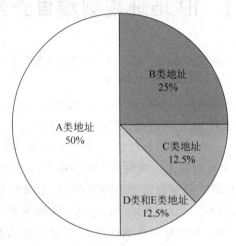

图 2-1 IP 地址空间分配

随着互联网规模的爆炸性增长,C 类地址的使用越来越多。在核心路由器中是不能使用默认路由的,每个网络地址在核心路由器中都要对应一个路由表项,多达 221 个 C 类地址的使用使核心路由器的路由表急剧增大,导致路由器的处理能力和路由效率降低。所以在使用较多的 C 类地址和有较多的子网划分时,路由器的处理能力和路由效率是必须考虑的问题,需要尽量降低路由表的数量,即尽量减少下级网络中的逻辑网络数量。但是逻辑网络数量一般是不能任意减少的,解决这个问题的办法就是让多个逻辑网络在高层路由器中使用一条路由,这就是路由聚合技术。

2.2.2 无类别域间路由

无类别域间路由选择(classless inter-domain routing,CIDR)是用于缓解 IP 地址空间减小和解决路由表增大问题的一项技术。它的基本思想是取消 IP 地址的分类结构,使用网络前缀(比特掩码)来标识 IP 地址中的网络位部分位数,使 IP 地址的网络位部分和主机位部分不再受完整的 8 位组的限制。CIDR 可以根据具体的应用需求分配 IP 地址块,以提高 IPv4 的可扩展性和利用率。CIDR 可以将多个地址块聚合在一起形成一个更大的网络,从而减少路由表中的路由条目,完成路由聚合功能,减少路由通告的数量。

该模拟学院共有 8 个 C 类网段,如表 2-1 所示。

表 2-1 模拟学院网络地址

网络地址	第一字节	第二字节	第三字节	第四字节
202.207.120.0	11001010	11001111	01111000	00000000
202.207.121.0	11001010	11001111	01111001	00000000
202.207.122.0	11001010	11001111	01111010	00000000
202.207.123.0	11001010	11001111	01111011	00000000
202.207.124.0	11001010	11001111	01111100	00000000
202.207.125.0	11001010	11001111	01111101	00000000
202.207.126.0	11001010	11001111	01111110	00000000
202.207.127.0	11001010	11001111	01111111	00000000

在有类别路由选择中,路由器基于有类别规则的网络号判断有 8 个不同的网络,并为每一个网络创建一条路由选择表项。因此,上游路由器会为模拟学院维护 8 条路由选择表项。而实际上,由于 8 个 C 类网段连续并且前 21 位相同,就可以使用一个长为 21 位的网络前缀来汇总这些路由信息,将这 8 个网络汇总为 202.207.120.0/21,从而有效减少路由选择表项的条数。

需要注意的是,如果通过路由聚合来覆盖多个网络的路由,则要求被覆盖的网络是连续的,并且网络地址的数目是 2 的幂次数。这是因为非连续的网络被汇总时,会导致汇总路由覆盖了本不存在或不在本地的网络,从而产生路由黑洞。如图 2-2 所示,由于汇总后的路由 202.207.120.0/22 覆盖了本不在本地的网络 202.207.122.0/24,因此当外部网络有发送到网络 202.207.122.0/24 的数据时,会产生错误的路由,导致数据无法到达目的地。而之所以要求网络地址的数目是 2 的幂次数,是因为路由聚合后的网络前缀与子网掩码类似,都是二进制掩码,所以必须发生在二进制的边界线上。如果地址不是 2 的幂次数,就需要把地址分组并分别进行汇总。

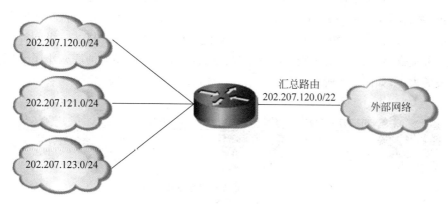

图 2-2 非连续网络的路由聚合

通过路由聚合,网络和子网大小不同的复杂分层体系通过共享的网络前缀在各点进行汇总,有效地减少了上级路由器的路由选择表项,减轻了上级路由器的负担。

路由聚合的另外一个功能是能够将下游路由器的拓扑变动隔离开。如果下游路由器中某一条链路发生了翻动(路由器的接口在 up 和 down 之间快速变换),汇总路由并不会发生变化,因此上游路由器也就不会察觉到翻动而修改自己的路由表。

路由器的接口发生故障或者介质连接接触不良都有可能导致产生路由翻动(route flapping),使接口在 up 和 down 状态之间快速变换。在没有使用路由聚合的情况下,如果某一台路由器的某个接口 down 了,该路由器就会在路由表中删除通过该接口的路由表项,同时向它的上游方向的下一台路由器发送关于取消某条路由的触发更新。同样,下一台路由器在更新自身路由的同时向其上游的下一台路由器发送触发更新,以此类推。而可能几秒后,down 掉的接口又会恢复 up,又开始进行路由表的更新并触发更新信息的发布。而进行这些工作都需要消耗路由器的中央处理器(CPU)时间,从而导致路由器性能的削弱。

如果配置了路由聚合,即使某一个网络的路由丢失,也不会影响汇总后的路由。这样,只是发生路由翻动的路由器去处理自己的翻动问题,而不会影响上游的路由器,从而将路由翻动问题有效地隔离开。

2.2.3 超网

超网和路由聚合是同一方法的不同名称,通过路由聚合使用一个 IP 地址和网络前缀的组合来表示多个网络的路由,实质上就是将多个网络聚合成了一个大的单一网络。聚合后的网络称为超网。

引入超网后,在 IP 地址的分配上,根据对于 IP 地址的实际需求量采用连续地址块的分配方式,从而一方面实现 IP 地址的节约,另一方面实现路由表的减小。

假设某公司需要 900 个 IP 地址,在有类别的寻址系统中,一种情况是申请一个 B 类 IP 地址段,但如此一来将会造成数以万计 IP 地址的浪费;另一种情况是申请 4 个 C 类 IP 地址段,这样该公司就必须在自己内部的逻辑网络之间进行路由选择,而且上游路由器需要为其维护 4 条路由选择表项而不是一条,使路由表增大。

在无类别的寻址系统中,当某公司向互联网服务提供商申请地址时,互联网服务提供商根据该公司对于 IP 地址的实际需求,从自己的大 CIDR 地址块中划分出一个连续的地址块给该公司,并为其保存一条超网路由(汇总路由),如 202.207.120.0/22。互联网服务提供商的地址块是从它的上一级管理机构或互联网服务提供商处获得,其上一级同样也只为该互联网服务提供商保存一条超网路由,如 202.207.0.0/16。这样就彻底减小了互联网上路由选择表的大小,如图 2-3 所示。

图 2-3 超网的地址分配

超网与子网是相对的概念,超网是将多个有类网络聚合成一个大的网络,即让网络前缀(比特掩码)左移,借用部分网络位作为主机位。而子网是将一个有类网络划分成多个小的网络,即让网络前缀(比特掩码)右移,借用部分主机位作为网络位。两者都可以起到节约 IP 地址的作用。

2.3 变长子网划分

在网络规划中,一般按照部门进行子网划分。在一个单位中,每个部门的员工数量、拥有的主机数量均不相同,甚至差异很大。如果采用网络技术基础课程中的定长子网 IP 地址规划方法就会造成大量 IP 地址的浪费,甚至无法完成子网的划分。因此,在实际的网络应用中一般不会采用定长子网的划分,而是采用变长子网划分的方式。

2.3.1 可变长子网掩码

可变长子网掩码(variable length subnet masks,VLSM)是一种可以产生不同大小子网的 IP 地址分配机制。它允许在同一个网络地址空间里使用多个长度不同的子网掩码,实现将子网继续划分为子网,以提高 IP 地址空间的利用率,从而克服单一子网掩码所造成的固定数目、固定大小子网的局限。

在传统的定长子网划分中,网络只能采用一个子网掩码,一旦子网掩码的长度确定,子网的数量和每个子网中可用 IP 地址的数量就都确定了。而在实际的网络规划中,每个子网的大小要求往往并不相同,如果采用定长子网掩码,则可能造成大量 IP 地址的浪费,甚至无法完成子网的划分。

某公司的网络拓扑结构如图 2-4 所示。

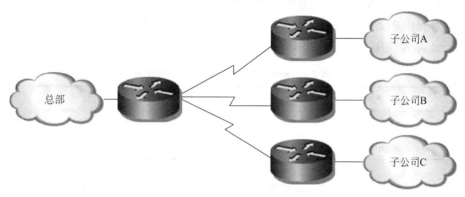

图 2-4 某公司网络拓扑结构

该公司总部和各子公司的主机数量如表 2-2 所示。

表 2-2 某公司各部门主机数量

部门	主机数量/台
总部	100
子公司 A	50
子公司 B	20
子公司 C	10

现为该公司分配了一个 C 类网段 202.207.120.0/24,要求将公司总部和各子公司分别

划分到不同的子网中。

经分析可知,该公司总部和各子公司需要的 IP 地址总数为 180 个,加上广域网链路和路由器以太网接口的 IP 地址需求,总共不超过 200 个。一个 C 类网段可以提供 2^8 个－2 个＝254(个)有效的 IP 地址,完全可以满足该公司对 IP 地址的需求。但实际上,如果采用定长子网掩码来划分子网,则根本无法满足该公司对 IP 地址的需求。

从如图 2-4 所示的网络拓扑结构中可以看出,该公司共需要划分出包括总部、各子公司的 4 个子网和 3 个广域网链路共 7 个子网,最大的子网至少需要 100 个有效的 IP 地址,而广域网链路子网只需要 2 个有效的 IP 地址即可。如果采用定长子网掩码来划分子网,为满足最大子网对 IP 地址数量的要求,只能借用 1 位来划分子网,共可划分出 2 个子网,每个子网可用 IP 地址为 2^7 个－2 个＝126(个),如表 2-3 所示。但此方法有两方面缺点,一方面是划分出的大的逻辑子网分配给小的物理网络造成 IP 地址的浪费,另一方面是子网划分数量的不足。要解决这个问题,只能通过采用 VLSM 来实现。

表 2-3 借用 1 位划分子网情况

子网号	子网地址
Subnet1	202.207.120.0/25
Subnet2	202.207.120.128/25

由于 VLSM 允许多个长度不同的子网掩码,在此可以首先借用 1 位划分出 2 个子网,如表 2-3 所示。将子网 Subnet1 分配给该公司的总部使用。而将 Subnet2 借用 1 位继续划分为 2 个可提供 2^6 个－2 个＝62(个)有效 IP 地址的子网,如表 2-4 所示,并将 Subnet2.1 分配给子公司 A 使用。

表 2-4 Subnet2 借用 1 位划分子网情况

子网号	子网地址
Subnet2.1	202.207.120.128/26
Subnet2.2	202.207.120.192/26

借用 1 位继续将 Subnet2.2 划分为 2 个可提供 2^5 个－2 个＝30(个)有效 IP 地址的子网,如表 2-5 所示,并将 Subnet2.2.1 分配给子公司 B 使用。

表 2-5 Subnet2.2 借用 1 位划分子网情况

子网号	子网地址
Subnet2.2.1	202.207.120.192/27
Subnet2.2.2	202.207.120.224/27

借用 1 位继续将 Subnet2.2.2 划分为 2 个可提供 2^4 个－2 个＝14(个)有效 IP 地址的子网,如表 2-6 所示,并将 Subnet2.2.2.1 分配给子公司 C 使用。

表 2-6 Subnet2.2.2 借用 1 位划分子网情况

子 网 号	子 网 地 址
Subnet2.2.2.1	202.207.120.224/28
Subnet2.2.2.2	202.207.120.240/28

借用 2 位继续将 Subnet2.2.2.2 划分为 4 个可提供 2^2 个－2 个＝2(个)有效 IP 地址的子网，如表 2-7 所示。将其中的 3 个子网分配给广域网链路使用，最终完成子网的划分。

表 2-7 Subnet2.2.2.2 借用 2 位划分子网情况

子 网 号	子 网 地 址
Subnet2.2.2.2.1	202.207.120.240/30
Subnet2.2.2.2.2	202.207.120.244/30
Subnet2.2.2.2.3	202.207.120.248/30
Subnet2.2.2.2.4	202.207.120.252/30

在本例中，共存在 25、26、27、28、30 五种不同网络前缀（比特掩码）的子网，并最终完成了定长子网掩码无法实现的子网划分，提高了 IP 地址的利用率，实现了对于 IP 地址的节约。当然，无论该公司内部如何进行子网的划分、划分出多少个子网，对于其上游路由器而言，为其保存的路由只有一条，即 202.207.120.0/24。

在使用 VLSM 时，需要注意的是只有尚未被使用的子网才可以进行进一步的划分，如果某个子网中的地址已经被使用，则这个子网不能再被进一步划分。

微课 2-1：VLSM

2.3.2 有类别和无类别路由选择协议

无论是 CIDR 还是 VLSM，由于它们都使用普遍的网络前缀（比特掩码）来标识网络的规模，因此为使路由器能够正确地识别网络，在路由更新消息中必须发送掩码信息。如果在路由更新消息中不包含掩码信息，则路由器将只能识别主类网络，无法识别超网和子网。而路由更新消息中是否携带掩码信息是由路由选择协议所决定的，只有忽略了地址类别的无类别路由选择协议才能够支持 CIDR 和 VLSM，有类别路由选择协议只能够支持主类网络的路由选择。常用的有类别和无类别路由选择协议如表 2-8 所示。

表 2-8 有类别和无类别路由选择协议

有类别路由选择协议	无类别路由选择协议
RIPv1	RIPv2
IGRP	EIGRP
EGP	OSPF
BGP3	IS-IS
	BGP4

以上路由选择协议中，需要注意的是 RIPv2，虽然 RIPv2 在路由更新消息中携带了掩码信息，但是它只能支持长度大于等于主类网络掩码长度的掩码，即它虽然支持 VLSM，但是由于掩码长度的限制，RIPv2 只能将路由汇总到主类网络的边缘，且不支持 CIDR。

2.4 使用私有 IP 地址

私有 IP 地址是由 RFC1918 定义的供私有网络和内部网络使用的 IP 地址。引入私有 IP 地址的目的是节约合法的 IP 地址，缓解 IP 地址紧张的问题。目前，越来越多的组织或公司在基于 TCP/IP 组建自己的私有网络，这要求私有网络中的每一个节点都要获得一个 IP 地址。实际上，只有组织或公司的私有网络连接到 Internet 时才需要全球唯一的合法 IP 地址；而对于不需要连接到 Internet 的私有网络中的节点可以使用任意的有效 IP 地址，只要它在该私有网络中唯一即可。当然，由于众多的私有网络与公网共存，因此建议私有网络不要随意使用 IP 地址，以免因内外网 IP 地址重复造成麻烦。

RFC1918 预留了 3 个 IP 地址块供私有网络和内部网络使用，如表 2-9 所示。

表 2-9　RFC1918 定义地址

地址类别	地址范围	CIDR 前缀
A	10.0.0.0～10.255.255.255	10.0.0.0/8
B	172.16.0.0～172.31.255.255	172.16.0.0/12
C	192.168.0.0～192.168.255.255	192.168.0.0/16

2.4.1　末梢网络使用私有 IP 地址

末梢网络(stub network)是指只有一条线路与外部网络连接的网络，一般一个组织或公司的私有网络都是末梢网络。为节约 IP 地址，往往为末梢网络内部的主机分配私有 IP 地址，末梢网络内部通信均由私有 IP 地址来实现。当末梢网络内部主机需要与 Internet 进行通信时，由于私有 IP 地址不能在 Internet 上被路由，因此必须在末梢网络的边界网关路由器上将内部主机的私有 IP 地址转换为可以在 Internet 上被路由的合法 IP 地址，如图 2-5 所示。

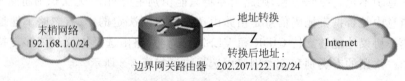

图 2-5　末梢网络使用私有 IP 地址

网络地址转换(network address translation，NAT)中的端口地址转换(port address translation，PAT)技术允许将多个内部私有 IP 地址转换为同一个合法 IP 地址。这样通过在末梢网络中使用私有 IP 地址，并在边界网关路由器上使用 PAT 技术，可以实现将上百台私有网络内部主机通过一个合法 IP 地址连接到 Internet 网络中，从而实现对合法 IP 地址的节约，一般小型企业网络及计算机机房等均使用这种方法。

2.4.2　串行链路使用私有 IP 地址

在 VLSM 的实现中，为节约 IP 地址，对于点对点的串行链路分配了一个网络前缀(比特掩码)为 30 位的子网。这种方法虽然可以起到一定的节约作用，但仍然消耗掉了一个可以用于未来扩展的子网。一个更加节约的方案是使用私有 IP 地址来为串行链路编址。如图 2-6 所示，路由器之间连接的点对点串行链路均使用私有 IP 地址来实现。

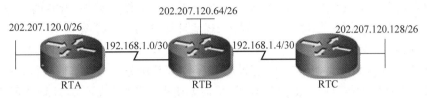

图 2-6　串行链路使用私有 IP 地址

路由器之间使用分配了私有 IP 地址的串行链路进行路由信息的交换和数据流的转发。对于上游的路由器而言，它只会看到数据报文的源 IP 地址和目的 IP 地址，而并不知道在数据传输过程中是否经过了使用私有 IP 地址的串行链路。实际上，许多的互联网服务提供商的核心网络都是使用私有 IP 地址，以免消耗合法 IP 地址。

在点对点串行链路上使用私有 IP 地址会带来一定的限制。例如，路由器的串行接口不能作为目的地是 Internet 的数据流的信源，也不能作为来自 Internet 的数据流的信宿。这种限制会影响网络管理员使用互联网控制报文协议（ICMP）进行排障，通过 Internet 对路由器进行远程管理等操作。在这些情况下，路由器只能通过它的 LAN 接口的合法 IP 地址进行寻址。

在点对点串行链路上使用私有 IP 地址带来的另一个问题是会产生不连续的子网。不连续的子网是指属于同一主类网络但是被属于不同主类网络的网段分隔开的子网。在图 2-6 中，路由器 RTA、RTB 和 RTC 所连接的以太网段均属于同一个主类网络 202.207.120.0/24，但是它们被 192.168.1.0/30 和 192.168.1.4/30 分隔开，成为不连续的子网。

不连续的子网在路由时可能会出现问题。由于有类别的路由选择协议，如 RIPv1，在路由更新中不携带掩码信息，因此 RTA 接收到的 RTB 发送的路由更新关于网络 202.207.120.0/24 而不关于网络 202.207.120.64/26。同时，RTA 会判断 202.207.120.0/24 是自己直连的网络，因此会忽略 RTB 发送的路由更新，最终导致 RTA 学不到到达另外两个不连续子网的路由。对于无类别的路由选择协议，如 RIPv2，如果默认在主类网络的边缘进行路由聚合，同样也会存在以上问题。

需要注意的是，无论是在末梢网络还是在串行链路上使用私有 IP 地址，都应该在相应的路由器上对数据报文和路由更新进行过滤，以免造成私有 IP 地址在 Internet 上的泄露。

2.5　动态 IP 地址分配技术

在 IP 地址规划中，为网络中的每台主机分配一个固定 IP 地址的静态 IP 地址分配方法在大型网络地址分配时，工作量较大，而且当可用的 IP 地址少于网络中的主机数量时该方法将无法完成 IP 地址的分配。因此，可以考虑使用动态主机配置协议（dynamic host configuration protocol，DHCP）完成 IP 地址的动态分配，在减少地址分配工作量的同时还可以实现 IP 地址的节约。

DHCP 是用来为客户端主机动态分配 IP 地址的协议。在一个网络中，对于路由器、交换机等网络设备,以及服务器等关键节点通常需要一个特定的 IP 地址;但对于大量的客户端主机而言,往往只要能够连接网络即可,并不需要固定为某一个 IP 地址,尤其对于经常变化位置的客户端主机,使用固定 IP 地址甚至会带来很多麻烦。另外,所有的客户端主机并不会在某一个时间段同时在线,但使用固定 IP 地址必须为每一个客户端主机分配一个 IP 地址,从而造成 IP 地址的浪费。

DHCP 采用 C/S 模式,允许客户主机从一台 DHCP 服务器上动态地获得它的 IP 地址、子网掩码和默认网关等 TCP/IP 属性配置,从而方便用户使用、减轻 IP 地址管理的工作量,并且可以起到节约 IP 地址的作用。

2.5.1 DHCP 报文格式

DHCP 报文格式如图 2-7 所示。

8	16	24	32
Message type	Hardware type	Hardware address length	Hops
Transaction ID			
Seconds elapsed		Bootp flags	
Client IP address			
Your IP address			
Next server IP address			
Relay agent IP address			
Client MAC address			
Server host name			
Boot file name			
Options			

图 2-7 DHCP 报文格式

DHCP 报文中各参数说明如下。

(1) message type:操作码,指定通用消息类型。1 表示请求消息,2 表示回复消息。长度为 1 字节。

(2) hardware type:硬件类型,表明底层网络的硬件类型。例如,1 表示以太网,20 表示串行链路等。长度为 1 字节。

(3) hardware address length:硬件地址长度。例如,6 表示硬件地址长度为 6 字节,即以太网的 MAC 地址。长度为 1 字节。

(4) hops:跳数,表示当前的 DHCP 报文经过的中继数目。客户端在传送请求之前将它设置为 0,每经过一个 DHCP 中继,跳数加 1。当跳数大于 4 时,DHCP 报文将被丢弃。

(5) transaction ID:交易标识符,由客户端在发送 DHCP 请求时产生的随机数,用来匹配从 DHCP 服务器接收到的回复报文。长度为 4 字节。

（6）seconds elapsed：从客户端开始尝试获取或更新租用以来经过的秒数。当有多个客户端请求未得到处理时，DHCP 服务器使用秒数来排定回复的优先顺序。长度为 2 字节。

（7）bootp flags：标志字段，只使用左边最高位，代表广播标志。客户端发送请求时，并不知道自己的 IP 地址，如果此标志设置为 1，则收到请求的 DHCP 服务器或中继代理应当用广播来发送回复；如果设置为 0，则用单播来发送回复。长度为 2 字节。

（8）clients IP address：客户端主机的 IP 地址，当且仅当客户端有一个有效的 IP 地址且处在绑定状态，即客户端已确认并在使用该 IP 地址时，客户端才将自己的 IP 地址放在这个字段中，否则客户端设置此字段为 0。长度为 4 字节。

（9）your IP address：由 DHCP 服务器分配的客户端主机的 IP 地址。长度为 4 字节。

（10）next server IP address：在 bootstrap 过程的下一步骤中客户端应当使用的服务器地址，它既可能是也可能不是发送回复的服务器地址。发送服务器始终会把自己的 IP 地址放在称为"服务器标识符"的 DHCP 选项字段中。长度为 4 字节。

（11）relay agent IP address：涉及 DHCP 中继代理时，路由 DHCP 消息的 IP 地址。网关地址可以帮助位于不同子网或网络的客户端与服务器相互传输 DHCP 请求和 DHCP 回复。长度为 4 字节。

（12）client MAC address：客户端的物理层地址。长度为 16 字节。

（13）server host name：服务器的名称，服务器可以选择性地将自己的名称放置到回复报文的该字段中，其可以是简单的文字别名或域名服务器(DNS)域名。长度为 64 字节。

（14）boot file name：客户端选择性地在 DHCP 请求消息中使用它来请求特定类型的启动文件。DHCP 服务器在回复中使用它来完整指定启动文件目录和文件名。长度为 128 字节。

（15）options：容纳 DHCP 选项，包括基本 DHCP 运作所需的几个参数，如 DHCP 消息类型、地址租用期限、子网掩码等。此字段的长度不定。

网络中实际的 DHCP 报文如图 2-8 所示。

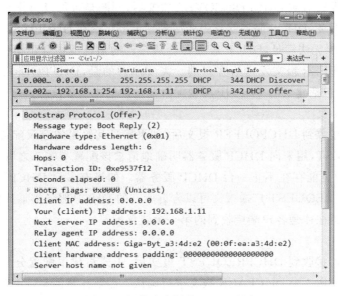

图 2-8　网络中实际的 DHCP 报文

2.5.2 DHCP 运行步骤

DHCP 要求客户端通过向 DHCP 服务器发出 DHCP 请求来申请 IP 地址,由 DHCP 服务器出租一个 IP 地址给客户端使用。DHCP 在传输层使用用户数据报协议(UDP)实现,客户端通过 UDP 的 68 端口向服务器发送消息,服务器通过 UDP 的 67 端口向客户端发送消息。具体的运行步骤如图 2-9 所示。

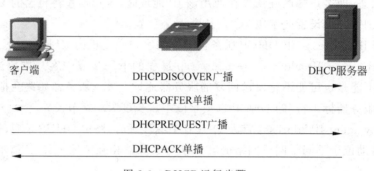

图 2-9　DHCP 运行步骤

1.发现

客户端主机在启动后,首先会向网络中发送一个称为 DHCPDISCOVER 的广播报文,用来查找网络中的 DHCP 服务器。由于此时客户端主机并没有有效的 IP 地址,因此该广播报文的源 IP 地址为 0.0.0.0。在 DHCPDISCOVER 报文的选项中包含一个 Requested IP Address 字段,该字段的 IP 地址为客户端主机以前使用的静态 IP 地址,即客户端主机希望 DHCP 服务器为其分配该地址并使其保留使用。

2.提供

DHCP 服务器接收到 DHCPDISCOVER 报文后,判断是否可以为其提供服务。如果可以为该请求提供服务,DHCP 服务器首先会尽量满足客户端在 DHCPDISCOVER 报文中请求的 IP 地址;如果无法满足,DHCP 服务器会从自己的地址池中取出第一个可用的 IP 地址,并用 DHCPOFFER 报文发送给客户端。需要注意的是,DHCPOFFER 提供的只是一个建议配置,内容包括建议的 TCP/IP 属性配置及地址的租期等信息。

3.请求

客户端主机接收到 DHCPOFFER 报文后,如果接受其给出的建议配置,则发送广播报文 DHCPREQUEST,用来向 DHCP 服务器明确地请求该配置参数。之所以采用广播的方式,是因为网络中可能存在不止一台 DHCP 服务器。如果有多台 DHCP 服务器提供了建议配置,则 DHCPREQUEST 广播报文可以告诉所有的 DHCP 服务器谁提供的建议配置被接受了。被接受的往往是客户端接收到的第一个建议配置。

4.确认

DHCP 服务器接收到 DHCPREQUEST 报文后,正式将建议配置分配给客户端主机,并给客户端主机发送一个 DHCPACK 报文进行确认。需要注意的是,DHCP 服务器有可能将建议配置信息临时租用给了其他客户,此时将不再为客户端主机发送 DHCPACK 报文。客户端主机接收到 DHCPACK 报文后,首先会对所分配的 IP 地址进行地址解析协议

(ARP)请求,如果没有收到任何关于该地址的 ARP 响应,则证明该地址有效并开始使用。

通过发现、提供、请求、确认 4 个步骤,DHCP 服务器会动态地为客户端主机分配一个 IP 地址。一般被分配的 IP 地址并不能永远被客户端使用,而是有一个租用期限。一旦租期届满,DHCP 服务器就会将地址收回。IP 地址的租用期限由网络管理员在配置 DHCP 服务器时设定,一般默认是 1 天。客户端主机会在租期过去 50%时,向 DHCP 服务器发送 DHCPREQUEST 报文以请求继续租用当前地址。如果请求失败,则会在租期过去 87.5% 时再请求一次,如果仍然失败,则在租期到达后释放 IP 地址。

客户端主机如果不再需要分配给它的 IP 地址,则会向 DHCP 服务器发送一个 DHCPRELEASE 报文释放 IP 地址。

2.5.3 DHCP 的配置和验证

DHCP 的配置和验证主要针对 DHCP 服务器,安装有 Windows/Unix/Linux 操作系统的计算机、路由器/交换机等网络设备均可以作为 DHCP 服务器。本节只讨论网络设备作为 DHCP 服务器时的配置和验证,计算机作为 DHCP 服务器的具体实现方法在此不再涉及。

1. DHCP 的配置

在路由器和交换机上配置 DHCP 服务器的命令和方法完全相同,在此以路由器为例进行介绍。在华为设备上,DHCP 有两种不同的配置方法,分别是基于全局地址池的 DHCP 配置和基于接口地址池的 DHCP 配置。本节只对基于全局地址池的 DHCP 配置方法进行介绍,基于接口地址池的 DHCP 配置不需要专门配置地址池,可动态分配 IP 地址范围即接口的 IP 地址所在的网段,具体在此不再赘述。

DHCP 服务配置涉及的命令如下。

(1) 启用设备上的 DHCP 服务。

[Huawei]dhcp enable

默认情况下,DHCP 服务处于关闭状态,所以要通过该命令启用设备上的 DHCP 服务。

(2) 创建地址池。

[Huawei]ip pool *pool-name*

创建一个地址池并为其命名,将命令行置于 DHCP 地址池配置视图下。

(3) 定义地址池中可供租借的 IP 地址范围。

[Huawei]ip pool zhangsf
[Huawei-ip-pool-zhangsf]network network-address { mask [mask-length | mask] }

注意:对于掩码部分可以使用掩码长度(如 24),也可使用子网掩码(如 255.255.255.0)来表示。如果命令中没有给出 mask,则默认使用主类网络的掩码。

(4) 为 DHCP 客户端主机指定默认网关。

[Huawei-ip-pool-zhangsf]gateway-list *ip-address*

(5) 为 DHCP 客户端主机指定 DNS 服务器地址。

[Huawei-ip-pool-zhangsf]dns-list *ip-address*

(6) 从 DHCP 地址池中排除不可分配给客户端主机的特殊 IP 地址。

[Huawei-ip-pool-zhangsf]excluded-ip-address *start-ip-address end-ip-address*

注意：由"gateway-list *ip-adress*"命令指定的网关 IP 地址不参与自动分配，不需要通过该命令从地址池中排除。

(7) 定义 IP 地址的租用期限。

[Huawei-ip-pool-zhangsf]lease[unlimited | day *day*]

默认租用期限为 1 天，如果配置为 unlimited 则该地址没有租期，将永久有效。

(8) 在指定接口上开启 DHCP 功能。

[Huawei-interface-number]dhcp select global

开启接口的 DHCP 功能，并指定接口通过全局地址池为其下相连的客户端分配 IP 地址。

一般前四条命令和最后一条命令是必须进行配置的。即必须启用 DHCP 服务、创建一个地址池来定义可以为客户端主机分配的 IP 地址范围，并且要为客户端主机指定默认网关，使其可以访问外部网络。其他的命令为可选配置项，例如，如果有域名解析的需求，就要为客户端主机指定 DNS 服务器的地址。

假设存在如图 2-10 所示的网络，要求路由器作为 192.168.1.0/24 网段的 DHCP 服务器，并且该网段的前 10 个地址不能被用来动态分配。

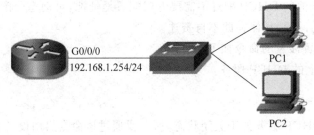

图 2-10　DHCP 配置

路由器的配置如下。

[Huawei]dhcp enable
[Huawei]ip pool zhangsf
[Huawei-ip-pool-zhangsf]network 192.168.1.0
[Huawei-ip-pool-zhangsf]gateway-list 192.168.1.254
[Huawei-ip-pool-zhangsf]excluded-ip-address 192.168.1.1 192.168.1.10
[Huawei-ip-pool-zhangsf]quit
[Huawei]interface GigabitEthernet 0/0/0
[Huawei-GigabitEthernet0/0/0]dhcp select global

配置完成后，将客户端主机的 TCP/IP 属性设置为自动获得 IP 地址，在命令行下执行 ipconfig 命令，可以看到客户端主机已经通过 DHCP 获得了 IP 地址。

2. DHCP 的验证

配置 DHCP 后，需要验证 DHCP 是否可以正常工作，以及当前的工作状态。最简单的方式就是在客户端主机查看是否获得了 IP 地址。而从管理和故障排除的角度而言，更多的是在 DHCP 服务器上通过相应的命令进行检查和验证。

(1) display ip pool

display ip pool 命令用来查看地址池的基本信息。在如图 2-10 所示的路由器上执行该命令,显示结果如下。

```
[Huawei]display ip pool
--------------------------------------------------------------------------------
  Pool-name            : zhangsf
  Pool-No              : 0
  Lease                : 1 Days 0 Hours 0 Minutes
  Position             : Local
  Status               : Unlocked
  Gateway-0            : 192.168.1.254
  Network              : 192.168.1.0
  Mask                 : 255.255.255.0
  VPN instance         : --
  Conflicted address recycle interval: -
  Address Statistic:   Total        :253         Used         :2
                       Idle         :241         Expired      :0
                       Conflict     :0           Disabled     :10
IP address Statistic
  Total      :253
  Used       :2              Idle         :241
  Expired    :0              Conflict     :0            Disabled  :10
```

从显示的结果可以看出,当前路由器上存在一个名为 zhangsf 的地址池,其地址租期为 1 天,网关地址为 192.168.1.254,地址池网段为 192.168.1.0/24,地址池中共有 253 个 IP 地址,其中已使用地址为 2 个,空闲地址为 241(253－10－2)个,不能分配的地址为 10 个。

(2) display ip pool name *pool-name*

display ip pool name *pool-name* 命令用来查看特定地址池的信息。在如图 2-10 所示的路由器上执行该命令,显示结果如下。

```
[Huawei]display ip pool name zhangsf
    Pool-name            : zhangsf
    Pool-No              : 0
    Lease                : 1 Days 0 Hours 0 Minutes
    Domain-name          : -
    DNS-server0          : -
    NBNS-server0         : -
    Netbios-type         : -
    Position             : Local
    Status               : Unlocked
    Gateway-0            : 192.168.1.254
    Network              : 192.168.1.0
    Mask                 : 255.255.255.0
    VPN instance         : --
    Logging              : Disable
    Conflicted address recycle interval: -
    Address Statistic:   Total         :253            Used         :2
```

```
    Idle            :241        Expired       :0
    Conflict        :0          Disabled      :10
---------------------------------------------------------------
Network section
  Start         End           Total    Used   Idle(Expired)   Conflict   Disabled
---------------------------------------------------------------
  192.168.1.1   192.168.1.254  253      2      241(0)          0          10
---------------------------------------------------------------
```

该命令的显示结果与 display ip pool 类似,但最后给出了地址池 zhangsf 中地址的详细信息。

(3) display ip pool name *pool-name* used

display ip pool name *pool-name* used 命令用来查看当前 DHCP 服务器上已分配的 IP 地址情况。在如图 2-10 所示的路由器上执行该命令,显示结果如下。

```
[Huawei]display ip pool name zhangsf used
 Pool-name            : zhangsf
 Pool-No              : 0
 Lease                : 1 Days 0 Hours 0 Minutes
 Domain-name          : -
 DNS-server0          : -
 NBNS-server0         : -
 Netbios-type         : -
 Position             : Local         Status         : Unlocked
 Gateway-0            : 192.168.1.254
 Network              : 192.168.1.0
 Mask                 : 255.255.255.0
 VPN instance         : --
 Logging              : Disable
 Conflicted address recycle interval: -
 Address Statistic:  Total     :253       Used          :2
                     Idle      :241       Expired       :0
                     Conflict  :0         Disabled      :10
---------------------------------------------------------------
Network section
  Start         End           Total    Used   Idle(Expired)   Conflict   Disabled
---------------------------------------------------------------
  192.168.1.1   192.168.1.254  253      2      241(0)          0          10
---------------------------------------------------------------
Client-ID format as follows:
   DHCP   : mac-address                PPPoE    : mac-address
   IPSec  : user-id/portnumber/vrf     PPP      : interface index
   L2TP   : cpu-slot/session-id        SSL-VPN  : user-id/session-id
---------------------------------------------------------------
 Index         IP               Client-ID         Type     Left      Status
---------------------------------------------------------------
  120     192.168.1.121         90fb-a63b-1cf9    DHCP     86130     Used
  138     192.168.1.139         90fb-a63a-e5c5    DHCP     86136     Used
---------------------------------------------------------------
```

从显示结果可以看出，192.168.1.121 和 192.168.1.139 这两个地址被使用，客户端的 MAC 地址分别是 90fb-a63b-1cf9 和 90fb-a63a-e5c5。

需要注意的是，对于华为的设备而言，DHCP 服务器原则上会从地址池中最大的可用 IP 地址开始分配，本例应该分配的 IP 地址是 192.168.1.253 和 192.168.1.252，在 eNSP 下进行配置的结果符合从最大地址开始分配的情况。但本例是在华为路由器 AR1220C 上配置的结果，在此以实际情况为依据，予以保留。

（4）display dhcp statistics

display dhcp statistics 命令用来显示 DHCP 服务器发送、接收消息的各种计数信息。在如图 2-10 所示的路由器上执行该命令，显示结果如下。

```
[Huawei]display dhcp statistics
Input: total 1097 packets, discarded 0 packets
    Bootp request    :       0,   Bootp reply  :    0
    Discover         :    1093,   Offer        :    0
    Request          :       4,   Ack          :    0
    Release          :       0,   Nak          :    0
    Decline          :       0,   Inform       :    0

Output: total 8 packets, discarded 0 packets
```

注意，上面的统计结果只显示出了 Discover 报文和 Request 报文（即客户端发出的报文）的统计数据，而并未对 DHCP 服务器发出的 Offer 报文和 Ack 报文进行统计。

2.5.4　DHCP 中继

已知客户端主机通过广播的方式来寻找 DHCP 服务器并请求 IP 地址。但在实际的网络中，可能存在客户端主机和 DHCP 服务器处于不同子网的情况，由于广播报文被限制在了子网内部，因此可能导致客户端主机无法正确获得 IP 地址。该问题的解决办法有两种：一种是在所有的子网内均配置一台 DHCP 服务器，但会带来很多额外的开销和管理工作；另一种是通过配置 DHCP 中继，使中间网络设备可以对接收到的客户端主机的 DHCP 请求报文进行转发。

在华为设备上，DHCP 中继配置涉及的命令如下。

[Huawei]dhcp enable

其同样需要在进行 DHCP 中继的设备上启用 DHCP 服务，只有启用了 DHCP 服务，其他相关的 DHCP 配置才能生效。

[Huawei-interface-number]dhcp select relay

开启接口的 DHCP 功能，并指定接口工作在 DHCP 中继模式。

[Huawei-interface-number]dhcp relay server-ip *ip-address*

告诉中继接口 DHCP 服务器的 IP 地址，从而使中继接口接收到来自客户端主机的 DHCP 请求后向 DHCP 服务器进行转发。

假设存在如图 2-11 所示的网络，其要求在路由器上配置 DHCP 中继以实现 DHCP 服务器跨网段的 IP 地址分配。

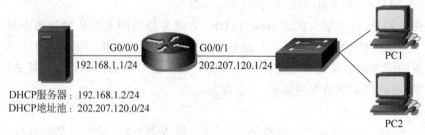

DHCP服务器：192.168.1.2/24
DHCP地址池：202.207.120.0/24

图 2-11　DHCP 中继的配置

那么，路由器的配置如下。

[Huawei]dhcp enable
[Huawei]interface GigabitEthernet 0/0/1
[Huawei-GigabitEthernet0/0/1]dhcp select relay
[Huawei-GigabitEthernet0/0/1]dhcp relay server-ip 192.168.1.2

配置完成后，将客户端主机的 TCP/IP 属性设置为自动获得 IP 地址，在命令行下执行 ipconfig 命令，可以看到客户端主机已经通过 DHCP 获得了 IP 地址。

DHCP 中继配置完成后，可以在网络设备上通过命令来查看当前中继的一些信息。常用命令如下。

(1) display dhcp relay {all|interface *interface-type interface-number*}

display dhcp relay {all|interface*interface-type interface-number*}命令用来显示接口对应的 DHCP 服务器组的信息。在如图 2-11 所示的路由器上执行该命令，显示结果如下。

[Huawei]display dhcp relay all
 DHCP relay agent running information of interface GigabitEthernet0/0/1 :
 Server IP address [00] : 192.168.1.2
 Gateway address in use : 202.207.120.1

从显示结果可以看出，该命令在接口 GigabitEthernet0/0/1 上配置了 DHCP 中继，该接口会将收到的 DHCP 请求报文转发给 DHCP 服务器 192.168.1.2。

(2) display dhcp relay statistics

display dhcp relay statistics 命令用来显示 DHCP 中继的相关报文统计信息。在如图 2-11 所示的路由器上执行该命令，显示结果如下。

[Huawei]display dhcp relay statistics
　The statistics of DHCP RELAY:
　　　DHCP packets received from clients　　　　: 4
　　　　DHCP DISCOVER packets received　　　　: 2
　　　　DHCP REQUEST packets received　　　　: 2
　　　　DHCP RELEASE packets received　　　　: 0
　　　　DHCP INFORM packets received　　　　: 0
　　　　DHCP DECLINE packets received　　　　: 0
　　　DHCP packets sent to clients　　　　　　: 4
　　　　Unicast packets sent to clients　　　　: 4
　　　　Broadcast packets sent to clients　　　: 0

```
           DHCP packets received from servers          : 4
                DHCP OFFER packets received           : 2
                 DHCP ACK packets received            : 2
                 DHCP NAK packets received            : 0
           DHCP packets sent to servers               : 4
                DHCP Bad packets received             : 0
```

微课 2-2：DHCP 及 DHCP 中继配置

2.6 企业网络 IP 地址规划实现

假设该模拟学院各个部门和机构的信息点数量如表 2-10 所示。

表 2-10 信息点数量表

部门	信息点数量/个	部门	信息点数量/个
党办、院办	20	组织部 人事处	16
宣传部	10	纪检审办公室	8
工会、离退休职工管理处	10	学工部 学生处 团委	15
计划财务处	10	基建处	12
后勤处	25	保卫处	16
教务处	16	培训部	26
科技产业处	23	慧创软件技术有限公司	20
网络大学	20	成人教育部	18
自动控制系	35	速递物流系	20
计算机系	50	网络综合实训室	20
金融系	20	外语系	18
基础部	18	人文与社会科学系	20
电信工程系	50	经济系	30
慧远咨询服务公司	40	培训服务保障部	50
图书馆	35	职鉴办公室	16
信息网络中心	25		

学院拥有教育网合法地址块 202.207.120.0/21，为满足表 2-10 中各个部门对于 IP 地址数量的需求，采用 VLSM 的方法进行子网的划分。参考划分结果如表 2-11 所示。

表 2-11 IP 地址规划表

部门	IP 网络	可用 IP 地址数量/个
党办、院办	202.207.120.0/27	30
组织部 人事处	202.207.120.32/27	30
宣传部	202.207.120.64/28	14
纪检审办公室	202.207.120.80/28	14
工会、离退休职工管理处	202.207.120.96/28	14
学工部、学生处、团委	202.207.120.128/27	30
计划财务处	202.207.120.112/28	14

续表

部门	IP 网络	可用 IP 地址数量/个
基建处	202.207.120.160/27	30
后勤处	202.207.120.192/27	30
保卫处	202.207.120.224/27	30
教务处	202.207.121.0/27	30
培训部	202.207.121.32/27	30
科技产业处	202.207.121.64/27	30
慧创软件技术有限公司	202.207.121.96/27	30
网络大学工作组	202.207.121.128/27	30
成人教育部	202.207.121.160/27	30
自动控制系	202.207.121.192/26	62
速递物流系	202.207.122.64/27	30
计算机系	202.207.122.0/26	62
网络综合实训室	202.207.122.96/27	30
金融系	202.207.122.128/27	30
外语系	202.207.122.160/27	30
基础部	202.207.122.192/27	30
人文与社会科学系	202.207.122.224/27	30
电信工程系	202.207.123.0/26	62
经济系	202.207.123.64/26	62
慧远咨询服务公司	202.207.123.128/26	62
培训服务保障部	202.207.123.192/26	62
图书馆	202.207.124.0/26	62
职鉴办公室	202.207.124.64/27	30
信息网络中心	202.207.124.96/27	30

在表 2-11 给出的 IP 地址规划中，需要注意某些部门分配的 IP 地址段。例如，对于基建处而言，分配一个网络前缀为 28 的网络就可以满足该部门当前的 IP 地址数量需求，但是考虑到部门以后的可扩展性，为其分配了一个网络前缀为 27 的网段。也就是说，对于未来可能会有较多人员增加或规模增大的部门（在此只是以基建处为例）一定要为其留有充足的 IP 地址余量用于以后的扩展。对于经济系则必须分配一个网络前缀为 26 的网段，因为虽然该部门有 30 个信息点，但是实际的 IP 地址需求至少是 30 个＋1 个（网关 IP 地址）＝31（个），网络前缀为 27 的网段无法满足需求。对于这种处于网络 IP 地址需求临界点的网络一定要特别注意。

如果按照表 2-11 中的 IP 地址规划，学院只需要 5 个 C 类网段就可以满足需求，而实际上模拟学院网络的 IP 地址规划比表 2-11 要复杂得多。表 2-11 只是给出了理想模拟网络下的简单划分案例而已，实际的模拟学院网络在进行 IP 地址规划的时候需要考虑各个方面的问题。下面简单罗列其中的一部分。

（1）在进行 IP 地址规划时必须考虑 CIDR 的问题。如果模拟学院网络采用了 3 层的网络结构,则 IP 地址规划必须考虑到,处于同一个楼宇中(即同一台汇聚层交换机之下)的各个部门的子网是连续的,以方便在汇聚层交换机上进行路由汇总,减少核心层交换机上路由表中的路由条目。

(2) 除了表 2-10 列出的各个部门的 IP 地址需求外,还有很多其他方面的 IP 地址需求。

① 模拟学院网络中所有的网络设备都需要进行远程管理,因此每一个网络设备都至少需要配置一个管理用的 IP 地址。为保证网络设备的安全,网络设备管理 IP 地址必须是一个独立的网段。

② 学院的各种服务器,包括学院的网站服务器、电子邮件服务器、教务处的网站和数据库服务器、各个教学系部的教学服务器等都需要 IP 地址。这些服务器大都放置在模拟学院网络中心机房,通过高速的接入层交换机连接到核心层交换机上,或直接连接到核心层交换机上。

③ 如果采用 3 层网络结构,那么在汇聚层交换机和核心层交换机之间的连接链路上也有 IP 地址的需求。此时,可以将交换机看成多以太接口的路由器,由于交换机之间的连接链路只需要 2 个有效 IP 地址,因此一般为其分配一个网络前缀为 30 的网段。

④ 对于一些实训室,由于实训的需求,其可能需要不止一个公网 IP 地址。大部分的纯计算机实训室(即计算机机房)一般在内部使用 192.168.1.0/24 的私有 IP 地址段,在实训室出口的路由器上进行基于 PAT 的地址转换,将所有的内部主机私有 IP 地址转换到一个公网地址即可。但是有些实训室(如网络综合实训室等)由于其实训性质,必须有多个公网 IP 地址才可以满足其需求,此时就需要为其分配一个相应规模的子网段。

⑤ 所有的多媒体教室都存在 IP 地址的需求。对于有些课程,教师在上课时经常需要在教室的计算机上远程登录办公室计算机或特定的服务器进行讲解,这就要求教室的计算机必须能够连接网络。关于多媒体教室的 IP 地址分配一般采用 DHCP 的方式,即只有该教室有课并且主机处于开启状态时才为其动态分配一个 IP 地址,当教室主机关闭时 IP 地址自动释放,起到节约 IP 地址的目的。DHCP 服务器放置在模拟学院网络中心机房,可以通过中继的方式为处于不同楼宇的所有多媒体教室主机进行动态 IP 地址的分配。

⑥ 机动 IP 地址需求。如果学院举办或承担一些大型的赛事或模拟赛事,这些赛事往往会有阶段性的 IP 地址需求。这就需要模拟学院网络必须保留部分机动的 IP 地址段,用来为各种赛事或临时性的一些地址需求提供 IP 地址。

一个实际的网络工程中,IP 地址规划是一个非常复杂的任务,需要考虑到方方面面甚至是一些特殊的需求,但涉及的知识基本上就是本章所介绍的 CIDR、VLSM 和 DHCP 等技术,需要同学们多加练习,熟练掌握。

2.7 小 结

随着互联网规模的不断扩大,一方面核心路由表急剧增大,造成路由效率降低,甚至可能导致网络崩溃;另一方面可分配 IP 地址数量出现严重的不足,制约了网络的发展。本章简要介绍了 IP 地址危机的问题及其解决方法,包括减少路由条目数量的无类别域间路由技术、缓解 IP 地址紧张的可变长子网掩码技术、私有 IP 地址的应用技术以及动态主机配置协议等的原理及实现,并在最后给出了企业网络 IP 地址规划方案。

2.8 习　　题

(1) 简述无类别域间路由的基本思想。

(2) 简述多条路由进行路由聚合的要求。

(3) 已知存在 172.16.0.0/24、172.16.1.0/24、172.16.2.0/24、172.16.3.0/24、172.16.4.0/24、172.16.5.0/24、172.16.6.0/24、172.16.7.0/24 共 8 条路由，请给出路由聚合后的汇总路由。

(4) 已知某单位网络拓扑结构如图 2-12 所示，各部门主机数量如表 2-12 所示，该单位从 ISP 处申请到 IP 地址段 202.207.120.0/24，请进行子网划分以满足该单位对 IP 地址的需求。

图 2-12　某单位网络拓扑结构

表 2-12　总公司各部门 IP 地址规划表

部门	主机数量/台
财务处	100
人事处	50
工会	20

(5) 简述 DHCP 的运行步骤。

(6) 简述 DHCP 中继的工作原理。

2.9　动态 IP 地址配置实训

实训学时：2 学时；每实训组学生人数：5 人。

1. 实训目的

掌握 DHCP 服务的配置方法；掌握 DHCP 中继的配置方法。

2. 实训环境

(1) 安装有 TCP/IP 通信协议的 Windows 系统 PC：4 台。

(2) 交换机/集线器：2 台。

(3) 华为 AR1220C 路由器：2 台。

(4) V.35 背对背电缆：1 条。

(5) UTP 电缆：7 条。

(6) Console 电缆：2 条。

(7) 保持所有的交换机、路由器为出厂配置。

3．实训内容

(1) DHCP 服务的配置。

(2) DHCP 中继的配置。

4．实训指导

(1) 按照如图 2-13 所示的网络拓扑结构搭建网络，完成网络连接。

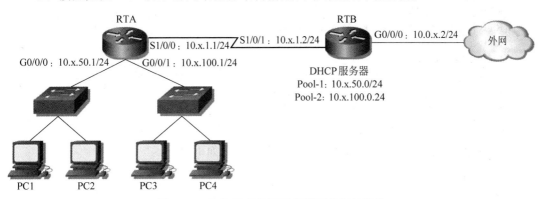

图 2-13　动态 IP 地址配置实训网络拓扑结构

(2) 按照图 2-13 为路由器的以太口、串口配置 IP 地址。参考命令如下。

[RTA]interface GigabitEthernet 0/0/0
[RTA-GigabitEthernet0/0/0]undo portswitch
[RTA-GigabitEthernet0/0/0]ip address 10.x.50.1 24
[RTA-GigabitEthernet0/0/0]quit
[RTA]interface GigabitEthernet 0/0/1
[RTA-GigabitEthernet0/0/1]undo portswitch
[RTA-GigabitEthernet0/0/1]ip address 10.x.100.1 24
[RTA-GigabitEthernet0/0/1]quit
[RTA]interface Serial 1/0/0
[RTA-Serial1/0/0]ip address 10.x.1.1 24
[RTA-Serial1/0/0]quit

[RTB]interface Serial 1/0/1
[RTB-Serial1/0/1]ip address 10.x.1.2 24
[RTB-Serial1/0/1]quit
[RTB]interface GigabitEthernet 0/0/0
[RTB-GigabitEthernet0/0/0]undo portswitch
[RTB-GigabitEthernet0/0/0]ip address 10.0.x.2 24
[RTB-GigabitEthernet0/0/0]quit

(3) 在路由器上配置有类别路由选择协议 RIPv1 和静态路由，确保网络的连通性。参考命令如下。

[RTA]rip
[RTA-rip-1]network 10.0.0.0
[RTA-rip-1]quit
[RTA]ip route-static 0.0.0.0 0 10.x.1.2

[RTB]rip
[RTB-rip-1]network 10.0.0.0
[RTB-rip-1]quit
[RTB]ip route-static 0.0.0.0 0 10.0.x.1

(4) 在路由器 RTB 上配置 DHCP 服务,创建两个地址池 Pool-1 和 Pool-2。参考命令如下。

[RTB]ip pool Pool-1
[RTB-ip-pool-Pool-1]network 10.x.50.0 mask 24
[RTB-ip-pool-Pool-1]gateway-list 10.x.50.1
[RTB-ip-pool-Pool-1]quit
[RTB]ip pool Pool-2
[RTB-ip-pool-Pool-2]network 10.x.100.0 mask 24
[RTB-ip-pool-Pool-2]gateway-list 10.x.100.1
[RTB-ip-pool-Pool-2]quit

(5) 在路由器 RTA 上配置 DHCP 中继,参考命令如下。

[RTA]dhcp enable
[RTA]interface GigabitEthernet 0/0/0
[RTA-GigabitEthernet0/0/0]dhcp select relay
[RTA-GigabitEthernet0/0/0]dhcp relay server-ip 10.x.1.2
[RTA-GigabitEthernet0/0/0]quit
[RTA]interface GigabitEthernet 0/0/1
[RTA-GigabitEthernet0/0/1]dhcp select relay
[RTA-GigabitEthernet0/0/1]dhcp relay server-ip 10.x.1.2
[RTA-GigabitEthernet0/0/1]quit

(6) 在 PC 的"TCP/IP 属性"中,将其设置为"自动获得 IP 地址"。通过 Wireshark 工具捕获 DHCP 数据报文并对内容进行分析。

(7) 在 PC 的"命令提示符"窗口下执行 ipconfig 命令查看是否获得 IP 地址,正常情况下,PC1 和 PC2 应该获得 10.x.50.0/24 网段的 IP 地址,PC3 和 PC4 应该获得 10.x.100.0/24 网段的 IP 地址。此时所有 PC 均可访问外部网络。

5. 实训报告

填写如表 2-13 所示的实训报告。

表 2-13 动态 IP 地址配置实训报告

DHCP Server 配置	Pool-1	
	Pool-2	
DHCP 中继配置	RTA GigabitEthernet 0/0/0	
	RTA GigabitEthernet 0/0/1	

续表

DHCP 报文内容（任选一台 PC 捕获报文即可）		Client IP address	Your IP address	Relay Agent IP address	Requested IP address
	DISCOVER				
	OFFER				
	REQUEST				
	ACK				
PC 的 IP 地址	PC1		PC2	PC3	PC4

第 3 章 企业网络交换技术

在 IP 地址规划完成后,就可以为模拟学院网络中所有的网络设备及终端节点分配 IP 地址,但网络通信依然需要依赖二层交换技术和三层路由技术来实现。其中,二层交换技术是处于三层路由技术之下的基础,很多保障网络可用性和提高网络性能的技术均在第二层(数据链路层)实现。

3.1 企业网络交换技术项目介绍

交换技术关注的是网络中的第二层,即数据链路层。在数据链路层,不同的子网以 VLAN 的形式存在,通过 VLAN 的划分将不同部门划入不同的子网中。在数据链路层通信的数据被封装成数据帧,并通过 IEEE 802.1q 的封装来标识其所属的 VLAN。

关于 VLAN 的概念,在网络技术基础课程中已经有过介绍,在此不再赘述。本项目更关注的是在数据链路层实现的对网络性能和可用性进行优化的技术,具体如下。

(1) 传播 VLAN 的配置。从第 1 章的企业网络设计方案中可知,在模拟学院网络中存在四十余台接入层和汇聚层交换机,如果在每一台交换机上都独立配置 VLAN 信息,工作量将非常大且容易出错,还会给后续的网络管理带来很大的负担。因此,需要使用相关技术实现 VLAN 在交换机之间的传播,以方便 VLAN 的配置和管理。

(2) 在数据链路层增加链路的逻辑带宽以满足用户高带宽的需求。按照主流设计,模拟学院网络在接入层和汇聚层之间的带宽为 100Mbps,汇聚层与核心层之间的带宽为 1 000Mbps。这样的上行链路带宽已经可以满足大部分网络通信的带宽需求。但是随着一些大型的基于网络的办公应用系统的使用,某些特定的部门之间在某些时刻可能会有大量的数据传输需求,在这种情况下,接入层和汇聚层之间的 100Mbps 链路就会成为网络通信的瓶颈。这种通信需求可以通过升级设备来增加带宽,也可以通过链路带宽聚合技术将多条物理链路在逻辑上聚合成一条链路,这样既解决了问题,也不会增加网络投入。

(3) 在数据链路层提供冗余以保障网络的可用性。由于网络设备需要长时间持续运行,而物理链路往往会跨楼层甚至跨楼宇布放,因此其在网络的实际运行过程中难免会出现故障。为了防止单点故障而导致网络中的部分终端无法连接网络,数据链路层一般都会引入冗余机制。数据链路层一般会通过在交换机之间增加冗余链路来提高网络的可用性,但在物理上提供冗余链路的同时需要在逻辑上保证数据链路层不存在环路,以免引起广播风暴等网络问题。这就需要在数据链路层运行生成树协议使网络保持树形结构,以免环路的产生。

3.2 GVRP

当网络中存在多台交换机的时候,为减轻网络管理员的工作量同时又能保证所有交换机上运行的 VLAN 信息的一致性,Cisco 采用了其私有协议 VLAN 中继协议(VLAN trunking protocol,VTP)进行 VLAN 信息的传播。华为同样通过私有协议 VLAN 集中管理协议(VLAN central management protocol,VCMP)来实现相同的功能。但作为各厂商的私有协议,VTP 和 VCMP 均只能在本厂商设备上运行,当网络中有多厂商的网络设备时,往往只能采用国际标准协议来实现 VLAN 信息的传播,实现此功能的国际标准协议即 GARP VLAN 注册协议(GARP VLAN registration protocol,GVRP)。

3.2.1 GARP 简介

GVRP 是通用属性注册协议(generic attribute registration protocol,GARP)的一种应用。GARP 主要用来建立一种属性传递扩散的机制,以协助同一个局域网内的交换成员之间分发、传播和注册某种属性。GARP 本身不作为实体存在于设备中,实际上它是作为某种属性的载体来进行属性的扩散的。GARP 报文承载不同的属性即可支持不同的上层协议应用,典型的 GARP 应用有 GARP 组播注册协议(GARP multicast registration protocol,GMRP)和 GVRP。如果在某个端口上启用了 GARP 的某种应用,则该端口即为一个 GARP 应用实体。

1. GARP 消息类型

GARP 应用实体之间的信息交换借助于消息的传递来完成,主要有 3 类消息起作用,分别是 Join 消息、Leave 消息和 LeaveAll 消息。

(1) Join 消息

当一个 GARP 应用实体希望其他设备注册自己的属性信息时,它将对外发送 Join 消息;当收到其他实体的 Join 消息或本设备静态配置了某些属性,需要其他 GARP 应用实体进行注册时,它也会向外发送 Join 消息。

(2) Leave 消息

当一个 GARP 应用实体希望其他设备注销自己的属性信息时,它将对外发送 Leave 消息;当收到其他实体的 Leave 消息而注销某些属性或静态注销了某些属性后,它也会向外发送 Leave 消息。

(3) LeaveAll 消息

每个应用实体启动后,将同时启动 LeaveAll 定时器,当该定时器超时后应用实体将对外发送 LeaveAll 消息。LeaveAll 消息用来注销所有的属性,以使其他应用实体重新注册本实体上所有的属性信息,以此来周期性地清除网络中的垃圾属性(例如某个属性已经被删除,但由于设备突然断电,并没有发送 Leave 消息来通知其他实体注销此属性)。

2. GARP 定时器

(1) Hold 定时器

当 GARP 应用实体接收到其他设备发送的注册信息时,不会立即将该注册信息作为一条 Join 消息对外发送,而是启动 Hold 定时器。当该定时器结束后,GARP 应用实体将此时段内收到的所有注册信息放在同一个 Join 消息中向外发送,从而节省了带宽资源。每个端口维护独立的 Hold 定时器。

(2) Join 定时器

GARP 应用实体可以通过将每个 Join 消息向外发送两次来保证消息的可靠传输。在第一次发送的 Join 消息没有得到回复的时候,GARP 应用实体会第二次发送 Join 消息。两次 Join 消息之间的时间间隔用 Join 定时器来控制。Join 定时器的值要大于等于 Hold 定时器值的两倍。每个端口维护独立的 Join 定时器。

(3) Leave 定时器

当一个 GARP 应用实体希望注销某属性信息时,将对外发送 Leave 消息,接收到该消息的 GARP 应用实体启动 Leave 定时器,如果在该定时器结束之前没有收到 Join 消息,则注销该属性信息。

为什么在接收到 Leave 消息后不立刻注销某属性,而一定要等待一段时间看看是否会收到 Join 消息呢?这是因为在网络中可能存在不止一个属性源。例如某个属性在网络中有两个源,分别在应用实体 A 和 B 上,其他应用实体通过协议注册了该属性。当把此属性从应用实体 A 上删除的时候,实体 A 发送 Leave 消息,由于应用实体 B 上还存在该属性源,在接收到 Leave 消息之后,应用实体 B 会发送 Join 消息,以表示它还有该属性。其他应用实体如果收到了应用实体 B 发送的 Join 消息,则该属性仍然被保留,不会被注销。只有当其他应用实体等待了两倍的 Join 定时器所定义的时间间隔后仍然没有收到该属性的 Join 消息时,才能认为网络中确实没有该属性了,所以这就要求 Leave 定时器的值至少是 Join 定时器值的两倍。每个端口维护独立的 Leave 定时器。

(4) LeaveAll 定时器

每个 GARP 应用实体启动后,将同时启动 LeaveAll 定时器,当该定时器结束后,GARP 应用实体将对外发送 LeaveAll 消息,以使其他 GARP 应用实体重新注册本实体上所有的属性信息。随后再启动 LeaveAll 定时器,开始新一轮的循环。接收到 LeaveAll 消息的应用实体将重新启动所有的定时器,包括 LeaveAll 定时器。这也就意味着网络中所有设备都将以全网时间段最小的 LeaveAll 定时器为准发送 LeaveAll 消息,因为即使全网存在很多不同的 LeaveAll 定时器,也只有时间段最小的那个 LeaveAll 定时器起作用。

一次 LeaveAll 事件相当于全网所有属性的一次 Leave。由于 LeaveAll 影响范围很广,所以 LeaveAll 定时器的值不能太小,至少应该大于 Leave 定时器的值。每个设备只在全局维护一个 LeaveAll 定时器。

3.2.2 GVRP 简介

作为 GARP 的应用,GVRP 用来维护设备中的 VLAN 动态注册信息,并传播该信息到其他交换机。设备启动 GVRP 后,能够接收来自其他设备的 VLAN 注册信息,并动态更新本地的 VLAN 注册信息,包括当前的 VLAN 成员、VLAN 成员可以通过哪个端口到达等。同时,设备能够将本地的 VLAN 注册信息向其他设备传播,以使同一局域网内所有设备的 VLAN 信息达成一致。

1. GVRP 注册模式

在运行 GVRP 的网络中,手工配置的 VLAN 称为静态 VLAN,通过 GVRP 创建的 VLAN 称为动态 VLAN。GVRP 有 3 种注册模式,不同的模式对静态 VLAN 和动态 VLAN 的处理方式也不同,具体如下。

(1) Normal 模式

允许该端口动态注册、注销 VLAN,传播动态 VLAN 及静态 VLAN 信息。该模式为默认模式。

(2) Fixed 模式

禁止该端口动态注册、注销 VLAN,只传播静态 VLAN 信息,不传播动态 VLAN 信息。该端口只允许静态 VLAN 通过,即只对其他 GVRP 成员传播静态 VLAN 信息。

(3) Forbidden 模式

禁止该端口动态注册、注销 VLAN。该端口只允许默认 VLAN(即 VLAN1)通过,即只对其他 GVRP 成员传播 VLAN1 的信息。

2. GVRP 的配置

GVRP 的配置比较简单,具体命令如下。

```
[Huawei]gvrp
[Huawei]interface number
[Huawei-interface-number]gvrp
[Huawei-interface-number]gvrp registration { fixed | forbidden | normal }
```

首先,在全局启用 GVRP,然后在特定的端口上启用 GVRP。需要注意的是,GVRP 必须在 Trunk 端口上启用,并且该 Trunk 端口应该允许相应 VLAN 的数据帧通过。GVRP 默认的注册模式为 Normal,可以通过 gvrp registration 命令进行设置。另外,还可以修改 GARP 各定时器的值,具体命令在此不再介绍。

华为交换机配置 GVRP 时的命令和其型号有关,在华为 S3700 交换机上可以如上进行配置,但在华为 S5720 配置 GVRP 时显示结果如下。

```
[Huawei]gvrp
Error: Please modify the current VCMP role to silent or transparent first.
```

显然,在配置 GVRP 时系统报错,提示需要首先将当前 VCMP 的角色修改为静默或透明模式。当前系统并没有进行任何配置,为什么会有这样的问题呢?

本节在一开始提到过,VCMP 是华为设备上的 VLAN 管理协议,该协议的目的是在二层网络中传播 VLAN 配置信息,并自动地在整个二层网络中保证 VLAN 配置信息的一致。同时,相比于 GVRP 的动态 VLAN 创建,VCMP 创建的是静态的 VLAN,但 VCMP 是华为的私有协议,只能在华为设备上配置使用。另外,VCMP 只能帮助网络管理员同步 VLAN 配置,但不能帮助其动态地划分端口到 VLAN。因此,VCMP 一般需要与链路类型协商协议(link-type negotiation protocol,LNP)结合使用。本教材不对 VCMP 进行介绍,感兴趣的读者可以自行查阅相关资料。

华为 S5720 交换机默认启用了 VCMP,其角色默认为 client(VCMP 共有 4 种不同的角色,分别是 server、client、silent 和 transparent),在配置 GVRP 之前首先需要将其角色设置为 silent 或 transparent，然后进行 GVRP 的配置。具体的配置命令如下。

[Huawei]vcmp role silent
[Huawei]gvrp
Warning: When a Huawei switch connects to a non-Huawei device using GVRP, the ti
mer values on the entire network must be adjusted according to the network size.
Continue? [Y/N]:y
[Huawei]
[Huawei]interface GigabitEthernet 0/0/1
[Huawei-GigabitEthernet0/0/1]port link-type trunk
[Huawei-GigabitEthernet0/0/1]port trunk allow-pass vlan all
[Huawei-GigabitEthernet0/0/1]gvrp

从上面的配置可以看到，当配置 GVRP 时，系统会有一个警告：当华为交换机使用 GVRP 连接到非华为设备时，必须根据网络大小调整整个网络上的计时器值，并询问是否继续，选择 Y 即可继续。

假设存在如图 3-1 所示的网络，要求进行 GVRP 配置，使 SWA 上创建的 VLAN 2 可以传递到 SWB 和 SWC 上。

图 3-1　GVRP 配置

具体配置如下。

[SWA]gvrp
[SWA]vlan 2
[SWA-vlan2]quit
[SWA]interface Ethernet 0/0/1
[SWA-Ethernet0/0/1]port link-type trunk
[SWA-Ethernet0/0/1]port trunk allow-pass vlan all
[SWA-Ethernet0/0/1]gvrp

[SWB]gvrp
[SWB]interface Ethernet 0/0/2
[SWB-Ethernet0/0/2]port link-type trunk
[SWB-Ethernet0/0/2]port trunk allow-pass vlan all
[SWB-Ethernet0/0/2]gvrp
[SWB-Ethernet0/0/2]quit
[SWB]interface Ethernet 0/0/3
[SWB-Ethernet0/0/3]port link-type trunk
[SWB-Ethernet0/0/3]port trunk allow-pass vlan all
[SWB-Ethernet0/0/3]gvrp

[SWC]gvrp
[SWC]interface Ethernet 0/0/4
[SWC-Ethernet0/0/4]port link-type trunk
[SWC-Ethernet0/0/4]port trunk allow-pass vlan all
[SWC-Ethernet0/0/4]gvrp

配置完成后，在交换机 SWB 上查看到的 VLAN 的基本情况如下：

```
[SWB]display vlan summary
static vlan:
Total 1 static vlan.
  1
dynamic vlan:
Total 1 dynamic vlan.
  2
reserved vlan:
Total 0 reserved vlan.
```

可见交换机 SWB 动态注册了 VLAN 2。在交换机 SWC 上显示的结果相同。

此时，VLAN 2 的数据帧是否就可以在交换机 SWA 和 SWC 之间传递了呢？答案是否定的。在交换机 SWB 上执行 display vlan 命令查看 VLAN 的详细信息即可看出问题所在。

```
[SWB]display vlan
The total number of vlans is : 2
--------------------------------------------------------------
U: Up;            D: Down;            TG: Tagged;         UT: Untagged;
MP: Vlan-mapping;                     ST: Vlan-stacking;
#: ProtocolTransparent-vlan;          *: Manage
--------------------------------------------------------------
VID   Type      Ports
--------------------------------------------------------------
1     common    UT:Eth0/0/1(D)    Eth0/0/2(U)     Eth0/0/3(U)     Eth0/0/4(D)
                  Eth0/0/5(D)     Eth0/0/6(D)     Eth0/0/7(D)     Eth0/0/8(D)
                  Eth0/0/9(D)     Eth0/0/10(D)    Eth0/0/11(D)    Eth0/0/12(D)
                  Eth0/0/13(D)    Eth0/0/14(D)    Eth0/0/15(D)    Eth0/0/16(D)
                  Eth0/0/17(D)    Eth0/0/18(D)    Eth0/0/19(D)    Eth0/0/20(D)
                  Eth0/0/21(D)    Eth0/0/22(D)    Eth0/0/23(D)    Eth0/0/24(D)
                  GE0/0/1(D)      GE0/0/2(D)      GE0/0/3(D)      GE0/0/4(D)
2     dynamic   TG:Eth0/0/2(U)

VID   Status   Property      MAC-LRN Statistics Description
--------------------------------------------------------------
1     enable   default       enable   disable    VLAN 0001
2     enable   default       enable   disable    VLAN 0002
```

从显示的结果可以看出，Trunk 端口 Ethernet 0/0/3 并没有加入 VLAN 2，也就是说 Ethernet 0/0/3 不能传递 VLAN 2 的数据。为什么会出现这样的结果呢？实际上这和 GVRP 的工作原理有关。在此简单分析 VLAN 信息的传播过程。

在交换机 SWA 上创建了静态 VLAN 2 后，SWA 的 Trunk 端口 Ethernet 0/0/1 自然会加入 VLAN 2，而由于启用了 GVRP，因此端口 Ethernet 0/0/1 会向交换机 SWB 发送 Join 消息；交换机 SWB 接收到 Join 消息后创建动态 VLAN 2，并且把接收到 Join 消息的 Trunk 端口 Ethernet 0/0/2 加入动态 VLAN 2，同时通知 Trunk 端口 Ethernet 0/0/3 向交换机 SWC 发送 Join 消息；交换机 SWC 接收到 Join 消息后创建动态 VLAN 2，并且把接收到 Join 消息的 Trunk 端口 Ethernet 0/0/4 加入动态 VLAN 2。

从上述的工作过程中可以看出，由于交换机 SWB 的 Trunk 端口 Ethernet 0/0/3 并没有接收到任何 Join 消息，因此它不会加入 VLAN 2。要想使 VLAN 2 的数据帧可以在网络中传输，就必须进行 VLAN 信息的双向注册，即还需要在交换机 SWC 上创建静态 VLAN 2，进行从 SWC 到 SWA 的 VLAN 信息传播，从而使交换机 SWB 的 Trunk 端口 Ethernet 0/0/3 加入动态 VLAN 2。在进行动态 VLAN 信息注销时同样需要进行双向注销，具体在此不再赘述，感兴趣的读者可以登录华为官方网站查看相关资料或查阅人民邮电出版社出版的《华为交换机学习指南》一书。

3. 将端口加入动态 VLAN 中

在通过 GVRP 动态创建 VLAN 后，往往还需要将某些端口加入动态 VLAN，而对于不同型号的交换机处理的方式也存在一些不同。

在华为 S5720 交换机上直接将端口 GigabitEthernat 0/0/10 加入相应的动态 VLAN 即可。具体的配置命令如下。

[SWB]interface GigabitEthernet 0/0/10
[SWB-GigabitEthernet0/0/10]port link-type access
[SWB-GigabitEthernet0/0/10]port default vlan 2
[SWB-GigabitEthernet0/0/10]quit

配置完成后，通过 display vlan 命令查看 VLAN 的详细信息。

```
[SWB]display vlan
The total number of VLANs is: 2
--------------------------------------------------------------------------------
U: Up;          D: Down;          TG: Tagged;          UT: Untagged;
MP: Vlan-mapping;                 ST: Vlan-stacking;
#: ProtocolTransparent-vlan;      *: Management-vlan;
--------------------------------------------------------------------------------
VID   Type      Ports
--------------------------------------------------------------------------------
1     common UT:GE0/0/1(D)    GE0/0/2(U)    GE0/0/3(U)    GE0/0/4(D)
              GE0/0/5(D)    GE0/0/6(D)    GE0/0/7(D)    GE0/0/8(D)
              GE0/0/9(D)    GE0/0/11(D)   GE0/0/12(D)   GE0/0/13(D)
              GE0/0/14(D)   GE0/0/15(D)   GE0/0/16(D)   GE0/0/17(D)
              GE0/0/18(D)   GE0/0/19(D)   GE0/0/20(D)   GE0/0/21(D)
              GE0/0/22(D)   GE0/0/23(D)   GE0/0/24(D)   GE0/0/25(D)
              GE0/0/26(D)   GE0/0/27(D)   GE0/0/28(D)   GE0/0/29(D)
              GE0/0/30(D)   GE0/0/31(D)   GE0/0/32(D)
2     dynamic UT:GE0/0/10(U)
           TG:GE0/0/2(U)

VID   Status    Property    MAC-LRN Statistics Description
--------------------------------------------------------------------------------
1     enable    default     enable  disable    VLAN 0001
2     enable    default     enable  disable    VLAN 0002
```

从显示的结果可以看出，端口 GigabitEthernet 0/0/10 加入了动态 VLAN 2。

但是在华为 S3700 交换机上禁止向动态 VLAN 中添加端口，如果进行此类操作，系统则提示错误。具体命令如下。

[SWB]interface Ethernet 0/0/10
[SWB-Ethernet0/0/10]port link-type access
[SWB-Ethernet0/0/10]port default vlan 2
Error: The VLAN is a dynamic VLAN and cannot be configured.

在这种情况下,就只能手工创建动态 VLAN 来实现端口的接入。

注意:交换机 S3700 上的端口均为 100Mbps,即 Ethernet 端口;而在交换机 S5720 上的端口均为 1 000Mbps,即 GigabitEthernet 端口,因此通过命令对接口进行配置和选择时可能会在显示结果上有所区别,对其不再进行详细的区分。

微课 3-1:GVRP 配置

3.3 链路带宽聚合技术

在网络中,不同的 VLAN 可能对带宽有不同的需求,而且同一 VLAN 的带宽需求也可能是变化的。对于带宽需求较高的 VLAN,一种办法是进行硬件的升级以满足其需求,但这会带来额外的成本;另一种可行性较高的办法是通过链路带宽聚合技术来聚合多条平行链路以增加带宽。链路带宽聚合技术又称端口汇聚技术,其基本原理是将两台设备间的多条物理链路捆绑在一起形成一条逻辑链路,从而达到增加带宽的目的。例如将 4 条全双工 100Mbps 的快速以太网链路聚合在一起可以形成一条 400Mbps 的逻辑链路。华为将聚合后的逻辑链路称为 Eth-Trunk 链路。

链路带宽聚合技术在增加带宽的同时还提高了链路的可用性。逻辑链路中的各个物理链路互为冗余,如果某一条物理链路失效,通过该链路传输的数据流将自动被转移到其他的可用物理链路上。只要还存在能够正常工作的物理链路,整个逻辑链路就不会失效。

在使用链路带宽聚合技术进行物理链路聚合时,所有的捆绑端口必须有相同的速度和双工设置,以及相同的生成树设置。如果做接入链路,则所有的捆绑端口必须属于同一个 VLAN;如果是做中继链路,则所有的捆绑端口必须都处于中继模式、具有相同的默认 VLAN(PVID)并且穿越同一组 VLAN。

链路带宽聚合技术可以使用由 IEEE 802.3ad 定义的链路聚合控制协议(link aggregation control protocol,LACP)来实现。

3.3.1 链路带宽聚合的模式

在华为交换机上,链路带宽聚合的实现有两种不同的模式,分别如下。

1. 手工负载分担模式

手工负载分担模式由用户手工配置,不允许系统自动添加或删除聚合端口中的物理端口。聚合端口中必须至少包含一个物理端口。当聚合端口中只有一个物理端口时,只能通过删除聚合端口的方式将该端口从聚合端口中删除。手工负载分担模式的 LACP 协议为关闭状态,禁止用户开启手工聚合端口的 LACP 协议。

2. LACP 模式

LACP 模式由用户手工配置,不允许系统自动添加或删除聚合端口中的物理端口。聚合端口中必须包含至少一个物理端口。当聚合端口只有一个物理端口时,只能通过删除聚合端口的方式将该端口从聚合端口中删除。与手工负载分担模式不同的是,LACP模式需要参与聚合的双方通过链路聚合控制协议数据单元(link aggregation control protocol data unit,LACPDU)进行聚合的协商,只有协商成功,链路聚合才能够实现。

3.3.2 链路带宽聚合的配置

由于交换机的操作系统版本等问题,华为不同型号的交换机在进行链路带宽聚合时的配置有所不同。在此依然以华为S3700和华为S5720为例,介绍华为交换机上链路带宽聚合的具体配置。

具体涉及的命令如下。

(1) 创建链路聚合端口,即 Eth-Trunk 端口。

[Huawei]interface Eth-Trunk *Eth-Trunk-interface-number*

在华为S3700交换机上,*Eth-Trunk-interface-number* 的取值范围为"0~19",即最多可以创建20条聚合链路;而在华为S5720交换机上,*Eth-Trunk-interface-number* 的取值范围为"0~127",即最多可以创建128条聚合链路。

(2) 配置 Eth-Trunk 端口的工作模式。

[Huawei-Eth-Trunk1]mode[manual load-balance | lacp-static | lacp]

Eth-Trunk 端口的工作模式默认为 manual load-balance,即手工负载分担模式。在S3700交换机上将其配置为LACP模式使用的命令选项是lacp-static,而在S5720交换机上使用的命令选项是lacp。

(3) 将物理端口加入 Eth-Trunk 端口中。将物理端口加入 Eth-Trunk 端口中有两种不同的配置方式,一种是在 Eth-Trunk 端口的配置视图下进行配置,命令如下。

[Huawei-Eth-Trunk1]trunkport Ethernet *start-interface-number* to *end-interface-number*

另一种是在物理端口的配置视图下进行配置,命令如下。

[Huawei-interface-number]eth-trunk *Eth-Trunk-interface-number*

两条命令的作用完全相同,无论使用哪一种方式都可以。

需要注意的是,如果要在两台交换机之间配置链路聚合,则应尽量保持两台交换机之间相连端口的一致性(即端口 Ethernet 0/0/1 与对端的 Ethernet 0/0/1 相连,端口 Ethernet 0/0/2 与对端的 Ethernet 0/0/2 相连),如果进行交叉连接则可能会出现丢包现象。

假设存在如图 3-2 所示的网络,要求将交换机 SWA 和交换机 SWB 之间的两条物理链路通过链路带宽聚合技术配置聚合成一条逻辑链路,那么其两种配置方式如下。

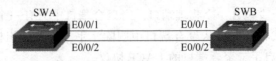

图 3-2 链路带宽聚合配置拓扑图

1. 手工负载分担模式的配置

具体的配置命令如下。

[SWA]interface Eth-Trunk 1
[SWA-Eth-Trunk1]mode manual load-balance
[SWA-Eth-Trunk1]quit
[SWA]interface Ethernet0/0/1
[SWA-Ethernet0/0/1]eth-trunk 1
[SWA-Ethernet0/0/1]quit
[SWA]interface Ethernet0/0/2
[SWA-Ethernet0/0/2]eth-trunk 1

[SWB]interface Eth-Trunk 1
[SWB-Eth-Trunk1]mode manual load-balance
[SWB-Eth-Trunk1]trunkport Ethernet 0/0/1 to 0/0/2

配置完成后,在交换机 SWA 上执行 display eth-trunk 命令,显示结果如下。

[SWA]display eth-trunk 1
Eth-Trunk1's state information is:
WorkingMode: NORMAL   Hash arithmetic: According to SA-XOR-DA
Least Active-linknumber: 1   Max Bandwidth-affected-linknumber: 8
Operate status: up   Number Of Up Port In Trunk: 2

PortName   Status   Weight
Ethernet0/0/1   Up   1
Ethernet0/0/2   Up   1

从显示的结果可以看出,Eth-Trunk 的工作模式为手工负载分担模式(NORMAL),负载分担的算法是基于源 IP 地址与目的 IP 地址异或的结果进行(SA-XOR-DA),Eth-Trunk 端口中必须最少有 1 个物理端口处于活动状态,最多允许对 8 个物理端口进行聚合。当前端口 Ethernet 0/0/1 和 Ethernet 0/0/2 已经添加到了聚合端口 Eth-Trunk 1 中,且均处于 Up 状态。

在交换机 SWA 上执行 display interface eth-trunk 命令,显示结果如下。

[SWA]display interface Eth-Trunk 1
Eth-Trunk1 current state : UP
Line protocol current state : UP
Description: HUAWEI, Quidway Series, Eth-Trunk1 Interface
Switch Port, PVID : 1, Hash arithmetic : According to SA-XOR-DA, Maximal BW: 2
00M, Current BW: 200M, The Maximum Frame Length is 1600
IP Sending Frames' Format is PKTFMT_ETHNT_2, Hardware address is ac75-1d4d-7e70
    Input bandwidth utilization : 0.00%
    Output bandwidth utilization : 0.01%

PortName   Status   Weight

Ethernet0/0/1   UP   1
Ethernet0/0/2   UP   1

The Number of Ports in Trunk : 2

The Number of UP Ports in Trunk : 2

从显示的结果可以看出，Eth-Trunk 1 端口的带宽为 200Mbps，即两个物理端口带宽之和。

在交换机 SWA 上执行 display interface eth-trunk 1 verbose 命令，显示的 Eth-Trunk 端口的详细信息如下。

```
[SWA]display eth-trunk 1 verbose
Eth-Trunk1's state information is:
WorkingMode: NORMAL          Hash arithmetic: According to SA-XOR-DA
Least Active-linknumber: 1   Max Bandwidth-affected-linknumber: 8
Operate status: up           Number Of Up Port In Trunk: 2
--------------------------------------------------------------------
PortName                     Status          Weight
Ethernet0/0/1                Up              1
Ethernet0/0/2                Up              1

Flow statistic
  Interface Ethernet0/0/1,
      Last 300 seconds input rate 128 bits/sec, 0 packets/sec
      Last 300 seconds output rate 952 bits/sec, 1 packets/sec
      42 packets input, 5166 bytes, 0 drops
      385 packets output, 39546 bytes, 0 drops

  Interface Ethernet0/0/2,
      Last 300 seconds input rate 184 bits/sec, 0 packets/sec
      Last 300 seconds output rate 952 bits/sec, 1 packets/sec
      67 packets input, 7296 bytes, 0 drops
      350 packets output, 39345 bytes, 0 drops

  Interface Eth-Trunk1
      Last 300 seconds input rate 312 bits/sec, 0 packets/sec
      Last 300 seconds output rate 1904 bits/sec, 2 packets/sec
      109 packets input, 12462 bytes, 0 drops
      735 packets output, 78891 bytes, 0 drops
```

上面显示的结果中给出了 Eth-Trunk 端口以及其下的物理端口在近 300s 内数据发送和接收的速率及统计信息。

2. LACP 模式的配置

具体的配置命令如下。

```
[SWA]interface Eth-Trunk 1
[SWA-Eth-Trunk1]mode lacp
[SWA-Eth-Trunk1]trunkport GigabitEthernet 0/0/1 to 0/0/2

[SWB]interface Eth-Trunk 1
[SWB-Eth-Trunk1]mode lacp
[SWB-Eth-Trunk1]quit
[SWB]interface GigabitEthernet 0/0/1
[SWB-GigabitEthernet0/0/1]eth-trunk 1
[SWB-GigabitEthernet0/0/1]quit
```

[SWB]interface GigabitEthernet 0/0/2
[SWB-GigabitEthernet0/0/2]eth-trunk 1

配置完成后,在交换机 SWA 上执行 display eth-trunk 命令,显示结果如下。

[SWA]display eth-trunk 1
Eth-Trunk1's state information is:
Local:
LAG ID: 1   WorkingMode: LACP
Preempt Delay: Disabled   Hash arithmetic: According to SIP-XOR-DIP
System Priority: 32768   System ID: 28a6-db29-12f0
Least Active-linknumber: 1   Max Active-linknumber: 8
Operate status: up   Number Of Up Port In Trunk: 2

ActorPortName   Status   PortType   PortPri   PortNo   PortKey   PortState   Weight
GigabitEthernet0/0/1 Selected   1GE   32768   1   305   10111100   1
GigabitEthernet0/0/2 Selected   1GE   32768   2   305   10111100   1

Partner:

ActorPortName   SysPri   SystemID   PortPri   PortNo   PortKey   PortState
GigabitEthernet0/0/1 32768   0433-891d-a550   32768   1   305   10111100
GigabitEthernet0/0/2 32768   0433-891d-a550   32768   2   305   10111100

从上面显示的结果可以看出,Eth-Trunk 的工作模式为 LACP 模式,其中包含了 2 个 Selectd 状态的端口。由于 LACP 模式是通过两台交换机之间的 LACPDU 协商完成的,因此在显示的结果中可以看到对端交换机的设备 ID,设备 ID 即为交换机的 MAC 地址,在本例中为"0433-891d-a550",系统优先级默认为 32768(十六进制表示为 0x8000),在 3.4 节"生成树协议"中进行具体的介绍。

微课 3-2:链路带宽聚合配置

3.4 生成树协议

3.4.1 冗余带来的问题

为保障网络的可用性,数据链路层会通过增加链路进行冗余,但冗余可能会产生数据链路层的环路,从而引发广播风暴、帧的重复传送及 MAC 表不稳定等一系列问题。

1. 广播风暴

交换机对于广播帧和无法在 MAC 表中获得目的 MAC 地址与端口映射的帧通过广播的方式进行转发。如图 3-3 所示,如果 PC 发送一个广播帧(如 ARP 请求帧),交换机 SWA 会将该帧从除接收端口外的所有端口转发出去,于是交换机 SWB 从交换机 SWA 接收到了该帧;交换机 SWB 同样会将该帧广播,交换机 SWA 又会从交换机 SWB 接收到该帧。由于以太网帧并没有生存时间(TTL)的限制,因此广播会一直循环下去,从而形成广播风暴。如果网络中的广播帧过多,会导致用户的正常网络流量无法传送,甚至造成网络瘫痪。

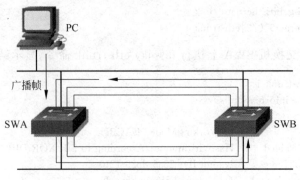

图 3-3　广播风暴

2．帧的重复传送

如图 3-4 所示，PC 向路由器 RT 发送一个数据帧时，该帧通过直连的以太网到达了路由器 RT，同时也到达了交换机 SWA。交换机 SWA 如果在 MAC 表中没有找到目的 MAC 地址与端口的映射关系，就会将该帧进行泛洪。交换机 SWB 接收到从交换机 SWA 泛洪过来的帧后，做同样的处理，导致路由器 RT 前后收到了两次同一个帧，产生帧的重复传送。

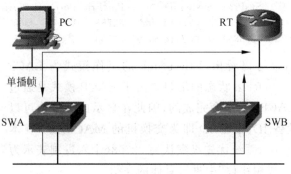

图 3-4　帧的重复传送

3．MAC 表不稳定

如图 3-5 所示，PC 发送一个数据帧，交换机 SWA 从端口 E0/0/1 接收到该帧，建立起 PC MAC 地址与端口 E0/0/1 的映射关系；由于数据帧也到达了交换机 SWB，交换机 SWB 从端口 E0/0/2 转发数据帧到交换机 SWA 的端口 E0/0/2，于是交换机 SWA 又建立起 PC MAC 地址与端口 E0/0/2 的映射关系，造成 MAC 表的不稳定。交换机 SWB 也存在同样的问题。

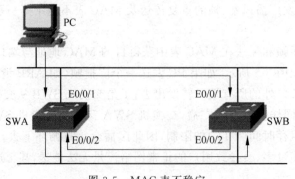

图 3-5　MAC 表不稳定

3.4.2 生成树协议概述

由于数据链路层环路会造成一系列的问题,因此必须在数据链路层断开环路,使网络形成一个逻辑上无环路的结构。生成树协议(spanning tree protocol,STP)使用生成树算法在有环路的物理网络拓扑上通过计算阻塞一个或多个冗余端口,从而获得无环路的逻辑网络拓扑。

1. 网桥协议数据单元

生成树协议通过在交换机之间相互交换网桥协议数据单元(bridge protocol data units,BPDU)来检测环路并通过阻塞某些端口来断开环路。网桥协议数据单元有两种类型:一种是配置 BPDU,用于生成树的计算;另一种是拓扑变化通知 BPDU,用来通知网络拓扑的变化。BPDU 使用组播地址进行发送,以让所有的交换机进行监听。配置 BPDU 的报文字段如图 3-6 所示。

字段名称	字节数
Protocol Identifier	2
Protocol Verison Identifier	1
BPDU Type	1
BPDU Flags	1
Root Identifier	8
Root Path Cast	4
Bridge Identifier	8
Port Identifier	2
Message Age	2
Max Age	2
Hello Time	2
Forward Delay	2

图 3-6 配置 BPDU 报文字段

BPDU 报文中各参数说明如下。

(1) Protocol Identifier:指示所使用协议类型,此字段的值为 0。

(2) Protocol Version Identifier:指示协议的版本,原始的生成树协议该字段取值为 0,多生成树协议该字段取值为 3。

(3) BPDU Type:指示 BPDU 消息的类型。

(4) BPDU Flags:用于通知和确认拓扑更改。

(5) Root Identifier:根网桥的 ID。

(6) Root Path Cast:网桥到达根网桥的路径成本。

(7) Bridge Identifier:发送 BPDU 的网桥的 ID。

(8) Port Identifier:网桥用来发送 BPDU 的端口号,用于检测和纠正因多个网桥相连造成的环路。

(9) Message Age：从根网桥送出被当前 BPDU 作为依据的 BPDU 以来所经过的时间。

(10) Max Age：BPDU 生存的最大时间。一旦消息老化时间达到最大老化时间，网桥就会认为自己已经与根网桥断开连接，它会使当前配置过期，并发起新一轮的选举来确定新的根网桥。最大老化时间默认为 20s。

(11) Hello Time：网桥发送 BPDU 的时间间隔，默认为 2s。

(12) Forward Delay：网桥在发生拓扑更改后转换到下一个状态的延迟时间，默认为 15s。

网络中实际的 BPDU 报文如图 3-7 所示。

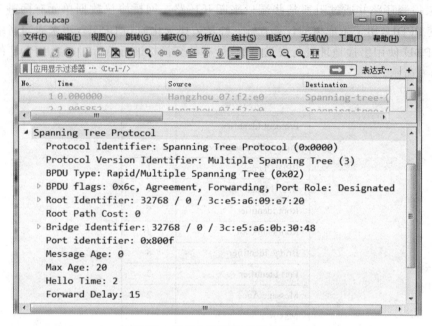

图 3-7　网络中实际的 BPDU 报文

2. 生成树协议的工作过程

生成树协议通过交换 BPDU 来选举根网桥，为每一个非根网桥选举根端口，为每一个网段选举指定端口，阻塞非指定端口等步骤来实现无环路的逻辑拓扑。具体的工作过程如下。

(1) 选举根网桥

在生成树协议中，网络中的交换机首先会选举一台交换机作为根网桥。根网桥的选举是依据网桥 ID(bridge ID,BID)进行的。BID 由 8 字节组成，用来唯一标识一台交换机。BID 的组成如图 3-8 所示。

早期的生成树协议用于不使用 VLAN 的网络中，所有的交换机处于同一个广播域，构成一棵生成树。BID 由 2 字节的网桥优先级和 6 字节的 MAC 地址组成，网桥优先级默认取值为 32 768，即中值；MAC 地址即交换机自己的 MAC 地址。在 VLAN 被广泛应用后，生成树协议进行了改进从而能提供对 VLAN 的支持。在 BID 中将网桥优先级长度缩减到 4 位，加入了 12 位的扩展系统 ID 字段用来标识 VLAN 或实例信息，所以网桥优先级的值只能是 4096 的倍数。网桥优先级与扩展系统 ID 一起用于标识 BPDU 帧优先级及其所属的 VLAN 或实例。例如默认情况下,华为交换机上实例 1 的网桥优先级与扩展系统 ID 的值为 32 769。

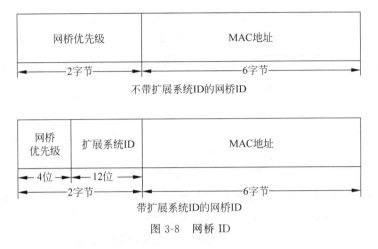

图 3-8　网桥 ID

在根网桥的选举中,具有最低 BID 的交换机将被选为根网桥,即网桥优先级最低的交换机将被选为根网桥。如果多台交换机的网桥优先级相同,则 MAC 地址最小的交换机将被选为根网桥。选举的具体过程如下。

当一台交换机启动时,它假定自己是根网桥,开始发送 BPDU。在发送的 BPDU 中,根 ID 和 BID 均为交换机自己的 BID。当交换机接收到一个具有更低的根 ID 的 BPDU 时,就会将自己发送的 BPDU 中的根 ID 替换为这个更低的根 ID。所有的交换机通过不断地交换 BPDU,最终会将具有最低 BID 的交换机选举为根网桥。

在如图 3-9 所示的网络中,3 台交换机的网桥优先级相同,但交换机 SWA 的 MAC 地址最小,因此交换机 SWA 被选举为根网桥。

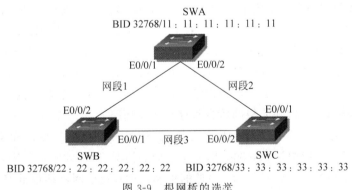

图 3-9　根网桥的选举

(2) 选举根端口

在选举出根网桥之后,每一个非根网桥都要选举出一个根端口,以保证将所有的非根网桥连接到网络中。根端口的选举依据为路径开销(Cost),非根网桥上到达根网桥路径累计开销最小的端口会被选举为根端口。各种不同联网技术的路径开销如表 3-1 所示,其中 Cisco 默认使用的路径开销计算方法为 IEEE 802.1d—1998,H3C 默认使用的是华为/H3C 私有标准,而华为默认使用的是 IEEE 802.1t 标准。在华为交换机上可以使用命令 stp

65

pathcost-standard { dot1d-1998 | dot1t | legacy }来修改路径开销计算方法,其中 legacy 是华为/H3C 私有标准。当然,建议一般不要对交换机的路径开销计算方法进行修改,如果确实需要,则必须保证所有的交换机上都修改为一致的计算方法。

表 3-1 路径开销

链路速率	802.1d—1998	华为/H3C 私有标准	802.1t
0	65 535	200 000	200 000 000
10Mbps	100	2 000	2 000 000
100Mbps	19	200	200 000
1 000Mbps	4	20	20 000
10Gbps	2	2	2 000

在如图 3-9 所示的网络中,各非根网桥的根端口的选举过程如下:根网桥交换机 SWA 发出路径开销为 0 的 BPDU;交换机 SWB 在端口 E0/0/2 接收到该 BPDU 后,将路径开销 0 加上端口 E0/0/2 所在网络的路径开销 200 000(假设所联网络均为快速以太网),并在端口 E0/0/1 发送路径开销为 200 000 的 BPDU;交换机 SWC 在端口 E0/0/1 接收到来自根网桥的 BPDU,并将路径开销值增加为 0+200 000=200 000,在端口 E0/0/2 接收到来自交换机 SWB 的 BPDU,并将路径开销值增加为 200 000+200 000=400 000;此时交换机 SWC 要从端口 E0/0/1 和 E0/0/2 中选择一个端口作为根端口,由于从端口 E0/0/1 到达根网桥的路径开销为 200 000,比从端口 E0/0/2 到达根网桥的路径开销 400 000 要小,因此将端口 E0/0/1 选举为交换机 SWC 的根端口。与交换机 SWC 类似,交换机 SWB 会选举端口 E0/0/2 作为自己的根端口。

(3)选举指定端口

在非根网桥选举根端口的同时,每一个网段选举指定端口的工作也在进行,以保证每一个网段都能连接到网络中。指定端口的选举同样依据路径开销进行。在如图 3-9 所示的网络中,网段 1 连接着根网桥交换机 SWA 的 E0/0/1 端口和交换机 SWB 的 E0/0/2 端口,交换机 SWA 的 E0/0/1 端口路径开销为 0,而交换机 SWB 的 E0/0/2 端口的路径开销为 200 000,因此网段 1 选择交换机 SWA 的 E0/0/1 端口为指定端口。与网段 1 类似,网段 2 会选择交换机 SWA 的 E0/0/2 端口为指定端口。一般情况下,根网桥交换机的所有活动端口都会被选举为指定端口,除非根网桥自身存在物理环路。

对于网段 3 的指定端口选举,因为交换机 SWB 的 E0/0/1 端口和交换机 SWC 的 E0/0/2 端口的路径开销均为 200 000,形成了平局的情况,所以此时就要用到生成树协议的 4 步判决原则。4 步判决原则具体为:最低的根网桥 ID,到根网桥的最低路径开销,最低的发送网桥 ID,最低的端口 ID。在这里,各交换机已经一致承认交换机 SWA 为根网桥,SWB 和 SWC 的路径开销也相同,因此要比较发送网桥 ID。由于交换机 SWB 的 BID 要比交换机 SWC 的 BID 小,因此交换机 SWB 的 E0/0/1 端口被选举为网段 3 的指定端口,而交换机 SWC 的 E0/0/2 端口成为非指定端口。

(4)阻塞非指定端口

在进行完上面的 3 步选举后,没有被选为根端口或指定端口的交换机端口为非指定端口。对于非指定端口,生成树协议会将它阻塞,不让它参加正常数据帧的收发,以在逻辑上断开环路。

3. 端口状态

在启用了生成树协议的网络中,交换机的端口有以下几种状态:禁用(Disabled)状态、阻塞(Blocking)状态、侦听(Listening)状态、学习(Learning)状态、转发(Forwarding)状态。其中,禁用状态是网络管理员手动关闭了的端口的状态,在禁用状态下端口不进行用户数据帧的转发,也不会发送和接收 BPDU。而侦听和学习状态属于过渡状态,交换机端口最终都会稳定在转发或阻塞状态。各种端口状态之间的转换如图 3-10 所示。

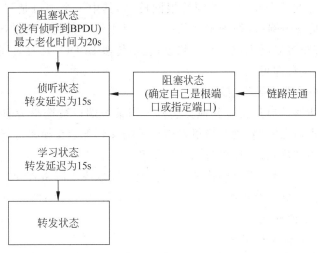

图 3-10 端口状态转换

最初所有端口都处于阻塞状态,以便侦听 BPDU。在阻塞状态下,端口只能够接收 BPDU,以便侦听网络状态。交换机在启动时,会认为自己是根网桥而将端口转换到侦听状态。如果处于阻塞状态的端口在最大老化时间(默认为 20s)内没有收到新的 BPDU,那么它也会从阻塞状态转换到侦听状态。在侦听状态下,端口并不进行用户数据帧的转发,而是通过发送和接收 BPDU 来选举根网桥、根端口和指定端口。在经过转发延迟时间(默认为 15s)后,端口如果在选举完成后依然保持为根端口或指定端口,则转入学习状态,否则将转入并稳定在阻塞状态。在学习状态下,端口仍然不进行用户数据帧的转发,但是可以用它侦听到的 MAC 地址构建交换机的 MAC 地址表。学习状态的主要目的是通过构建 MAC 地址表来有效地减少正常用户数据帧转发开始时需要泛洪的流量。在经过转发延迟时间(默认为 15s)后,学习状态结束,端口转入并稳定在转发状态,同时开始进行用户数据帧的转发。

从上述端口转换过程可知,一般在交换机启动后,端口从侦听状态到转发状态需要经过 15s+15s=30s 的延迟;而当网络拓扑结构发生变化后,端口从阻塞状态到转发状态需要经过 20s+15s+15s=50s 的延迟。

3.4.3 RSTP

STP 在实现上存在明显的不足:一旦网络拓扑结构发生变化,端口从阻塞状态转换到转发状态需要 50s 或 30s 的时间。这也就意味着网络发生变化时,至少需要几十秒的时间来恢复网络的连通性。如果网络中的拓扑结构变化频繁,则网络将经常无法连通,这显然无法让用户接受。为了解决该问题,IEEE 802.1w 定义了快速生成树协议(rapid spanning tree protocol,RSTP)。RSTP 是 STP 的升级版本,它在原理上与 STP 基本相同,但它具有更快的网络收敛速度。当一个端口被选为根端口和指定端口后,其进入转发状态的延时在某种条件下大大缩短,从而缩短了网络最终达到拓扑稳定所需要的时间。

RSTP 缩短延时存在以下 3 种情况。

(1) 端口被选举为根端口

如果交换机上存在两个端口能够到达根网桥,则其中一个端口是根端口,处于转发状态;另外一个端口是备用端口,处于阻塞状态。一旦根端口因为某种情况与根网桥之间的链接断开,则备用端口可以马上进入转发状态,无须传递 BPDU,延时时间只是交换机 CPU 的处理延时,仅仅几毫秒即可。

(2) 端口被选举为非边缘指定端口

非边缘端口是指该端口连接着其他交换机。当某个端口被选举为非边缘指定端口时,如果交换机之间是点对点链路,则交换机发送握手报文到下游交换机进行协商,在收到对端交换机返回的同意报文后,端口即可进入转发状态。

由于存在握手协商过程,因此网络的总体收敛时间取决于网络直径,最坏的情况是握手从网络的一边开始扩散到网络的另一边。例如在网络直径为 6 的情况下,最多要经过 5 次握手,网络的连通性才能恢复。

(3) 端口被选举为边缘指定端口

边缘端口无须参与生成树的计算,端口可以直接进入转发状态。

3.4.4 MSTP

不管是 STP 还是 RSTP 都是一棵单生成树,即所有的 VLAN 共享一棵生成树,维护着相同的拓扑结构。因此在一条 Trunk 链路上,所有的 VLAN 要么全部处于转发状态,要么全部处于阻塞状态,无法实现不同 VLAN 数据沿不同链路转发的负载均衡。为了解决此问题,在 IEEE 802.1s 中定义了多生成树协议(multiple spanning tree protocol,MSTP)。MSTP 通过创建多个生成树实例,每个实例独立计算和维护生成树,并将多个 VLAN 捆绑到一个实例中,从而一方面实现了多 VLAN 的负载均衡,另一方面又避免了为每一个 VLAN 维护一棵生成树造成的巨大的资源消耗。确切地讲,STP/RSTP 是基于端口的,增强的按 VLAN 生成树(per VLAN spanning tree plus,PVST+)是基于 VLAN 的,而 MSTP 是基于实例的。

1. MSTP 的基本概念

图 3-11 所示的是一个大的局域网络,网络中所有的交换机都运行着 MSTP。下面结合该图对 MSTP 的基本概念进行介绍。

(1) MST 域

多生成树域(multiple spanning tree regions,MST 域)由交换网络中的多台交换机及它们之间的网段构成。同一个 MST 域中的交换机要求具有相同的域配置,包括相同的域名、相同的 MSTP 修订级别(revision level)、相同的 MSTP 格式选择器(configuration identifier format selector)和相同的 VLAN 与实例的映射关系。在默认情况下,MST 域的域名是交换机的 MAC 地址，MSTP 修订级别为 0，MSTP 格式选择器为 0 且不可配置，所有的 VLAN 都映射到实例 0(即 CIST)中。在一个 MST 域中可以创建多个生成树实例，一个实例可以绑定多个 VLAN，VLAN 和实例之间的映射关系通过 VLAN 映射表来表示。

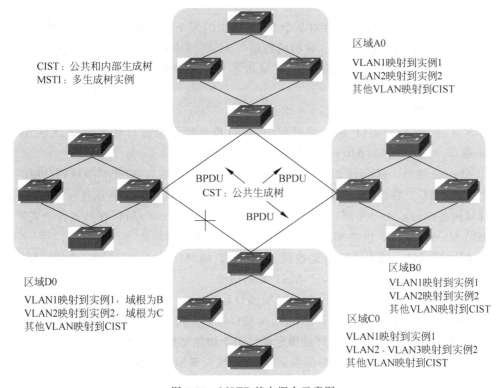

图 3-11 MSTP 基本概念示意图

在同一个交换网络内可以存在多个 MST 域。用户可以通过 MSTP 配置命令把多台交换机划分在同一个 MST 域内。

(2) MSTI

多生成树实例(multiple spanning tree instance，MSTI)是指 MST 域内的生成树。在一个 MST 域内可能存在多个生成树实例，这些生成树实例(实例 0 除外)就被称为 MSTI。在 MST 域内，MSTP 根据 VLAN 和生成树实例的映射关系，针对不同的 VLAN 生成不同的生成树实例。每棵生成树独立进行计算，计算过程与 STP/RSTP 计算生成树的过程类似。

(3) CIST

公共和内部生成树(common and internal spanning tree，CIST)是一个连接交换网络内所有交换机的单生成树，由内部生成树(internal spanning tree，IST)和公共生成树(common spanning tree，CST)共同构成。

IST 是 MST 域内的一棵生成树，是 CIST 在 MST 域内的片段，是一个特殊的多生成树实例。CIST 在每个 MST 域内都有一个片段，这个片段就是各个域内的 IST。

CST 是连接交换网络内所有 MST 域的单生成树。如果把每个 MST 域看成一个"交换机"，CST 就是这些"交换机"通过 STP/RSTP 计算生成的一棵生成树。

每个 MST 域内的 IST 加上 MST 域间的 CST 就构成整个网络的 CIST。

（4）总根

总根是一个全局的概念，一个交换网络只能有一个总根，即 CIST 的根。

（5）域根

域根是一个局部的概念，是针对某个 MST 域中的某个实例而言的。MST 域内 IST 和 MSTI 的根网桥都是该域的域根。域根的数量与 MST 域中具体的生成树实例个数有关，每一个生成树实例都会有一个域根。MST 域内各棵生成树的拓扑结构不同，域根也可能不同。

（6）端口角色

与 STP 不同，在 MSTP 的计算过程中，端口角色除了根端口和指定端口外，还存在 Master 端口、域边缘端口、Alternate 端口和 Backup 端口。

① Master 端口。Master 端口是连接 MST 域到总根的端口，位于整个域到总根的最短路径上。从 CST 上看，Master 端口就是域的"根端口"（把域看作一个节点）。Master 端口是特殊域边界端口，Master 端口在 IST/CIST 上的角色是 Root 端口，在其他各个实例上的角色都是 Master 端口。包含 Master 端口的交换机称为主网桥。

② 域边缘端口。域边缘端口是连接不同 MST 域、MST 域和运行 STP 的区域、MST 域和运行 RSTP 的区域的端口，位于 MST 域的边缘。

③ Alternate 端口。Alternate 端口是根端口和 Master 端口用于快速切换的替换端口。当根端口或者 Master 端口阻塞后，Alternate 端口将成为新的根端口或者 Master 端口。

④ Backup 端口。Backup 端口是指定端口用于快速切换的替换端口。当指定端口阻塞后，Backup 端口就会快速转换为新的指定端口，并无时延地转发数据。

（7）端口状态

与 STP 相比，RSTP/MSTP 的端口状态由 5 种变成了 3 种，其对应关系如表 3-2 所示。

表 3-2　端口状态对应表

STP 端口状态	RSTP/MSTP 端口状态
Disabled	Discarding
Blocking	Discarding
Listening	Discarding
Learning	Learning
Forwarding	Forwarding

RSTP/MSTP 通过减少状态数量，简化了生成树的计算，加快了网络收敛速度。

2. MSTP 的配置

（1）MSTP 的基本配置

MSTP 的基本配置命令如下。

```
[Huawei]stp enable
[Huawei]stp mode {stp|rstp|mstp}
```

在默认情况下，华为交换机上的生成树功能已经处于开启状态，如果未开启，则需要在系统视图下执行 stp enable 命令将生成树功能启用。另外，MSTP 提供了对 STP 和 RSTP

的兼容,如果网络中存在运行 STP/RSTP 的交换机,则可以通过命令 stp mode 将 MSTP 设置为 STP 兼容模式或者 RSTP 兼容模式。默认情况下,MSTP 的工作模式是 MSTP 模式。

假设存在如图 3-12 所示的网络,要求进行 MSTP 的基本配置。

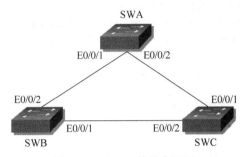

图 3-12　MSTP 的基本配置

这里,只简单地在每一台交换机上执行 stp enable 命令以开启生成树功能。然后在 3 台交换机上分别执行 display stp 命令查看 STP 的全局信息,具体显示如下。

```
[SWA]display stp
-------[CIST Global Info][Mode MSTP]-------
 CIST Bridge         :32768.4c1f-ccb4-1cb0
 Config Times        : Hello 2s MaxAge 20s FwDly 15s MaxHop 20
 Active Times        : Hello 2s MaxAge 20s FwDly 15s MaxHop 20
 CIST Root/ERPC      :32768.4c1f-cc27-1921 / 200000
 CIST RegRoot/IRPC   :32768.4c1f-ccb4-1cb0 / 0
 CIST RootPortId     :128.2
 BPDU-Protection     :Disabled
 TC or TCN received  :11
 TC count per hello  :0
 STP Converge Mode   :Normal
 Time since last TC  :0 days 0h:9m:53s
 Number of TC        :11
 Last TC occurred    :Ethernet0/0/2
--------output omitted--------

[SWB]display stp
-------[CIST Global Info][Mode MSTP]-------
 CIST Bridge         :32768.4c1f-ccba-45d4
 Config Times        : Hello 2s MaxAge 20s FwDly 15s MaxHop 20
 Active Times        : Hello 2s MaxAge 20s FwDly 15s MaxHop 20
 CIST Root/ERPC      :32768.4c1f-cc27-1921 / 200000
 CIST RegRoot/IRPC   :32768.4c1f-ccba-45d4 / 0
 CIST RootPortId     :128.1
 BPDU-Protection     :Disabled
 TC or TCN received  :22
 TC count per hello  :0
 STP Converge Mode   :Normal
 Time since last TC  :0 days 0h:12m:25s
 Number of TC        :13
```

```
Last TC occurred        :Ethernet0/0/1
--------output omitted--------

[SWC]display stp
-------[CIST Global Info][Mode MSTP]-------
CIST Bridge             :32768.4c1f-cc27-1921
Config Times            :Hello 2s MaxAge 20s FwDly 15s MaxHop 20
Active Times            :Hello 2s MaxAge 20s FwDly 15s MaxHop 20
CIST Root/ERPC          :32768.4c1f-cc27-1921 / 0
CIST RegRoot/IRPC       :32768.4c1f-cc27-1921 / 0
CIST RootPortId         :0.0
BPDU-Protection         :Disabled
TC or TCN received      :14
TC count per hello      :0
STP Converge Mode       :Normal
Time since last TC      :0 days 0h:13m:7s
Number of TC            :13
Last TC occurred        :Ethernet0/0/2
--------output omitted--------
```

通过上面显示的结果可以看出，当前工作模式为 MSTP 模式，存在默认生成树实例 CIST（事实上只是 CST），其中交换机 SWC 被选举为 CIST 的根网桥（即总根），交换机 SWA 和 SWB 到达 CIST 根网桥的路径开销（即外部路径开销）都是 200 000。每个交换机上选举的 IST 根网桥（即域根）都是自身，到达 IST 根网桥的路径开销（即内部路径开销）都是 0。

在 3 台交换机上分别执行 display stp brief 命令查看各端口的角色和状态，具体显示如下。

```
[SWA]display stp brief
 MSTID  Port              Role    STP State     Protection
   0    Ethernet0/0/1     DESI    FORWARDING    NONE
   0    Ethernet0/0/2     ROOT    FORWARDING    NONE

[SWB]display stp brief
 MSTID  Port              Role    STP State     Protection
   0    Ethernet0/0/1     ROOT    FORWARDING    NONE
   0    Ethernet0/0/2     ALTE    DISCARDING    NONE

[SWC]display stp brief
 MSTID  Port              Role    STP State     Protection
   0    Ethernet0/0/1     DESI    FORWARDING    NONE
   0    Ethernet0/0/2     DESI    FORWARDING    NONE
```

从显示的结果可以看出，在所有交换机上都只存在实例 0，而且所有的端口都处于实例 0 中。

(2) MSTP 下多实例的配置

事实上，仅仅进行 MSTP 的基本配置是远远不够的，最大的问题是无法实现多生成树实例。原因很简单，通过 MSTP 的基本概念我们已经知道，多生成树实例必须在某一个

MST 域内进行创建,而同一个 MST 域要求域中的交换机必须有相同的域名。很明显图 3-12 中的交换机不在同一个域中,因为默认情况下域名是交换机的 MAC 地址,可以通过 display stp region-configuration 命令进行查看。

```
[SWA]display stp region-configuration
 Oper configuration
  Format selector    :0
  Region name        :4c1fccb41cb0
  Revision level     :0

  Instance    VLANs Mapped
     0        1 to 4094
```

3 台交换机的 MAC 地址不可能相同,因此 3 台交换机分别处于 3 个不同的 MST 域中。这也就意味着实际上在图 3-12 中仅存在 CST,而并不存在 IST 和 MSTI。在这种情况下,即使每一台交换机都创建了多个生成树实例,并且进行了 VLAN 的绑定,也只在本交换机(即本 MST 域)上有效,而无法与其他交换机上的生成树实例进行交互。因此,要想实现 MSTI,就必须将多台交换机置于同一个 MST 域中。MST 域配置涉及的命令如下。

```
[Huawei]stp region-configuration
[Huawei-mst-region]region-name name
[Huawei-mst-region]instance instance-id vlan vlan-id
[Huawei-mst-region]revision-level revision-level
[Huawei-mst-region]active region-configuration
[Huawei-mst-region]check region-configuration
[Huawei]display stp region-configuration
```

首先,进入 MST 域配置视图,定义 MST 域的域名,一定要保证同一个域中的交换机域名相同;使用 instance *instance-id* vlan *vlan-id* 命令将 VLAN 映射到特定的生成树实例上,一定要保证同一个域中的交换机 VLAN 映射情况相同;使用 revision-level *revision-level* 命令指定 MSTP 的修订级别,由于修订级别在所有交换机上默认都是 0,因此可以不进行配置;最后,通过 active region-configuration 命令手动激活 MST 域的配置,该命令一定要最后执行,在该命令之后的任何关于 MST 域的配置均无效,必须再次进行激活才可以。配置完成后可以通过 check region-configuration 命令或者 display stp region-configuration 命令查看 MST 域的配置,其中 check region-configuration 命令显示的是当前 MST 域的配置信息(并不一定已经生效),而 display stp region-configuration 命令显示的是已经生效的 MST 域的配置信息。

在如图 3-12 所示的网络中,将交换机之间相连的端口全部设置为 Trunk 端口并允许所有 VLAN 的流量通过,分别创建 VLAN 10 和 VLAN 20。在交换机上进行 MST 域的配置:MST 域的域名为 zhangsf,MSTP 修订级别为 0,VLAN 10 映射到生成树实例 1 上,VLAN 20 映射到生成树实例 2 上。交换机 SWA 的具体配置如下。

```
[SWA]stp region-configuration
[SWA-mst-region]region-name zhangsf
[SWA-mst-region]instance 1 vlan 10
[SWA-mst-region]active region-configuration
```

```
[SWA-mst-region]instance 2 vlan 20
```

很显然，VLAN 20 到生成树实例 2 的映射是在手动激活 MST 域之后进行配置的，此时在交换机 SWA 上执行 check region-configuration 命令，显示结果如下。

```
[SWA-mst-region]check region-configuration
 Admin configuration
    Format selector    :0
    Region name        :zhangsf
    Revision level     :0

   Instance   VLANs Mapped
      0       1 to 9, 11 to 19, 21 to 4094
      1       10
      2       20
```

执行 display stp region-configuration 命令，显示结果如下。

```
[SWA]display stp region-configuration
 Oper configuration
    Format selector    :0
    Region name        :zhangsf
    Revision level     :0

   Instance   VLANs Mapped
      0       1 to 9, 11 to 4094
      1       10
```

对比以上两条命令的显示结果可以看出，在 display stp region-configuration 命令的显示结果中不存在 VLAN 20 到生成树实例 2 的映射。这是因为 VLAN 20 到生成树实例 2 的映射是在手动激活 MST 域之后进行配置的，并未生效。此时必须再次执行 active region-configuration 命令才可以使其生效。

交换机 SWB 和交换机 SWC 的配置与交换机 SWA 类似，在此不再赘述。配置完成后，在交换机 SWA 上执行 display stp instance 1 命令，查看生成树实例 1 的全局信息，显示如下。

```
[SWA]display stp instance 1
-------[MSTI 1 Global Info]-------
MSTI Bridge ID           :32768.4c1f-ccb4-1cb0
MSTI RegRoot/IRPC        :32768.4c1f-cc27-1921 / 200000
MSTI RootPortId          :128.2
Master Bridge            :32768.4c1f-cc27-1921
Cost to Master           :200000
TC received              :4
TC count per hello       :0
Time since last TC       :0 days 0h:0m:56s
Number of TC             :7
Last TC occurred         :Ethernet0/0/2
 ----[Port1(Ethernet0/0/1)][FORWARDING]----
 Port Role               :Designated Port
```

```
 Port Priority              :128
 Port Cost(Dot1T )          :Config=auto / Active=200000
 Designated Bridge/Port     :32768.4c1f-ccb4-1cb0 / 128.1
 Port Times                 :RemHops 19
 TC or TCN send             :3
 TC or TCN received         :2
 ----[Port2(Ethernet0/0/2)][FORWARDING]----
 Port Role                  :Root Port
 Port Priority              :128
 Port Cost(Dot1T )          :Config=auto / Active=200000
 Designated Bridge/Port     :32768.4c1f-cc27-1921 / 128.1
 Port Times                 :RemHops 20
 TC or TCN send             :6
 TC or TCN received         :2
```

从显示的结果可以看出，在 MSTI 1 中根网桥(域根)是交换机 SWC，交换机 SWA 到根网桥的路径开销是 200 000，交换机 SWA 连接到根网桥的根端口 ID 为 128.2。主网桥是交换机 SWC(总根为 SWC，SWC 到总根即自身的路径开销最小)，交换机 SWA 到主网桥的路径开销是 200 000。交换机 SWA 的端口 Ethernet 0/0/1 和 Ethernet 0/0/2 分别是指定端口和根端口，均处于转发状态。

在交换机 SWB 上执行 display stp brief 命令，查看到的各端口的角色和状态如下。

```
[SWB]display stp brief
 MSTID   Port            Role      STP State       Protection
  0      Ethernet0/0/1   ROOT      FORWARDING      NONE
  0      Ethernet0/0/2   ALTE      DISCARDING      NONE
  1      Ethernet0/0/1   ROOT      FORWARDING      NONE
  1      Ethernet0/0/2   ALTE      DISCARDING      NONE
  2      Ethernet0/0/1   ROOT      FORWARDING      NONE
  2      Ethernet0/0/2   ALTE      DISCARDING      NONE
```

显然，无论对于实例 0、实例 1 还是实例 2，端口角色全部相同，即所有生成树实例计算出的无环拓扑结构一致。而创建多生成树实例的目的是实现不同生成树实例之间的负载均衡，这就需要为不同的生成树实例手动指定不同的根网桥，从而使其产生不同的无环拓扑。将特定交换机指定为根网桥的方法有两种，分别如下。

① 方法一：指定根网桥。

指定根网桥的命令如下。

[Huawei]stp instance *instance-id* root primary

在交换机上配置该命令后，交换机在特定实例中的网桥优先级就会变为 0，从而确保该交换机一定会被选举为根网桥。例如在 MSTI 1 中将交换机 SWA 选举为根网桥，配置如下。

[SWA]stp instance 1 root primary

配置完成后，在交换机 SWA 上执行 display stp instance 1 命令，显示结果如下。

[SWA]display stp instance 1

```
-------[MSTI 1 Global Info]-------
 MSTI Bridge ID             :0.4c1f-ccb4-1cb0
 MSTI RegRoot/IRPC          :0.4c1f-ccb4-1cb0 / 0
 MSTI RootPortId            :0.0
 MSTI Root Type             :Primary root
 Master Bridge              :32768.4c1f-cc27-1921
 Cost to Master             :200000
 TC received                :10
 TC count per hello         :0
 Time since last TC         :0 days 0h:0m:17s
 Number of TC               :9
 Last TC occurred           :Ethernet0/0/2
  ----[Port1(Ethernet0/0/1)][FORWARDING]----
 Port Role                  :Designated Port
 Port Priority              :128
 Port Cost(Dot1T )          :Config=auto / Active=200000
 Designated Bridge/Port     :0.4c1f-ccb4-1cb0 / 128.1
 Port Times                 :RemHops 20
 TC or TCN send             :7
 TC or TCN received         :4
  ----[Port2(Ethernet0/0/2)][FORWARDING]----
 Port Role                  :Designated Port
 Port Priority              :128
 Port Cost(Dot1T )          :Config=auto / Active=200000
 Designated Bridge/Port     :0.4c1f-ccb4-1cb0 / 128.2
 Port Times                 :RemHops 20
 TC or TCN send             :10
 TC or TCN received         :6
```

从上面显示的结果可以看出，在 MSTI 1 中，交换机 SWA 的网桥优先级为 0，并被选举为 MSTI 1 中的根网桥。

还可以通过[Huawei]stp instance *instance-id* root secondary 命令为生成树实例指定备份根网桥，以便在根网桥出现故障时被选举为新的根网桥。备份根网桥命令会将交换机的网桥优先级设置为 4096。

② 方法二：指定网桥优先级。

指定网桥优先级的配置命令如下。

[Huawei]stp instance *instance-id* priority *priority*

其中，网桥优先级的值必须是 4096 的倍数。例如，在 MSTI 2 中将交换机 SWB 的网桥优先级指定为 8192，配置如下。

[SWB]stp instance 2 priority 8192

配置完成后，在交换机 SWB 上执行 display stp instance 2 命令，显示结果如下。

```
[SWB]display stp instance 2
-------[MSTI 2 Global Info]-------
 MSTI Bridge ID             :8192.4c1f-ccba-45d4
 MSTI RegRoot/IRPC          :8192.4c1f-ccba-45d4 / 0
```

```
    MSTI RootPortId          :0.0
    Master Bridge            :32768.4c1f-cc27-1921
    Cost to Master           :200000
    TC received              :4
    TC count per hello       :0
    Time since last TC       :0 days 0h:0m:40s
    Number of TC             :4
    Last TC occurred         :Ethernet0/0/2
     ----[Port1(Ethernet0/0/1)][FORWARDING]----
     Port Role               :Designated Port
     Port Priority           :128
     Port Cost(Dot1T )       :Config=auto / Active=200000
     Designated Bridge/Port  :8192.4c1f-ccba-45d4 / 128.1
     Port Times              :RemHops 20
     TC or TCN send          :3
     TC or TCN received      :2
     ----[Port2(Ethernet0/0/2)][FORWARDING]----
     Port Role               :Designated Port
     Port Priority           :128
     Port Cost(Dot1T )       :Config=auto / Active=200000
     Designated Bridge/Port  :8192.4c1f-ccba-45d4 / 128.2
     Port Times              :RemHops 20
     TC or TCN send          :3
     TC or TCN received      :2
```

从上面显示的结果可以看出，交换机 SWB 的网桥优先级是 8192，并被选举为 MSTI 2 中的根网桥。

需要注意的是，如果在交换机的某个实例上已经使用了指定根网桥的命令，则不能再对该实例的网桥优先级进行配置。例如在交换机 SWA 的 MSTI 1 上执行修改网桥优先级的命令，显示结果如下。

```
[SWA]stp instance 1 priority 4096
Error: Failed to modify priority because the switch is configured as a primary root or secondary root.
```

完成上述配置后，在实例 0 中，交换机 SWC 被选举为根网桥；在实例 1 中，交换机 SWA 被选举为根网桥；在实例 2 中，交换机 SWB 被选举为根网桥。在交换机 SWB 上执行 display stp brief 命令，显示结果如下。

```
[SWB]display stp brief
 MSTID   Port            Role      STP State      Protection
   0     Ethernet0/0/1   ROOT      FORWARDING     NONE
   0     Ethernet0/0/2   ALTE      DISCARDING     NONE
   1     Ethernet0/0/1   ALTE      DISCARDING     NONE
   1     Ethernet0/0/2   ROOT      FORWARDING     NONE
   2     Ethernet0/0/1   DESI      FORWARDING     NONE
   2     Ethernet0/0/2   DESI      FORWARDING     NONE
```

从显示的结果可以看出，交换机 SWB 的端口 Ethernet 0/0/1 和 Ethernet 0/0/2 在不同的生成树实例中扮演者不同的角色，从而实现不同生成树实例下捆绑的 VLAN 数据的负载均衡。

选举出根网桥后,往往还需要控制根端口和指定端口的选举,这可以通过修改特定端口的路径开销来实现。例如在上述的 MSTI 1 中,交换机 SWB 的端口 Ethernet 0/0/1 为 Alternate 端口,处于 Discarding 状态。这是由于交换机 SWB 的 BID 比交换机 SWC 的 BID 高,因此对于 SWB 和 SWC 之间的网段,在路径开销相同的情况下会选择交换机 SWC 的端口 Ethernet 0/0/2 为指定端口,而阻塞交换机 SWB 的端口 Ethernet 0/0/1。

要想使交换机 SWB 的端口 Ethernet 0/0/1 被选举为指定端口,一种方法是通过修改交换机 SWB 的网桥优先级,使交换机 SWB 的 BID 小于交换机 SWC 的 BID;另一种方法就是通过[SWB-Ethernet0/0/2]stp instance 1 cost *cost* 命令将交换机 SWB 的端口 Ethernet 0/0/2(注意,是 Ethernet 0/0/2)的路径开销设置为低于 200 000 的值,如设置为 150 000,具体配置如下。

[SWB]interface Ethernet0/0/2
[SWB-Ethernet0/0/2]stp instance 1 cost 150000

配置完成后,在交换机 SWB 上执行 display stp instance 1 命令,显示结果如下。

```
[SWB]display stp instance 1
 -------[MSTI 1 Global Info]-------
 MSTI Bridge ID           :32768.4c1f-ccba-45d4
 MSTI RegRoot/IRPC        :0.4c1f-ccb4-1cb0 / 150000
 MSTI RootPortId          :128.2
 Master Bridge            :32768.4c1f-cc27-1921
 Cost to Master           :200000
 TC received              :10
 TC count per hello       :0
 Time since last TC       :0 days 0h:0m:17s
 Number of TC             :6
 Last TC occurred         :Ethernet0/0/1
 ----[Port1(Ethernet0/0/1)][FORWARDING]----
 Port Role                :Designated Port
 Port Priority            :128
 Port Cost(Dot1T )        :Config=auto / Active=200000
 Designated Bridge/Port   :32768.4c1f-ccba-45d4 / 128.1
 Port Times               :RemHops 19
 TC or TCN send           :5
 TC or TCN received       :4
 ----[Port2(Ethernet0/0/2)][FORWARDING]----
 Port Role                :Root Port
 Port Priority            :128
 Port Cost(Dot1T )        :Config=150000 / Active=150000
 Designated Bridge/Port   :0.4c1f-ccb4-1cb0 / 128.1
 Port Times               :RemHops 20
 TC or TCN send           :5
 TC or TCN received       :6
```

从显示的结果可以看出,端口 Ethernet 0/0/1 的角色成为指定端口。交换机 SWB 到达根网桥 SWC 的内部路径开销变成了 150 000,端口 Ethernet 0/0/2 的路径开销为 150 000。之所以修改端口 Ethernet 0/0/2 的路径开销,是因为路径开销是在接收 BPDU 的端口上进行累加的,在发送 BPDU 的端口上不增加路径开销。

最后,介绍一下华为交换机上边缘端口的配置,以端口 Ethernet0/0/1 为例。

[Huawei-Ethernet0/0/1]stp edged-port enable

用户如果将某个端口指定为边缘端口,那么该端口在由阻塞状态向转发状态迁移时,可以实现快速迁移,而无须等待延迟时间。

需要注意的是,边缘端口一般用来连接终端设备,如果边缘端口误接了交换机,则可能会导致网络中存在逻辑环路。为避免这种情况的发生,如果一个边缘端口收到了 BPDU,则该边缘端口会立即转变成一个普通的生成树端口,在这个过程中可能会引发网络中的生成树重新进行计算,从而对网络造成影响,此时可以在该端口上部署 BPDU 的保护功能,本教材中不再进行具体介绍。

一个端口被配置为边缘端口后,依然会周期性地发送 BPDU,但由于端口下连接的是终端设备,因此这些 BPDU 没有任何必要,此时可以在端口上配置命令[Huawei-Ethernet0/0/1] stp bpdu-filter enable 来激活端口的 BPDU 过滤功能。配置该命令后,端口将不再发送 BPDU,其收到的 BPDU 也会被直接忽略。

微课 3-3:生成树协议配置

3.5 企业网络交换技术实现

在模拟学院网络中,为满足位于清苑大厦的人事处与位于图科楼的教务处之间偶尔大数据量传输的需求,分别在其接入层交换机与汇聚层交换机上配置链路带宽聚合,将两条物理链路聚合成一条逻辑链路。

教务处连接的接入层交换机和汇聚层交换机的相关配置如下。

```
[L-A-2]interface Eth-Trunk 1
[L-A-2-Eth-Trunk1]mode manual load-balance
[L-A-2-Eth-Trunk1]port link-type trunk
[L-A-2-Eth-Trunk1]port trunk allow-pass vlan all
[L-A-2-Eth-Trunk1]quit
[L-A-2]interface Ethernet 0/0/23
[L-A-2-Ethernet0/0/23]eth-trunk 1
[L-A-2-Ethernet0/0/23]quit
[L-A-2]interface Ethernet 0/0/24
[L-A-2-Ethernet0/0/24]eth-trunk 1
//接入层交换机配置

[L-D]interface Eth-Trunk 1
[L-D-Eth-Trunk1]mode manual load-balance
[L-D-Eth-Trunk1]port link-type trunk
[L-D-Eth-Trunk1]port trunk allow-pass vlan all
[L-D-Eth-Trunk1]quit
[L-D]interface Ethernet 0/0/1
[L-D-Ethernet0/0/1]eth-trunk 1
```

[L-D-Ethernet0/0/1]quit
[L-D]interface Ethernet 0/0/2
[L-D-Ethernet0/0/2]eth-trunk 1
//汇聚层交换机配置

人事处连接的接入层交换机和汇聚层交换机的配置与教务处的类似,在此不再给出。

为保障位于清苑大厦的院长办公室及培训部网络的可用性,在院长办公室所在楼层的接入层交换机与培训部所在楼层的接入层交换机之间增加一条冗余链路,并运行生成树协议在逻辑上断开环路。要求清苑大厦的汇聚层交换机被选举为根网桥,以保证在正常情况下数据依然从各自的接入层交换机流向汇聚层交换机。

相关的配置如下。

[G-A-1]interface Ethernet0/0/23
[G-A-1-Ethernet0/0/23]port link-type trunk
[G-A-1-Ethernet0/0/23]port trunk allow-pass vlan all
[G-A-1-Ethernet0/0/23]quit
[G-A-1]interface Ethernet0/0/24
[G-A-1-Ethernet0/0/24]port link-type trunk
[G-A-1-Ethernet0/0/24]port trunk allow-pass vlan all
[G-A-1-Ethernet0/0/24]quit
[G-A-1]stp mode mstp
[G-A-1]stp region-configuration
[G-A-1-mst-region]region-name lvyuan
[G-A-1-mst-region]active region-configuration
[G-A-1-mst-region]quit
[G-D]interface Ethernet0/0/1
[G-D-Ethernet0/0/1]stp edged-port enable
//将所有连接终端的端口设置为边缘端口,配置略
//接入层交换机 G-A-4 的配置与 G-A-1 类似,配置略

[G-D]interface Ethernet0/0/1
[G-D-Ethernet0/0/1]port link-type trunk
[G-D-Ethernet0/0/1]port trunk allow-pass vlan all
[G-D-Ethernet0/0/1]quit
[G-D]interface Ethernet0/0/2
[G-D-Ethernet0/0/2]port link-type trunk
[G-D-Ethernet0/0/2]port trunk allow-pass vlan all
[G-D-Ethernet0/0/2]quit
[G-D]stp mode mstp
[G-D]stp region-configuration
[G-D-mst-region]region-name lvyuan
[G-D-mst-region]active region-configuration
[G-D-mst-region]quit
[G-D]stp root primary

注意:在上述配置中,所有的 VLAN 均映射在实例 0 中,并没有配置负载均衡,即所有的 VLAN 数据都是从终端连接接入层交换机传输到汇聚层交换机再路由出去。之所以这样配置是因为这 3 台交换机的地位并不相同,其中汇聚层交换机位于接入层交换机的上游,所以要求它对所有的 VLAN 而言都是根网桥,以保证数据能从最佳路径传递出去。

3.6 小 结

本章重点介绍了企业网络数据链路层中常用的保障网络的可用性和提高网络性能的技术,包括用于 VLAN 传播的 GARP VLAN 注册协议、增加链路逻辑带宽的链路带宽聚合技术,以及提高网络可用性的生成树技术,并在最后给出了企业网络数据链路层中所涉及技术的配置。

3.7 习 题

(1) GVRP 和 GARP 之间的关系是什么?
(2) 网络冗余会带来哪些问题?解决这些问题的根本是什么?
(3) 在带有扩展系统 ID 的 BID 中,网桥优先级的取值有什么限制?为什么存在这种限制?
(4) 为什么要为非根网桥选择根端口?其目的是什么?

3.8 实 训

3.8.1 链路带宽聚合配置实训

实训学时:2 学时;每实训组学生人数:5 人。

1. 实训目的
掌握链路带宽聚合的配置方法。

2. 实训环境
(1) 安装有 TCP/IP 通信协议的 Windows 系统 PC:4 台。
(2) 华为 S5720 交换机:2 台。
(3) UTP 电缆:7 条。
(4) Console 电缆:2 条。
(5) 保持所有的交换机为出厂配置。

3. 实训内容
(1) 交换机的基本配置。
(2) 链路带宽聚合中 LACP 模式的配置。

4. 实训指导
(1) 按照如图 3-13 所示的网络拓扑结构搭建网络,完成网络连接。
(2) 在两台交换机上分别创建 VLAN 10 和 VLAN 20;交换机 SWA 和交换机 SWB 各自将端口 G0/0/10 和 G0/0/20 分别划分到 VLAN 10 和 VLAN 20 中;在交换机 SWB 上配置虚接口和路由接口地址并配置路由实现整个网络的通信。参考命令如下。

81

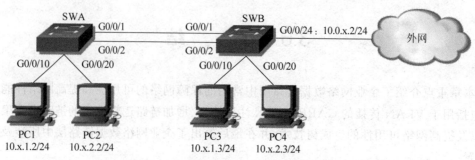

图 3-13 链路带宽聚合实训网络拓扑结构

[SWA]vlan batch 10 20
[SWA]interface GigabitEthernet 0/0/10
[SWA-GigabitEthernet0/0/10]port link-type access
[SWA-GigabitEthernet0/0/10]port default vlan 10
[SWA-GigabitEthernet0/0/10]quit
[SWA]interface GigabitEthernet 0/0/20
[SWA-GigabitEthernet0/0/20]port link-type access
[SWA-GigabitEthernet0/0/20]port default vlan 20
[SWA-GigabitEthernet0/0/20]quit

[SWB]vlan batch 10 20
[SWB]interface GigabitEthernet 0/0/10
[SWB-GigabitEthernet0/0/10]port link-type access
[SWB-GigabitEthernet0/0/10]port default vlan 10
[SWB-GigabitEthernet0/0/10]quit
[SWB]interface GigabitEthernet 0/0/20
[SWB-GigabitEthernet0/0/20]port link-type access
[SWB-GigabitEthernet0/0/20]port default vlan 20
[SWB-GigabitEthernet0/0/20]quit
[SWB]interface Vlanif 10
[SWB-Vlanif10]ip address 10.x.1.1 24
[SWB-Vlanif10]quit
[SWB]interface Vlanif 20
[SWB-Vlanif20]ip address 10.x.2.1 24
[SWB-Vlanif20]quit
[SWB]interface GigabitEthernet 0/0/24
[SWB-GigabitEthernet0/0/24]undo portswitch
[SWB-GigabitEthernet0/0/24]ip address 10.0.x.2 24
[SWB-GigabitEthernet0/0/24]quit
[SWB]ip route-static 0.0.0.0 0 10.0.x.1

注意：不要将两台交换机之间相连的物理端口 GigabitEthernet 0/0/1 和 GigabitEthernet 0/0/2 配置为 Trunk 端口。在 Cisco 和 H3C 的交换机上需要将物理端口和逻辑端口均配置为 Trunk 端口，但在华为交换机上，物理端口不需要做任何配置，将其加入 Eth-Trunk 以后，Eth-Trunk 端口会将其配置下发给物理端口。

（3）配置链路带宽聚合，使交换机之间通过 LACP 协商建立聚合链路。参考命令如下。

[SWA]interface Eth-Trunk 1

[SWA-Eth-Trunk1]mode lacp
[SWA-Eth-Trunk1]port link-type trunk
[SWA-Eth-Trunk1]port trunk allow-pass vlan all
[SWA-Eth-Trunk1]trunkport GigabitEthernet 0/0/1 to 0/0/2

[SWB]interface Eth-Trunk 1
[SWB-Eth-Trunk1]mode lacp
[SWB-Eth-Trunk1]port link-type trunk
[SWB-Eth-Trunk1]port trunk allow-pass vlan all
[SWB-Eth-Trunk1]trunkport GigabitEthernet 0/0/1 to 0/0/2

配置完成后,在交换机 SWA 上执行 display interface GigabitEthernet 0/0/1 命令查看端口 GigabitEthernet 0/0/1 的信息,可以看到端口的 link-type 为"trunk(configured)",说明 Eth-Trunk 端口将其 Trunk 的配置下发到了物理端口 GigabitEthernet 0/0/1 上。

(4) 在 PC 的"TCP/IP 属性"中配置相应的 IP 地址,并进行测试,此时所有 PC 均可访问外部网络。

(5) 通过 display Eth-Trunk 命令在两台交换机上分别查看聚合链路的信息并进行记录。

5. 实训报告

填写如表 3-3 所示的实训报告。

表 3-3 链路带宽聚合配置实训报告

SWA	链路聚合的配置				
	display Eth-Trunk	Working Mode	System ID	Selected Ports	PortPri
SWB	链路聚合的配置				
	display Eth-Trunk	Working Mode	System ID	Selected Ports	PortPri

3.8.2 生成树协议配置实训

实训学时:2 学时;每实训组学生人数:5 人。

1. 实训目的

掌握 MSTP 域、MSTI 的配置方法;掌握控制根网桥选举、控制端口选举的配置方法;掌握边缘端口的配置方法。

2. 实训环境

(1) 安装有 TCP/IP 通信协议的 Windows 系统 PC:4 台。

(2) 华为交换机:3 台。

(3) UTP 电缆:8 条。

(4) Console 电缆:3 条。

保持所有的交换机为出厂配置。

3. 实训内容

(1) MSTP 域的配置。

(2)控制根网桥选举。

(3)控制根端口和指定端口的选举。

4. 实训指导

(1)按照如图 3-14 所示的网络拓扑结构搭建网络,完成网络连接。

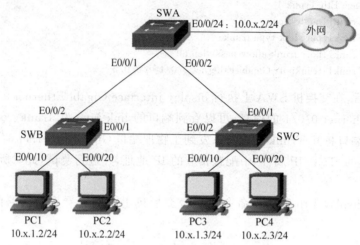

图 3-14　生成树协议实训网络拓扑结构

(2)在 3 台交换机上分别创建 VLAN 10 和 VLAN 20;将 3 台交换机之间的链路设置为 Trunk 链路并允许所有 VLAN 通过;交换机 SWB 和交换机 SWC 各自将端口 E0/0/10 和 E0/0/20 分别划分到 VLAN 10 和 VLAN 20 中;在交换机 SWA 上配置虚接口和路由接口地址并配置路由实现整个网络的通信。参考命令如下。

[SWA]vlan batch 10 20
[SWA]interface Ethernet0/0/1
[SWA-Ethernet0/0/1]port link-type trunk
[SWA-Ethernet0/0/1]port trunk allow-pass vlan all
[SWA-Ethernet0/0/1]quit
[SWA]interface Ethernet0/0/2
[SWA-Ethernet0/0/2]port link-type trunk
[SWA-Ethernet0/0/2]port trunk allow-pass vlan all
[SWA-Ethernet0/0/2]quit
[SWA]interface Vlanif 10
[SWA-Vlanif10]ip address 10.x.1.1 24
[SWA-Vlanif10]quit
[SWA]interface Vlanif 20
[SWA-Vlanif20]ip address 10.x.2.1 24
[SWA-Vlanif20]quit
[SWA]interface Ethernet0/0/24
[SWA-Ethernet0/0/24]undo portswitch
[SWA-Ethernet0/0/24]ip address 10.0.x.2 24
[SWA-Ethernet0/0/24]quit
[SWA]ip route-static 0.0.0.0 0 10.0.x.1

[SWB]vlan batch 10 20

```
[SWB]interface Ethernet0/0/10
[SWB-Ethernet0/0/10]port link-type access
[SWB-Ethernet0/0/10]port default vlan 10
[SWB-Ethernet0/0/10]quit
[SWB]interface Ethernet0/0/20
[SWB-Ethernet0/0/20]port link-type access
[SWB-Ethernet0/0/20]port default vlan 20
[SWB-Ethernet0/0/20]quit
[SWB]interface Ethernet0/0/1
[SWB-Ethernet0/0/1]port link-type trunk
[SWB-Ethernet0/0/1]port trunk allow-pass vlan all
[SWB-Ethernet0/0/1]quit
[SWB]interface Ethernet0/0/2
[SWB-Ethernet0/0/2]port link-type trunk
[SWB-Ethernet0/0/2]port trunk allow-pass vlan all

[SWC]vlan batch 10 20
[SWC]interface Ethernet 0/0/10
[SWC-Ethernet0/0/10]port link-type access
[SWC-Ethernet0/0/10]port default vlan 10
[SWC-Ethernet0/0/10]quit
[SWC]interface Ethernet 0/0/20
[SWC-Ethernet0/0/20]port link-type access
[SWC-Ethernet0/0/20]port default vlan 20
[SWC-Ethernet0/0/20]quit
[SWC]interface Ethernet 0/0/1
[SWC-Ethernet0/0/1]port link-type trunk
[SWC-Ethernet0/0/1]port trunk allow-pass vlan all
[SWC-Ethernet0/0/1]quit
[SWC]interface Ethernet 0/0/2
[SWC-Ethernet0/0/2]port link-type trunk
[SWC-Ethernet0/0/2]port trunk allow-pass vlan all
```

(3) 在 3 台交换机上启用 MSTP。参考命令如下。

```
[SWA]stp enable
[SWA]stp mode mstp

[SWB]stp enable
[SWB]stp mode mstp

[SWC]stp enable
[SWC]stp mode mstp
```

实际上，华为交换机默认开启了生成树协议，其默认模式即为 MSTP 模式，因此上面的命令可以省略，不进行配置。但此时网络中仅运行着 CIST，即实例 0，所有 VLAN 均映射到实例 0 上。

(4) 将 3 台交换机置于同一个 MST 域中，域名为 Huawei，VLAN10 和 VLAN20 分别映射到实例 1 和实例 2 上。参考命令如下。

```
[SWA]stp region-configuration
```

```
[SWA-mst-region]region-name Huawei
[SWA-mst-region]instance 1 vlan 10
[SWA-mst-region]instance 2 vlan 20
[SWA-mst-region]active region-configuration

[SWB]stp region-configuration
[SWB-mst-region]region-nameHuawei
[SWB-mst-region]instance 1 vlan 10
[SWB-mst-region]instance 2 vlan 20
[SWB-mst-region]active region-configuration

[SWC]stp region-configuration
[SWC-mst-region]region-nameHuawei
[SWC-mst-region]instance 1 vlan 10
[SWC-mst-region]instance 2 vlan 20
[SWC-mst-region]active region-configuration
```

配置完成后，在 3 台交换机上分别执行 display stp instance *instance-number* 和 display stp brief 命令查看不同实例中域根的选择和各个端口在不同实例中的角色和状态。通过查看可以发现，在所有的实例中交换机 SWA 均被选举为域根网桥，而交换机 SWB 的端口 Ethernet0/0/1 和 SWC 的端口 Ethernet0/0/2 在所有实例中的角色均为 Alternate，状态均为 Discarding。

（5）控制根网桥的选举，通过配置使交换机 SWB 成为实例 1 中的根网桥，交换机 SWC 成为实例 2 中的根网桥。参考命令如下。

```
[SWB]stp instance 1 root primary
[SWC]stp instance 2 priority 8192
```

配置完成后，在交换机 SWB 和 SWC 上分别执行 display stp instance 1 和 display stp instance 2 命令，查看该交换机是否已成为相应实例中的域根网桥，注意网桥优先级的取值。

（6）在实例 1 中，交换机 SWC 的端口 Ethernet0/0/1 此时的角色为 Alternate，要求通过修改端口的路径开销使之在交换机 SWA 和交换机 SWC 之间的网段上被选举为指定端口。参考命令如下。

```
[SWC]interface Ethernet0/0/2
[SWC-Ethernet0/0/2]stp instance 1 cost 100000
```

配置完成后，在交换机 SWC 和交换机 SWA 上分别执行 display stp brief 命令查看端口在实例 1 中角色的变化。在交换机 SWC 上执行 display stp instance 1 命令查看端口 Ethernet0/0/2 的路径开销。分析端口角色发生变化的原因。

（7）将交换机 SWB 和 SWC 上连接 PC 的端口全部设置为边缘端口。参考命令如下。

```
[SWB]interface Ethernet0/0/10
[SWB-Ethernet0/0/10]stp edged-port enable
[SWB-Ethernet0/0/10]quit
[SWB]interface Ethernet0/0/20
[SWB-Ethernet0/0/20]stp edged-port enable
```

[SWC]interface Ethernet0/0/10
[SWC-Ethernet0/0/10]stp edged-port enable
[SWC-Ethernet0/0/10]quit
[SWC]interface Ethernet0/0/20
[SWC-Ethernet0/0/20]stp edged-port enable

5．实训报告

填写如表 3-4 所示的实训报告。

表 3-4　生成树协议配置实训报告

			实例 0	实例 1	实例 2
MST 域配置（任一交换机配置即可）					
根网桥选举配置	SWB				
	SWC				
指定端口选举配置					
端口角色	SWA	E0/0/1			
		E0/0/2			
	SWB	E0/0/1			
		E0/0/2			
	SWC	E0/0/1			
		E0/0/2			
网桥优先级	SWA				
	SWB				
	SWC				

第 4 章 企业网络路由技术

路由技术是网络中的核心技术,在划分了子网和 VLAN 之后,不同网段、不同 VLAN 之间的通信都需要依赖网络层的路由技术来实现。网络层存在多种实现网段路由的协议,不同协议的实现原理、路由策略都不相同,如何为网络选择适合的路由协议并保障多种路由协议之间路由信息的共享是网络层的路由技术需要解决的问题。

4.1 企业网络路由项目介绍

在企业网络路由项目中需要解决整个模拟学院网络的跨网段通信问题,其中既包括某个校区内部各个网段之间的通信,又包括跨校区的通信。另外,还需要在网络层通过冗余来保障部分网络的可靠性。具体如下。

(1) 实现各校区内部网段间的路由。每个校区都存在多个职能部门,也就意味着存在多个不同的网段,要实现整个模拟学院网络的通信,首先需要实现校区内部各网段之间的通信。对于主校区,考虑到校区内部网络环境的复杂度不高、网络规模不大,并且网络架构为单一的以太网,因此可以运行 RIPv2 路由选择协议来实现各网段之间的路由。对于两个分校区,由于其网络更加简单,其中只有一台核心交换机为三层设备,因此可以考虑将其作为 OSPF 中的非主干区域。

(2) 实现校区间的路由。各个校区网络之间通过广域网连接形成一个完整的模拟学院网络。整个模拟学院网络具有较大的网络规模,并且包含了局域网和广域网多种网络架构,在这种情况下,作为距离矢量协议的 RIPv2 无论在网络收敛保障还是在路径选择上都无法很好地满足需求。此时可以考虑使用链路状态路由选择协议 OSPF,通过配置多区域 OSPF,将校区间的连接网络作为主干区域,两个分校区的网络作为非主干区域,可以保障网络通信能够选择最佳路径,并且在网络出现变动时可以快速收敛。

(3) 实现不同路由协议之间路由信息的共享。由于在模拟学院网络中同时存在 RIPv2 和 OSPF 两种路由选择协议,而这两种路由选择协议使用了完全不同的路径度量方法,因此必须采用相关的技术使这两种协议能够正确识别对方的路由信息,以免路径选择出现错误。另外,网络中还有直连路由和静态路由的存在,这些路由同样需要 RIPv2 和 OSPF 的正确识别。

(4) 在网络层提供冗余以保障网络的可用性。在网络中,一旦某个网段的网关设备(一般是汇聚层交换机)出现故障,整个网段都无法与外部网络进行通信。为避免这种单点故障的发生,对于可靠性要求较高的部门,要在网络层进行设备和链路的冗余,并配置 VRRP 以保障网段与外界的通信。

4.2 RIPv2

4.2.1 路由优先级

在对 RIPv2 进行讲解之前,本节首先介绍路由中的一个基本概念:路由器优先级。

当网络中运行了多种不同的路由选择协议时,路由器会优先选择哪一个路由协议产生的路由呢?在 Cisco 路由器上使用管理距离,为每一种路由类型分配一个管理距离值,管理距离值越小,路由的优先级就越高;华为在进行路由选择的时候,使用路由优先级,同样是为每一种路由类型分配一个路由优先级的值,路由优先级的值越小,路由的优先级就越高。华为定义的不同路由的默认优先级如表 4-1 所示。

表 4-1 路由默认优先级

路由类型	默认优先级	路由类型	默认优先级
直连路由	0	OSPF 内部路由	10
IS-IS	15	静态路由	60
RIP	100	OSPF 外部路由	150
IBGP	255	EBGP	255
未知路由	256		

从表 4-1 可以看出,OSPF 内部路由和 IS-IS 的路由优先级均高于静态路由的。华为认为这种路由优先级的设置方式更加符合实际的工作情况,在规划路由时要充分注意这一点。

4.2.2 RIPv2 的概念

路由信息协议(routing information protocol,RIP)是一种典型的距离矢量路由选择协议,RIP 以其简单、易于配置和管理的特性在小型动态网络中被广泛应用。但随着各种 IP 地址节约方案的出现,RIPv1 无法再满足网络路由的需求。作为有类别路由选择协议,RIPv1 在路由更新消息中不携带掩码信息,因此它只支持主类网络之间的路由和属于同一主类网络的等长子网之间的路由。当 IP 地址分配采用了 VLSM 或在串行链路上使用了私有 IP 地址,RIPv1 就会产生路由判断错误。为提供对变长子网和不连续子网的支持,RIP 推出了其无类别版本 RIPv2。

RIPv2 在实现原理上与 RIPv1 完全相同,除了继承了 RIPv1 的大部分特性外,RIPv2 还具有以下的特点。

(1) 在路由更新消息中携带掩码信息,支持 VLSM 和不连续子网。
(2) 采用组播地址 224.0.0.9 发送路由更新消息。
(3) 支持手工路由汇总。
(4) 只能将路由汇总至主类网络,不支持 CIDR,但可以传递已有的超网路由。
(5) 支持明文和消息摘要算法 5(MD5)两种认证方式。

关于 RIPv2 的具体定义详见 RFC1723。

4.2.3 RIPv2 的基本配置

1. RIPv2 的配置

RIPv2 的配置涉及的命令如下。

[Huawei]rip [*process-id*]
[Huawei-rip-1]version 2
[Huawei-rip-1]undo summary
[Huawei-rip-1]network *network-address*

使用 rip 命令启动 RIP 路由选择进程,进程 ID 默认为 1;指定运行的 RIP 版本为 RIPv2;使用 undo summary 命令关闭自动路由汇总功能,以实现子网信息的跨主类网络传递;通过 network 命令指定参与发送和接收路由更新信息的接口,通告直连网络,network 命令只需要发布主类网络地址即可,RIPv2 会根据路由器相应接口上配置的地址情况来确定是否划分了子网以及属于哪一个子网,并在组播路由更新消息时携带子网掩码。

假设存在如图 4-1 所示的网络,要求为其配置 RIPv2,以实现不同网段之间的路由。

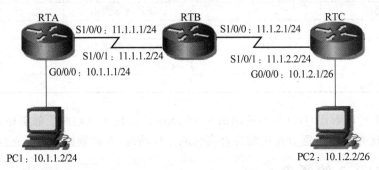

图 4-1 RIPv2 的配置

路由器 RTA 的配置如下。

[RTA]rip
[RTA-rip-1]version 2
[RTA-rip-1]undo summary
[RTA-rip-1]network 10.0.0.0
[RTA-rip-1]network 11.0.0.0

路由器 RTB 和 RTC 的配置与路由器 RTA 类似。配置完成后,在路由器 RTA 上执行 display ip routing-table 命令查看路由表,显示的结果如下。

```
[RTA]display ip routing-table
Route Flags: R - relay, D - download to fib
------------------------------------------------------------------
Routing Tables: Public
         Destinations : 13       Routes : 13
Destination/Mask      Proto    Pre  Cost   Flags  NextHop        Interface
    10.1.1.0/24       Direct   0    0      D      10.1.1.1       GigabitEthernet0/0/0
    10.1.1.1/32       Direct   0    0      D      127.0.0.1      GigabitEthernet0/0/0
    10.1.1.255/32     Direct   0    0      D      127.0.0.1      GigabitEthernet0/0/0
```

10.1.2.0/26	RIP	100	2	D	11.1.1.2	Serial1/0/0
11.1.1.0/24	Direct	0	0	D	11.1.1.1	Serial1/0/0
11.1.1.1/32	Direct	0	0	D	127.0.0.1	Serial1/0/0
11.1.1.2/32	Direct	0	0	D	11.1.1.2	Serial1/0/0
11.1.1.255/32	Direct	0	0	D	127.0.0.1	Serial1/0/0
11.1.2.0/24	RIP	100	1	D	11.1.1.2	Serial1/0/0
127.0.0.0/8	Direct	0	0	D	127.0.0.1	InLoopBack0
127.0.0.1/32	Direct	0	0	D	127.0.0.1	InLoopBack0
127.255.255.255/32	Direct	0	0	D	127.0.0.1	InLoopBack0
255.255.255.255/32	Direct	0	0	D	127.0.0.1	InLoopBack0

从显示的结果可以看出，路由器RTA通过RIPv2学习到了去往网络10.1.2.0/26和11.1.2.0/24的路由，说明RIPv2能够支持VLSM技术和不连续子网之间的路由。

2. RIPv2的验证

（1）display rip

RIPv2配置完成后，可以通过display rip命令来查看RIP当前的运行状态和配置信息。在路由器RTA上执行display rip命令，显示的结果如下。

```
[RTA]display rip
 Public VPN-instance
   RIP process : 1
      RIP version       : 2
      Preference        : 100
      Checkzero         : Enabled
      Default-cost      : 0
      Summary           : Disabled
      Host-route        : Enabled
      Maximum number of balanced paths : 4
      Update time       : 30 sec          Age time : 180 sec
      Garbage-collect time : 120 sec
      Graceful restart  : Disabled
      BFD               : Disabled
      Silent-interfaces : None
      Default-route     : Disabled
      Verify-source     : Enabled
      Networks :
      11.0.0.0            10.0.0.0
      Configured peers              : None
      NQA test instances            : None
      Number of routes in database  : 6
      Number of interfaces enabled  : 2
      Triggered updates sent        : 4
      Number of route changes       : 2
      Number of replies to queries  : 1
      Number of routes in ADV DB    : 4

   Total count for 1 process :
      Number of routes in database  : 6
      Number of interfaces enabled  : 2
```

Number of routes sendable in a periodic update : 12
Number of routes sent in last periodic update : 5

从显示的结果可以看出以下信息。

① RIP 的进程 ID 是 1。

② 协议的优先级是 100。

③ 零域检查功能处于开启状态。RIPv1 报文中的有些字段必须为零,称为零域。零域检查功能在接收 RIPv1 的报文时对零域进行检查,零域值不为零的 RIPv1 报文将不被处理。RIPv2 报文中没有零域,此配置无效。

④ 引入路由的默认度量值为 0。

⑤ 自动路由汇总功能关闭。

⑥ 允许接收主机路由。

⑦ 最大等价路径为 4。

⑧ 路由更新周期为 30s;路由老化时间为 180s,如果在老化时间内没有收到关于某条路由的更新报文,则该条路由在路由表中的度量值将会被设置为 16,并从 IP 路由表中删除。

⑨ Garbage-collect 计时器计时 120s。该计时器定义了路由从度量值变为 16 开始,直到它从 RIP 路由表里被删除所经过的时间。在这段时间中,该路由将进入抑制状态。在抑制状态,只有来自同一邻居且度量值小于 16 的路由更新才会被路由器接收,取代不可达路由。来自其他邻居路由器的去往该路由的更新信息将被忽略。

⑩ 平滑重启功能未启用。

⑪ 双向转发检测功能未启用。

⑫ 不存在抑制接口(即被动接口)。

⑬ 不会向邻居路由器发布默认路由。

⑭ 对接收到的路由更新报文进行源 IP 地址检查的功能已启用。

⑮ RIP 通告的直连网络为 10.0.0.0 和 11.0.0.0。

⑯ 没有配置路由更新报文的定点发送(即单播更新)。

⑰ 没有配置 NQA 测试实例。

⑱ 在路由数据库中共有 6 条路由。

⑲ 在 RIP 中有 2 个接口参与了路由更新的发送和接收。

⑳ 发送的触发更新报文数为 4。

㉑ RIP 进程引起的路由数目为 2。

㉒ 对 RIP 请求的响应报文数为 1。

㉓ ADV DB 中有 4 条路由。

(2) display rip *process-id* route

display rip *process-id* route 命令用来查看指定 RIP 进程所产生的路由表。在路由器 RTA 上执行 display rip 1 route 命令,显示结果如下。

[RTA]display rip 1 route
Route Flags : R - RIP

A - Aging, G - Garbage-collect

Peer 11.1.1.2 on Serial1/0/0
    Destination/Mask   Nexthop   Cost   Tag   Flags   Sec
    11.1.2.0/24   11.1.1.2   1   0   RA   8
    10.1.2.0/26   11.1.1.2   2   0   RA   8

从显示的结果可以看出，路由器 RTA 通过 RIPv2 进程 1 获得了去往网络 11.1.2.0/24 和 10.1.2.0/26 的路由。

（3）debugging rip *process-id* packet

debugging rip *process-id* packet 命令只能在用户视图下执行，用来实时地显示路由器发送和接收到的 RIP 路由更新信息。在华为的设备上，如果需要使用 debugging 命令进行系统调试，首先需要在用户视图下执行以下两条命令。

< Huawei > terminal monitor
< Huawei > terminal debugging

其中，terminal monitor 命令用来开启控制台对系统信息的监视功能（该功能默认开启，因此可以不执行这条命令）；terminal debugging 命令用来开启调试信息的屏幕输出开关，使调试信息可以在终端上显示。

在路由器 RTA 上执行 debugging rip 1 packet 命令，显示结果如下。

< RTA > debugging rip 1 packet
< RTA >
Apr 3 2019 00:51:01.726.1＋00:00 RTA RIP/7/DBG: 6: 14223: RIP 1: Receive response from 11.1.1.2 on Serial1/0/0
Apr 3 2019 00:51:01.726.2＋00:00 RTA RIP/7/DBG: 6: 14234: Packet: Version 2, Cmd response, Length 44
Apr 3 2019 00:51:01.726.3＋00:00 RTA RIP/7/DBG: 6: 14305: Dest 10.1.2.0/26, Nexthop 0.0.0.0, Cost 2, Tag 0
Apr 3 2019 00:51:01.726.4＋00:00 RTA RIP/7/DBG: 6: 14305: Dest 11.1.2.0/24, Nexthop 0.0.0.0, Cost 1, Tag 0
Apr 3 2019 00:51:13.786.1＋00:00 RTA RIP/7/DBG: 6: 14214: RIP 1: Sending response on interface Serial1/0/0 from 11.1.1.1 to 224.0.0.9
Apr 3 2019 00:51:13.786.2＋00:00 RTA RIP/7/DBG: 6: 14234: Packet: Version 2, Cmd response, Length 24
Apr 3 2019 00:51:13.786.3＋00:00 RTA RIP/7/DBG: 6: 14305: Dest 10.1.1.0/24, Nexthop 0.0.0.0, Cost 1, Tag 0
Apr 3 2019 00:51:17.796.1＋00:00 RTA RIP/7/DBG: 6: 14214: RIP 1: Sending response on interface GigabitEthernet0/0/0 from 10.1.1.1 to 224.0.0.9
Apr 3 2019 00:51:17.796.2＋00:00 RTA RIP/7/DBG: 6: 14234: Packet: Version 2, Cmd response, Length 84
Apr 3 2019 00:51:17.796.3＋00:00 RTA RIP/7/DBG: 6: 14305: Dest 10.1.1.0/24, Nexthop 0.0.0.0, Cost 1, Tag 0
Apr 3 2019 00:51:17.796.4＋00:00 RTA RIP/7/DBG: 6: 14305: Dest 10.1.2.0/26, Nexthop 0.0.0.0, Cost 3, Tag 0
Apr 3 2019 00:51:17.796.5＋00:00 RTA RIP/7/DBG: 6: 14305: Dest 11.1.1.0/24, Nexthop 0.0.0.0, Cost 1, Tag 0
Apr 3 2019 00:51:17.796.6＋00:00 RTA RIP/7/DBG: 6: 14305: Dest 11.1.2.0/24, Nexthop 0.0.0.0, Cost 2, Tag 0

从显示的结果可以看出，RIPv2 在发送路由更新信息时携带了子网掩码信息，发送路由更新信息使用的是组播地址 224.0.0.9。另外需要注意的是，路由器 RTA 的接口 GigabitEthernet 0/0/0 和 Serial 1/0/0 发送的路由更新信息并不相同，这是因为 RIPv2 在默认情况下启用了水平分割功能。

在 PC1 上使用 Wireshark 工具捕获的 RIPv2 路由更新信息如图 4-2 所示。

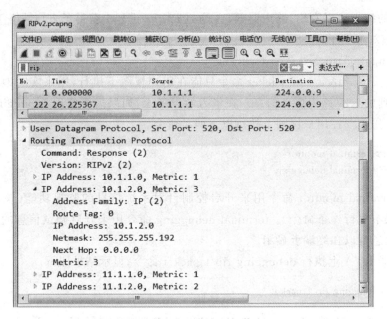

图 4-2　RIPv2 路由更新信息

对比图 4-2 和在路由器 RTA 上执行 debugging rip 1 packet 命令的结果，可以看出如图 4-2 所示的 RIPv2 报文就是从路由器 RTA 的接口 GigabitEthernet 0/0/0 组播出去的路由更新信息。

4.2.4　抑制接口

在配置 RIP 时，network 命令有两个作用，一是指定参与发送和接收路由更新信息的接口；二是通告直连的网络。在 RIP 配置完成后，RIP 将在 network 命令指定的网络地址范围内所有的路由器接口上发送和接收路由更新信息，路由器之间通过互相交流路由更新信息来建立正确的路由表。但有些时候并不是所有的路由器接口都需要参与路由更新信息的发送的。在如图 4-1 所示的网络中，对路由器 RTA 和 RTC 的接口 GigabitEthernet 0/0/0 而言，由于它们并没有与其他路由器相连，因此它们发送路由更新信息不仅没有任何意义，还会增加网络的负载。此时，就可以将它们设置成抑制接口，使其不再发送路由更新信息。配置抑制接口的命令如下。

[Huawei-rip-1]silent-interface *interface-type interface-number*

将路由器 RTA 的接口 GigabitEthernet 0/0/0 配置为抑制接口，具体配置如下。

[RTA]rip
[RTA-rip-1]silent-interfaceGigabitEthernet 0/0/0

配置完成后,在路由器 RTA 上执行 debugging rip 1 packet 命令,显示结果如下。

\<RTA\> debugging rip 1 packet
Apr 3 2019 01:50:13.476.1+00:00 RTA RIP/7/DBG: 6: 14214: RIP 1: Sending response on interface Serial1/0/0 from 11.1.1.1 to 224.0.0.9
Apr 3 2019 01:50:13.476.2+00:00 RTA RIP/7/DBG: 6: 14234: Packet: Version 2, Cmd response, Length 24
Apr 3 2019 01:50:13.476.3+00:00 RTA RIP/7/DBG: 6: 14305: Dest 10.1.1.0/24, Nexthop 0.0.0.0, Cost 1, Tag 0
Apr 3 2019 01:50:18.516.1+00:00 RTA RIP/7/DBG: 6: 14223: RIP 1: Receive response from 11.1.1.2 on Serial1/0/0
Apr 3 2019 01:50:18.516.2+00:00 RTA RIP/7/DBG: 6: 14234: Packet: Version 2, Cmd response, Length 44
Apr 3 2019 01:50:18.516.3+00:00 RTA RIP/7/DBG: 6: 14305: Dest 10.1.2.0/26, Nexthop 0.0.0.0, Cost 2, Tag 0
Apr 3 2019 01:50:18.516.4+00:00 RTA RIP/7/DBG: 6: 14305: Dest 11.1.2.0/24, Nexthop 0.0.0.0, Cost 1, Tag 0

从显示结果可以看出,接口 GigabitEthernet 0/0/0 不再发送路由更新信息。

需要注意的是,抑制接口只是不再进行路由更新信息的发送,但是它依然接收路由更新信息。在如图 4-1 所示的网络中,如果将路由器 RTA 的接口 Serial 1/0/0 设置为抑制接口,则路由器 RTB 和 RTC 的路由表中将不再有去往网络 10.1.1.0/24 的路由,而路由器 RTA 的路由表没有任何变化。当然,因为路由不完全的问题,网络 10.1.1.0/24 中的主机此时将无法与其他网络进行通信,尽管路由器 RTA 拥有去往相应网络的路由。

4.2.5 RIP 报文定点传送

在默认情况下,RIPv2 使用组播地址 224.0.0.9 进行路由更新信息的发送,但是有些特定的网络可能不支持组播,或者有些时候可能只希望向指定的路由器发送路由更新信息,这就需要用到 RIP 报文的定点传送功能。设置 RIP 报文的定点传送,首先需要将相应的接口设置为抑制接口,然后使用 peer 命令指定邻居路由器,即向谁发送路由更新信息。

对于 RIP 报文的定点传送,一般用于路由器的一个接口连接多个邻居路由器的情况,在此为了叙述的简单,仍然采用如图 4-1 所示的网络,对网络中路由器 RTA 的接口 Serial 1/0/0 设置 RIP 报文的定点传送,使其路由更新信息只发送给路由器 RTB。具体配置如下。

[RTA]rip
[RTA-rip-1]silent-interface Serial 1/0/0
[RTA-rip-1]peer 11.1.1.2

配置完成后,在路由器 RTA 上执行 debugging rip 1 packet 命令,显示结果如下。

\<RTA\> debugging rip 1 packet
Apr 3 2019 01:57:59.526.1+00:00 RTA RIP/7/DBG: 6: 14214: RIP 1: Sending response on interface Serial1/0/0 from 11.1.1.1 to 11.1.1.2
Apr 3 2019 01:57:59.526.2+00:00 RTA RIP/7/DBG: 6: 14234: Packet: Version 2, Cmd response, Length 24
Apr 3 2019 01:57:59.526.3+00:00 RTA RIP/7/DBG: 6: 14305: Dest 10.1.1.0/24, Nexthop

0.0.0.0, Cost 1, Tag 0
Apr 3 2019 01:58:08.86.1+00:00 RTA RIP/7/DBG: 6: 14223: RIP 1: Receive response from 11.1.1.2 on Serial1/0/0
Apr 3 2019 01:58:08.86.2+00:00 RTA RIP/7/DBG: 6: 14234: Packet: Version 2, Cmd response, Length 44
Apr 3 2019 01:58:08.86.3+00:00 RTA RIP/7/DBG: 6: 14305: Dest 10.1.2.0/26, Nexthop 0.0.0.0, Cost 2, Tag 0
Apr 3 2019 01:58:08.86.4+00:00 RTA RIP/7/DBG: 6: 14305: Dest 11.1.2.0/24, Nexthop 0.0.0.0, Cost 1, Tag 0

从显示的结果可以看出,路由器 RTA 的接口 Serial 1/0/0 在发送路由更新信息时使用的地址是通过 peer 命令指定的邻居路由器 RTB 的地址 11.1.1.2,而不再是组播地址 224.0.0.9。

微课 4-1:RIPv2 基本配置

4.2.6 手工路由汇总

RIPv2 在配置时已经使用 undo summary 命令关闭了自动路由汇总功能,但有时需要实现某一部分网络的路由汇总,此时就需要使用手工路由汇总来实现这一目的,具体命令如下。

[Huawei-interface-number] rip summary-address *network-address subnet-mask*

假设存在如图 4-3 所示的网络。

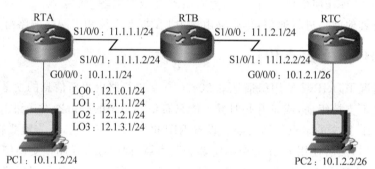

图 4-3　RIPv2 的手工路由汇总

在图 4-3 中,首先在路由器 RTA 上创建 4 个环回接口,来模拟路由器 RTA 的直联网段 12.1.0.0/24、12.1.1.0/24、12.1.2.0/24、12.1.3.0/24。

环回(loopback)接口是虚拟的接口,它默认并且总是处于开启状态。因此环回接口一般被用作管理接口,网络管理员通过环回接口的 IP 地址来进行远程登录,以对路由器进行管理。另外环回接口地址往往作为动态路由选择协议 OSPF、边界网关协议(BGP)的路由器 ID。动态路由选择协议 OSPF、BGP 在运行过程中需要为其指定一个路由器 ID 来作为路由器的唯一标识,并要求在整个自治系统内唯一。由于环回接口的 IP 地址通常被视为路由器的标识,因此它也就成了路由器 ID 的最佳选择。由于环回接口没有与对端互联互通的需求,因此为了节约 IP 地址资源,同时也为了防止伪路由的传播,其地址通常指定为 32 位掩码。在这里,由于是使用环回接口来模拟一个网段的路由,因此图 4-3 中给出的是 24 位掩码。

对图 4-3 中的 3 台路由器按照如图 4-3 所示完成接口地址配置并配置 RIPv2 之后，在路由器 RTB 上执行 display ip routing-table 命令查看路由表，显示的结果如下。

```
[RTB]display ip routing-table
Route Flags: R - relay, D - download to fib
----------------------------------------------------------------
Routing Tables: Public
         Destinations : 18        Routes : 18
Destination/Mask        Proto   Pre   Cost   Flags   NextHop      Interface
10.1.1.0/24             RIP     100   1      D       11.1.1.1     Serial1/0/1
10.1.2.0/26             RIP     100   1      D       11.1.2.2     Serial1/0/0
11.1.1.0/24             Direct  0     0      D       11.1.1.2     Serial1/0/1
11.1.1.1/32             Direct  0     0      D       11.1.1.1     Serial1/0/1
11.1.1.2/32             Direct  0     0      D       127.0.0.1    Serial1/0/1
11.1.1.255/32           Direct  0     0      D       127.0.0.1    Serial1/0/1
11.1.2.0/24             Direct  0     0      D       11.1.2.1     Serial1/0/0
11.1.2.1/32             Direct  0     0      D       127.0.0.1    Serial1/0/0
11.1.2.2/32             Direct  0     0      D       11.1.2.2     Serial1/0/0
11.1.2.255/32           Direct  0     0      D       127.0.0.1    Serial1/0/0
12.1.0.0/24             RIP     100   1      D       11.1.1.1     Serial1/0/1
12.1.1.0/24             RIP     100   1      D       11.1.1.1     Serial1/0/1
12.1.2.0/24             RIP     100   1      D       11.1.1.1     Serial1/0/1
12.1.3.0/24             RIP     100   1      D       11.1.1.1     Serial1/0/1
127.0.0.0/8             Direct  0     0      D       127.0.0.1    InLoopBack0
127.0.0.1/32            Direct  0     0      D       127.0.0.1    InLoopBack0
127.255.255.255/32      Direct  0     0      D       127.0.0.1    InLoopBack0
255.255.255.255/32      Direct  0     0      D       127.0.0.1    InLoopBack0
```

从显示的结果可以看出，在路由器 RTB 的路由表中为 12.0.0.0/24 网段保存了 4 条明细路由。而实际上这 4 条明细路由可以汇总为一条路由 12.1.0.0/22。路由汇总的配置在路由器 RTA 的接口 Serial 1/0/0 的接口视图下来实现，具体配置如下。

```
[RTA]interface Serial 1/0/0
[RTA-Serial1/0/0]rip summary-address 12.1.0.0 255.255.252.0
```

配置完成后，在路由器 RTB 上执行 display ip routing-table 命令查看路由表，显示的结果如下。

```
[RTB]display ip routing-table
Route Flags: R - relay, D - download to fib
----------------------------------------------------------------
Routing Tables: Public
         Destinations : 15        Routes : 15
Destination/Mask        Proto   Pre   Cost   Flags   NextHop      Interface
10.1.1.0/24             RIP     100   1      D       11.1.1.1     Serial1/0/1
10.1.2.0/26             RIP     100   1      D       11.1.2.2     Serial1/0/0
11.1.1.0/24             Direct  0     0      D       11.1.1.2     Serial1/0/1
11.1.1.1/32             Direct  0     0      D       11.1.1.1     Serial1/0/1
11.1.1.2/32             Direct  0     0      D       127.0.0.1    Serial1/0/1
11.1.1.255/32           Direct  0     0      D       127.0.0.1    Serial1/0/1
```

11.1.2.0/24	Direct	0	0	D	11.1.2.1	Serial1/0/0
11.1.2.1/32	Direct	0	0	D	127.0.0.1	Serial1/0/0
11.1.2.2/32	Direct	0	0	D	11.1.2.2	Serial1/0/0
11.1.2.255/32	Direct	0	0	D	127.0.0.1	Serial1/0/0
12.1.0.0/22	RIP	100	1	D	11.1.1.1	Serial1/0/1
127.0.0.0/8	Direct	0	0	D	127.0.0.1	InLoopBack0
127.0.0.1/32	Direct	0	0	D	127.0.0.1	InLoopBack0
127.255.255.255/32	Direct	0	0	D	127.0.0.1	InLoopBack0
255.255.255.255/32	Direct	0	0	D	127.0.0.1	InLoopBack0

从显示的结果可以看出，4 个网络 12.1.0.0/24、12.1.1.0/24、12.1.2.0/24、12.1.3.0/24 被汇总成一条路由 12.1.0.0/22。

另外，需要注意的是，RIPv2 在原则上无法提供对超网的支持，在以前的设备上，如果将图 4-3 中路由器 RTA 的 4 个直连网段修改为 192.168.0.0/24、192.168.1.0/24、192.168.2.0/24、192.168.3.0/24，并进行手工路由汇总，则系统会报错，如在 H3C 路由器上的以下显示结果。

[RTA-Serial1/0/0]rip summary-address 192.168.0.0 22
　　Super-net address can not be configured as summary address

路由器提示不能够对超网进行路由汇总，这也证明了 RIPv2 不支持 CIDR。

但是，在当前的华为路由器上是可以对超网进行路由汇总的。汇总后，在路由器 RTB 上执行 display ip routing-table 命令查看路由表，显示的结果如下。

[RTB]display ip routing-table
Route Flags: R - relay, D - download to fib

Routing Tables: Public
　　　　　Destinations : 15　　　　Routes : 15

Destination/Mask	Proto	Pre	Cost	Flags	NextHop	Interface
10.1.1.0/24	RIP	100	1	D	11.1.1.1	Serial1/0/1
10.1.2.0/26	RIP	100	1	D	11.1.2.2	Serial1/0/0
11.1.1.0/24	Direct	0	0	D	11.1.1.2	Serial1/0/1
11.1.1.1/32	Direct	0	0	D	11.1.1.1	Serial1/0/1
11.1.1.2/32	Direct	0	0	D	127.0.0.1	Serial1/0/1
11.1.1.255/32	Direct	0	0	D	127.0.0.1	Serial1/0/1
11.1.2.0/24	Direct	0	0	D	11.1.2.1	Serial1/0/0
11.1.2.1/32	Direct	0	0	D	127.0.0.1	Serial1/0/0
11.1.2.2/32	Direct	0	0	D	11.1.2.2	Serial1/0/0
11.1.2.255/32	Direct	0	0	D	127.0.0.1	Serial1/0/0
127.0.0.0/8	Direct	0	0	D	127.0.0.1	InLoopBack0
127.0.0.1/32	Direct	0	0	D	127.0.0.1	InLoopBack0
127.255.255.255/32	Direct	0	0	D	127.0.0.1	InLoopBack0
192.168.0.0/22	RIP	100	1	D	11.1.1.1	Serial1/0/1
255.255.255.255/32	Direct	0	0	D	127.0.0.1	InLoopBack0

从显示的结果可以看出，4 个网络 192.168.0.0/24、192.168.1.0/24、192.168.2.0/24、192.168.3.0/24 被汇总成一条路由 192.168.0.0/22。

4.2.7 RIPv2 的认证

RIPv2 在它的路由更新信息中提供身份认证功能。在相邻路由器连接的接口上可以用一套密钥来进行身份认证,只有身份认证通过,才可以获得正确的路由更新信息,以确保网络路由更新信息不会被恶意窃听。RIPv2 支持明文认证和 MD5 密文认证两种方式。

1. 明文认证

明文认证的配置命令如下。

[Huawei-interface-number]rip authentication-mode simple { plain | cipher } *key-string*

plain 是指口令在路由器的配置文件中以明文的方式进行存储,cipher 是指口令在路由器的配置文件中以密文的方式进行存储。当然,无论口令在配置文件中以何种方式存储,在网络中传递时均以明文的方式在 RIP 报文中存在,通过抓取 RIP 报文即可获知认证口令。

在如图 4-1 所示的网络中,为路由器 RTA 的接口 Serial 1/0/0 配置明文认证,具体配置如下。

[RTA]interface Serial 1/0/0
[RTA-Serial1/0/0]rip authentication-mode simple plain huawei

配置完成后,在路由器 RTA 上执行 debugging rip 1 packet 命令查看路由器 RTA 发送和接收的路由更新信息,显示的结果如下。

<RTA> debugging rip 1 packet
<RTA>
Apr 3 2019 07:39:06.143.1+00:00 RTA RIP/7/DBG: 6: 14223: RIP 1: Receive response from 11.1.1.2 on Serial1/0/0
Apr 3 2019 07:39:06.143.2+00:00 RTA RIP/7/DBG: 6: 14234: Packet: Version 2, Cmd response, Length 64
Apr 3 2019 07:39:06.143.3+00:00 RTA RIP/7/DBG: 6: 14305: Dest 10.1.2.0/26, Nexthop 0.0.0.0, Cost 2, Tag 0
Apr 3 2019 07:39:06.143.4+00:00 RTA RIP/7/DBG: 6: 14305: Dest 11.1.1.0/24, Nexthop 0.0.0.0, Cost 1, Tag 0
Apr 3 2019 07:39:06.143.5+00:00 RTA RIP/7/DBG: 6: 14305: Dest 11.1.2.0/24, Nexthop 0.0.0.0, Cost 1, Tag 0
Apr 3 2019 07:39:06.143.6+00:00 RTA RIP/7/DBG: 6: 1957: RIP 1: Process message failed
Apr 3 2019 07:39:08.733.1+00:00 RTA RIP/7/DBG: 6: 14214: RIP 1: Sending response on interface Serial1/0/0 from 11.1.1.1 to 224.0.0.9
Apr 3 2019 07:39:08.733.2+00:00 RTA RIP/7/DBG: 6: 14234: Packet: Version 2, Cmd response, Length 64
Apr 3 2019 07:39:08.733.3+00:00 RTA RIP/7/DBG: 6: 14305: Dest 10.1.1.0/24, Nexthop 0.0.0.0, Cost 1, Tag 0
Apr 3 2019 07:39:08.733.4+00:00 RTA RIP/7/DBG: 6: 14305: Dest 11.1.1.0/24, Nexthop 0.0.0.0, Cost 1, Tag 0

从显示的结果可以看出,由于路由器 RTA 在接口 Serial 1/0/0 上采用了明文认证,因此从接口 Serial 1/0/0 接收到的路由更新信息由于认证失败而被忽略。此时,在路由器 RTA 上执行命令 display ip routing-table,会发现路由表中不再有通过 RIP 获得的路由信息。

此时，必须在路由器 RTB 的接口 Serial 1/0/1 上采用相同的认证配置，路由器 RTA 和 RTB 之间才可以正常地进行路由更新信息的交换，具体不再赘述。

2. MD5 认证

MD5 认证报文存在两种不同的报文格式，一种是通用报文格式，即华为的私有标准；另一种是非标准报文格式，即 IETF 标准。具体的配置命令如下。

[Huawei-interface-number]rip authentication-mode md5 { nonstandard | usual } *key-string*

其中 nonstandard 表示使用非标准报文格式，usual 表示使用华为的私有标准报文格式。

在如图 4-1 所示的网络中，为路由器 RTB 的接口 Serial 1/0/0 配置 MD5 认证，采用 usual 标准，具体配置如下。

[RTB]interface Serial 1/0/0
[RTB-Serial1/0/0]rip authentication-mode md5 usual huawei

配置完成后，在路由器 RTB 上执行 debugging rip 1 packet 命令查看路由器 RTB 发送和接收的路由更新信息，显示的结果如下。

＜RTB＞debugging rip 1 packet
＜RTB＞
Apr 3 2019 08：11：16.522.1＋00：00 RTB RIP/7/DBG：6：14223：RIP 1：Receive response from 11.1.2.2 on Serial1/0/0
Apr 3 2019 08：11：16.522.2＋00：00 RTB RIP/7/DBG：6：14234：Packet：Version 2，Cmd response，Length 24
Apr 3 2019 08：11：16.522.3＋00：00 RTB RIP/7/DBG：6：14305：Dest 10.1.2.0/26，Nexthop 0.0.0.0，Cost 1，Tag 0
Apr 3 2019 08：11：16.532.1＋00：00 RTB RIP/7/DBG：6：1957：RIP 1：Process message failed
Apr 3 2019 08：11：20.362.1＋00：00 RTB RIP/7/DBG：6：14214：RIP 1：Sending response on interface Serial1/0/0 from 11.1.2.1 to 224.0.0.9
Apr 3 2019 08：11：20.362.2＋00：00 RTB RIP/7/DBG：6：14234：Packet：Version 2，Cmd response，Length 68
Apr 3 2019 08：11：20.362.3＋00：00 RTB RIP/7/DBG：6：14305：Dest 10.1.1.0/24，Nexthop 0.0.0.0，Cost 2，Tag 0
Apr 3 2019 08：11：20.372.1＋00：00 RTB RIP/7/DBG：6：14305：Dest 11.1.1.0/24，Nexthop 0.0.0.0，Cost 1，Tag 0

从显示的结果可以看出，路由器 RTB 在接口 Serial 1/0/0 上采用了 MD5 认证，从接口 Serial 1/0/0 接收到的路由更新信息由于认证失败而被忽略。此时，必须在路由器 RTC 的接口 Serial 1/0/1 上采用相同的认证配置，路由器 RTB 和 RTC 之间才可以正常地进行路由更新信息的交换。

4.2.8 传播默认路由

在华为设备上，不同的路由选择协议传播默认路由的命令有所不同，在 RIP 下传播默认路由的命令如下。

```
[Huawei-rip-1]default-route originate [ match default ] [ cost cost ]
```

其中,参数 match default 是指只有该路由器本身存在默认路由时,才会通过 RIP 向其他路由器发布默认路由,而如果不使用该参数,则无论该路由器上是否存在默认路由,都不会向其他路由器发布默认路由。参数 cost 为指定引入默认路由的初始度量值,取值范围为 0~15,如果没有指定,度量值将取 default cost 命令配置的值,在 default cost 命令也未配置的情况下取值为 0。

在此依然使用如图 4-1 所示的网络,配置路由器 RTA 向网络中的其他路由器传播默认路由,具体配置如下。

```
[RTA]rip
[RTA-rip-1]default-route originate
```

注意:这里不需要在路由器 RTA 上配置默认路由。配置完成后,在路由器 RTB 上执行 display ip routing-table 命令,显示结果如下。

```
[RTB]display ip routing-table
Route Flags: R - relay, D - download to fib
-------------------------------------------------------------------
Routing Tables: Public
         Destinations : 15        Routes : 15
Destination/Mask      Proto   Pre   Cost    Flags   NextHop         Interface
0.0.0.0/0             RIP     100   1       D       11.1.1.1        Serial1/0/1
10.1.1.0/24           RIP     100   1       D       11.1.1.1        Serial1/0/1
10.1.2.0/26           RIP     100   1       D       11.1.2.2        Serial1/0/0
11.1.1.0/24           Direct  0     0       D       11.1.1.2        Serial1/0/1
11.1.1.1/32           Direct  0     0       D       11.1.1.1        Serial1/0/1
11.1.1.2/32           Direct  0     0       D       127.0.0.1       Serial1/0/1
11.1.1.255/32         Direct  0     0       D       127.0.0.1       Serial1/0/1
11.1.2.0/24           Direct  0     0       D       11.1.2.1        Serial1/0/0
11.1.2.1/32           Direct  0     0       D       127.0.0.1       Serial1/0/0
11.1.2.2/32           Direct  0     0       D       11.1.2.2        Serial1/0/0
11.1.2.255/32         Direct  0     0       D       127.0.0.1       Serial1/0/0
127.0.0.0/8           Direct  0     0       D       127.0.0.1       InLoopBack0
127.0.0.1/32          Direct  0     0       D       127.0.0.1       InLoopBack0
127.255.255.255/32    Direct  0     0       D       127.0.0.1       InLoopBack0
255.255.255.255/32    Direct  0     0       D       127.0.0.1       InLoopBack0
```

从显示的结果可以看出,路由器 RTB 获得了一条默认路由 0.0.0.0/0,下一跳为 11.1.1.1。路径开销值为 1(初始度量值 0+经过跳数 1)。

如果配置命令为 default-route originate match default,则要求必须在路由器 RTA 上先配置一条默认路由,否则在路由器 RTB 和 RTC 上将不会存在默认路由。当然一般建议在配置传播默认路由时使用 default-route originate match default 命令,以免由于上游路由中断,而下游路由器依然存在默认路由,导致数据报文被上游路由器丢弃,即路由黑洞。

微课 4-2:RIPv2 路由汇总和认证

4.3 OSPF 协议

开放最短通路优先(open shortest path first, OSPF)协议基于开放标准的链路状态路由选择协议,它通过在运行 OSPF 的路由器之间交换链路状态信息来掌握整个网络的拓扑结构,每台路由器通过最短通路优先(SPF)算法独立计算路由。OSPF 在大型网络的应用中支持分级设计原则,将一个网络划分成多个区域,以减少路由选择开销、加快网络收敛,同一个区域内的路由器拥有相同的链路状态数据库。OSPF 采用开销(Cost)作为度量标准,开销的计算式为 10^8/带宽,链路的带宽越大,成本值就越小,链路就越好。OSPF 的关键特点如下。

(1) 属于无类别路由选择协议,支持 CIDR 和 VLSM。
(2) 支持网络分级设计,可以对网络进行区域的划分。
(3) 采用组播地址发送路由更新信息。
(4) 支持明文和 MD5 两种认证方式。
(5) 采用开销作为度量标准。
(6) OSPF 内部路由优先级为 10,外部路由优先级为 150。

关于 OSPF 的具体定义详见 RFC2328。

4.3.1 OSPF 基础

1. OSPF 网络类型

OSPF 路由器接口可以识别 3 种不同类型的网络:广播型多路访问(broadcast multi access, BMA)网络、点到点(point-to-point)网络和非广播型多路访问(none broadcast multi access, NBMA)网络,如图 4-4 所示。另外,网络管理员还可以在接口上配置点到多点(point-to-multipoint)网络。

运行 OSPF 的路由器之间是通过交换链路状态信息来掌握网络的拓扑结构,进而计算路由的。而在交换链路状态信息之前,在 OSPF 路由器之间必须先建立毗邻关系,路由器会试图与它所连接的每一个 IP 网段中的至少一台路由器建立毗邻关系。如果路由器连接的是点到点网络,那么由于仅有两台连接的路由器,因此这两台连接的路由器将建立毗邻关系。而在多路访问型网络中,可能有多台路由器连接到一个 IP 网段中,如果每一台路由器都与其他所有路由器建立毗邻关系,开销会很大。如果一个 IP 网段中有 n 台路由器,将需要建立 $n\times(n-1)/2$ 个毗邻关系。

为了解决这个问题,OSPF 要求在一个 IP 网段中选举出一台路由器作为指定路由器(designated router, DR),网段中的所有其他路由器都只与 DR 建立毗邻关系,并与其交换链路状态信息。为了防止 DR 单点故障的发生,OSPF 在选举 DR 的同时还会选举出一个备份指定路由器(backup designated router, BDR),以便在 DR 失效时接替 DR,如图 4-5 所示。组播地址 224.0.0.6 用来表示 DR 和 BDR, 224.0.0.5 用来表示网段中所有的路由器。

OSPF 路由器连接的不同网络类型的特征如表 4-2 所示。

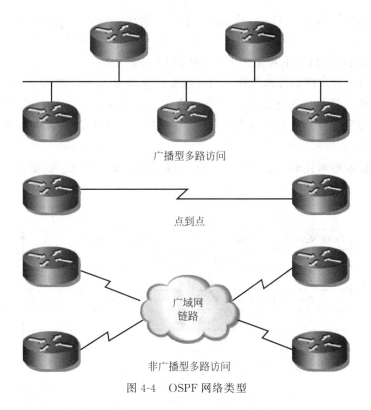

图 4-4 OSPF 网络类型

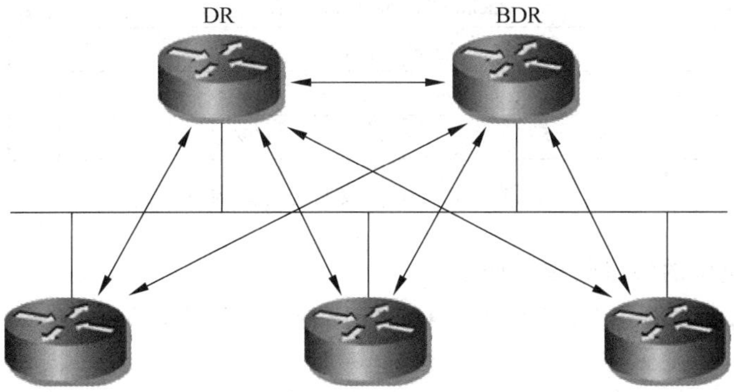

图 4-5 DR 和 BDR

表 4-2 OSPF 网络类型

网络类型	确定性特征	是否选举 DR
广播型多路访问	以太网、令牌环或光纤分布式数据接口(FDDI)	是
非广播型多路访问	帧中继、X.25	是
点到点	PPP、HDLC	否
点到多点	由管理员配置	否

2. Hello 协议

在 OSPF 路由器之间交换链路状态信息之前首先要建立毗邻关系。毗邻关系的建立需要通过在路由器之间交换Hello数据包来实现。管理OSPF的Hello数据包交换的规则称为Hello协议(Hello protocol)。Hello协议的目的在于发现邻居路由器并维持邻接关系,它还在多路访问型网络中被用来进行DR和BDR的选举。

OSPF路由器通过周期性地发送Hello数据包来建立和维持毗邻关系。Hello数据包的发送周期与路由器接口所连接的网络类型有关。默认情况下,Hello数据包在广播型多路访问网络和点到点网络上每10s发送一次,在非广播型多路访问网络和点到多点网络上每30s发送一次。

Hello数据包相对比较小,它包含OSPF数据包报头。Hello数据包的结构如图4-6所示。

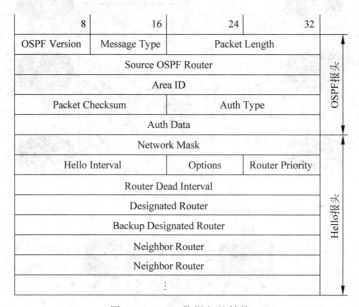

图4-6 Hello数据包的结构

Hello数据包中的各参数说明如下。

(1) OSPF Version:定义所采用的OSPF路由协议版本,目前在IPv4网络中采用的是第2版。

(2) Message Type:定义OSPF报文类型,OSPF报文有5种类型,Hello数据包是类型1。

(3) Packet Length:整个OSPF数据包的长度。

(4) Source OSPF Router:路由器ID,用来标识路由器的一个32 b标识符。

在OSPF网络中,路由器ID用来唯一标识一台路由器,并在整个自治系统内唯一。路由器ID可以通过手工配置和自动获得两种方式产生,手工配置是在OSPF路由协议配置模式下使用router-id命令进行配置。如果没有进行手工配置,则路由器IOS会选择IP地址最大的loopback接口IP地址作为路由器ID;在没有配置loopback接口的情况下,会选择最大的活动物理接口的IP地址作为路由器ID。一般建议使用loopback接口的IP地址作为路由器ID,因为loopback接口是虚拟接口,并且一直处于开启状态,有利于OSPF的稳定运行。需要注意的是,配置loopback接口的IP地址时一般采用32 b的子网掩码,以防止伪路由的传播,并且 loopback 接口应该在 OSPF 协议之前进行配置。

(5) Area ID:OSPF 数据包所属的区域号。

(6) Packet Checksum:校验和,对数据包进行差错校验。

(7) Auth Type:定义 OSPF 的认证类型。0 表示不进行认证,1 表示采用明文认证,2 表示采用 MD5 认证。

(8) Auth Data:OSPF 的认证信息,长度为 8 B。

(9) Network Mask:网络掩码,发送 Hello 数据包接口的掩码,要求与接收接口掩码相同,以确保发送接口和接收接口在同一个网段中。

(10) Hello Interval:Hello 数据包的发送周期,与发送接口所连接的网络类型有关。

(11) Router Priority:路由器的优先级,用来在多路访问型网络中进行 DR 和 BDR 的选举。路由器的优先级针对接口进行设置,在一个网段中,会选择优先级最高的路由器作为 DR,优先级次高的路由器作为 BDR。

(12) Router Dead Interval:路由器的失效间隔,路由器在认为其邻居路由器失效前等待接收来自邻居路由器的 Hello 数据包的时间,默认是 Hello 间隔的 4 倍。

(13) Designated Router 和 Backup Designated Router:指明该路由器发送接口所在网段中的 DR 和 BDR。

(14) Neighbor Router:该路由器已知的 OSPF 邻居路由器的 ID。

网络中实际的 OSPF Hello 报文如图 4-7 所示。

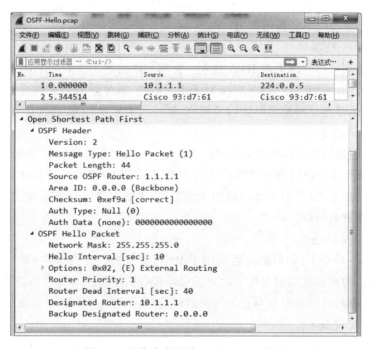

图 4-7　网络中实际的 OSPF Hello 报文

3. OSPF 状态

与运行距离矢量路由选择协议的路由器只发送一种消息,即其完整的路由选择表不同,运行 OSPF 的路由器通过 5 种不同类型的数据包来识别它们的邻居并更新链路状态信息。

OSPF 的数据包类型如表 4-3 所示。

表 4-3 OSPF 数据包类型

OSPF 数据包类型	描述
Type1：Hello	建立和维护路由器的毗邻关系
Type2：数据库描述（database description，DBD）	描述链路状态数据库的内容
Type3：链路状态请求（link state request，LSR）	向邻居路由器请求特定的链路状态信息
Type4：链路状态更新（link state update，LSU）	向邻居路由器发送链路状态公告（LSA）
Type5：链路状态确认（link state acknowledgment，LSAck）	对 LSU 的响应，确认收到了邻居路由器的 LSU

OSPF 路由器通过这 5 种不同类型的数据包来完成路由器之间的毗邻关系的建立和通信的实现。在 OSPF 路由器毗邻关系建立的过程中，路由器接口可以处于下面的 7 种状态之一，并且从 Down 状态到 Full Adjacency 状态逐步发展。

(1) Down 状态

在 Down 状态下，OSPF 进程还没有与任何路由器交换信息，即没有收到任何一个 Hello 数据包。此时，OSPF 在等待进入 Init 状态。

(2) Init 状态

OSPF 路由器周期性地发送 Hello 数据包，当路由器的一个接口收到第一个 Hello 数据包时，该接口就进入 Init 状态。此时，路由器知道有一个邻居路由器并将其路由器 ID 加入自己的 Hello 数据包的邻居路由器 ID 字段。

(3) Two-Way 状态

当路由器看到自己的路由器 ID 出现在一台邻居路由器发送来的 Hello 数据包中时，就与对方进入 Two-Way 状态。Two-Way 状态是 OSPF 邻居路由器之间可以具有的最基本的关系，如果路由器连接的是多路访问型网络，则进入 DR 和 BDR 的选举过程。

(4) Exstart 状态

Exstart 状态是用数据库描述（database description，DBD）数据包建立的，两台邻居路由器通过 Hello 数据包协商两者之间的主从关系，以决定由谁发起链路状态信息的交换过程。具有较高路由器 ID 的路由器会成为主路由器，来发起链路状态信息的交换，而从路由器则对主路由器进行响应。

(5) Exchange 状态

在 Exchange 状态下，邻居路由器使用 DBD 数据包来相互发送它们的链路状态信息，即相互描述自己的链路状态数据库。路由器会将接收到的信息与自己的链路状态数据库进行比较，如果接收到的信息中有自己未知的链路信息，则进入 Loading 状态。

(6) Loading 状态

在路由器发现它接收到的邻居路由器发送的链路状态信息中有自己未知的链路信息时，路由器会发送链路状态请求（link state request，LSR）数据包请求更完整的链路信息，邻居路由器会使用链路状态更新（link state update，LSU）数据包进行响应。路由器接收到来自邻居路由器的 LSU 后，使用链路状态确认（link state acknowledgment，LSAck）数据包进行确认。

(7) Full Adjacency 状态

Loading 状态结束后,路由器进入 Full Adjacency 状态。此时,相邻的路由器运行着相同的链路状态数据库。每台路由器都保存着一张毗邻路由器列表,又称毗邻数据库。注意,每一台路由器上的毗邻数据库是不同的。

4. OSPF 的运行步骤

OSPF 的运行分为下面 5 个步骤。

(1) 建立路由器毗邻关系

OSPF 的运行首先要在相邻的路由器之间建立毗邻关系。路由器周期性地使用地址 224.0.0.5 来组播 Hello 数据包,相邻路由器接收到一个 Hello 数据包后,会将 Hello 数据包中的路由器 ID 加入自己的 Hello 数据包中的邻居路由器 ID 字段中。当一台路由器在它接收到的 Hello 数据包中发现自己的路由器 ID 时,则与对方进入 Two-Way 状态,此时路由器将根据相应接口所连接的网络类型来确定是否可以建立毗邻关系。如果连接的是点到点网络,则路由器将与唯一的相邻路由器建立毗邻关系,进入第 3 步;如果连接的是多路访问型网络,则进入 DR 和 BDR 的选举过程。

(2) 选举 DR 和 BDR

在多路访问型网络中,需要选举一个 DR 作为链路状态更新和 LSA 的集中点,并且要选举一个 BDR 以防止单点故障导致网络中断。

DR 和 BDR 的选举使用 Hello 数据包作为选票,因为在 Hello 数据包中包含了路由器的优先级和路由器 ID 字段。在选举中,优先级最高的路由器被选举为 DR,优先级次高的路由器被选举为 BDR。路由器的优先级是针对接口进行设置的,取值范围为 0~255。路由器各个接口的默认优先级为 1,可以在接口配置模式下通过命令 ip ospf priority 进行修改。优先级为 0 时将阻止路由器的该接口被选举为 DR 或 BDR。可以为路由器的多个接口配置不同的优先级,使路由器在某一个接口上赢得选举而在另一个接口上选举失败。如果出现优先级相同的情况,则使用路由器 ID 进行判断,路由器 ID 最高的路由器被选举为 DR,次高的路由器被选举为 BDR。在选举出 DR 和 BDR 后,即使有具有更高优先级的路由器加入网络也不会发生改变,直到有一台失效。

在如图 4-8 所示的网络中,路由器接口的优先级均为默认值,没有进行 loopback 接口的配置,DR 和 BDR 的选举过程如下。

图 4-8 DR 和 BDR 的选举

路由器 RTB 和路由器 RTC 连接的网络 12.1.1.0/24 为点到点网络,不需要进行 DR 和 BDR 的选举;在网络 10.1.1.0/24 中,RTA 作为网络中唯一的路由器被选举为 DR;在网络 13.1.1.0/24 中,RTC 作为网络中唯一的路由器被选举为 DR;在网络 11.1.1.0/24 中,由于路由器 RTB 的路由器 ID 为 12.1.1.1,大于路由器 RTA 的路由器 ID 11.1.1.1,因此路由器 RTB 被选举为 DR,路由器 RTA 被选举为 BDR。

需要注意的是，DR 和 BDR 的选举是以 IP 网络为基础的，一个 OSPF 区域可以包含多个 IP 网络，因此一个 OSPF 区域通常会有多个 DR 和 BDR。而如果一台路由器连接多个网络，则可能具有多重身份，在一个网络中是 DR 而在另一个网络中是 BDR 或 DROther，如图 4-8 中的路由器 RTA。

(3) 发现路由

在 Exstart 状态下，通过 Hello 数据包协商路由器间的主从关系，由 DBD 数据包宣布路由器 ID 最高的路由器为主路由器，由主路由器发起链路状态信息的交换。定义了主从路由器之后，进入 Exchange 状态，由主路由器带领从路由器进行 DBD 数据包的交换，并通过 LSAck 数据包进行确认。如果路由器收到的 DBD 中包含一个新的或更新过的链路信息，路由器将发送一个针对该项的 LSR 数据包，进入 Loading 状态。在 Loading 状态下使用 LSU 数据包发送链路状态更新信息来响应 LSR，并使用 LSAck 数据包进行确认。最终，路由器进入 Full Adjacency 状态，此时同一区域内的路由器运行着相同的链路状态数据库。

(4) 选择最佳路由

在路由器拥有了完整的链路状态数据库后，OSPF 路由器使用 SPF 算法计算到达每一个目的网络的最佳路径。OSPF 采用开销作为度量标准，SPF 算法将本路由器与目的网络之间的所有链路开销相加作为该路径的度量值。当存在多条路径的时候，优先选用开销最低的路径。默认情况下，OSPF 允许 4 条等价路径进行负载均衡。

(5) 维护路由信息

当链路状态发生变化时，OSPF 将泛洪 LSU 来通告网络上的其他路由器。OSPF 路由器周期性地发送 Hello 数据包，一旦某个路由器从毗邻路由器收到 Hello 数据包的时间超过了失效时间间隔，则认为它与毗邻路由器之间的链路失效，从而触发 OSPF 泛洪 LSU。

在点到点网络中，LSU 通过组播地址 224.0.0.5 发送到唯一的毗邻路由器。在多路访问型网络中，如果 DR 或 BDR 需要发送 LSU，则它们会使用组播地址 224.0.0.5 将 LSU 发送给 IP 网络上的所有其他路由器；如果是 DROther，则使用组播地址 224.0.0.6 将 LSU 发送给 DR 和 BDR。DR 在接收到目的地址为 224.0.0.6 的 LSU 后，会通过组播地址 224.0.0.5 将 LSU 泛洪，以确保网络中所有的路由器都接收到 LSU。而 BDR 一般只接收 LSU，而不会对其进行确认和泛洪，除非 DR 失效。如果一台 OSPF 路由器还连接着其他网络，则它会将 LSU 泛洪到该网络中。

在收到 LSU 后，OSPF 路由器将更新自己的链路状态数据库，并使用 SPF 算法重新计算路由选择表。在重新计算过程中，旧路由选择表仍会被继续使用，直到计算完成。

需要注意的是，即使链路状态没有发生变化，OSPF 路由选择信息也会周期性更新，默认更新时间为 30min。

4.3.2 单区域 OSPF

1. 单区域 OSPF 的配置

在华为路由器上配置 OSPF 协议涉及的命令如下。

[Huawei]ospf [*process-id*]
[Huawei-ospf-1]area *area-id*
[Huawei-ospf-1-area-0.0.0.0]network *network-address wildcard-mask*

首先，在系统视图下启动 OSPF 路由选择进程，并指定进程 ID，默认情况下进程 ID 为 1；然后配置 OSPF 的区域，在华为路由器上，OSPF 区域用一个 32 位的区域 ID 来表示，可以表示为一个十进制数字，也可以表示为一个点分十进制数字，但系统仅用点分十进制数字来显示；最后，通过 network 命令发布直连网络，其中通配符掩码使用子网掩码或子网掩码的反码均可。

需要注意的是，与 Cisco 路由器相同，在华为路由器上配置 OSPF 时也需要为其指定路由器 ID，而且往往必须指定。已经知道路由器 ID 的选择优先顺序：手工配置—最大的环回接口 IP 地址—最大的活动物理接口的 IP 地址。如果没有手工配置路由器 ID，也没有配置环回接口，此时路由器会选择最大的活动物理接口的 IP 地址作为路由器 ID。这一点在 Cisco 路由器上没有什么问题，但是在华为路由器上可能会导致 OSPF 网络无法正常运行，原因很简单：华为路由器默认情况下会给以太接口分配地址 192.168.1.1/24（例如，在华为 AR1220C 中给接口 G 0/0/0 分配了地址 192.168.1.1/24），这就有可能存在多台路由器的路由器 ID 都是 192.168.1.1 的情况，使路由器之间根本无法建立毗邻关系，从而导致网络无法正常运行。因此，在运行 OSPF 进程之前，一定要在系统视图下使用 router-id 命令指定路由器 ID 或者配置一个环回接口 IP 地址来作为路由器 ID。

假设存在如图 4-9 所示的网络，要求为其内的路由器配置 OSPF 协议，以实现不同网段之间的路由。

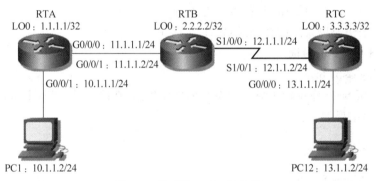

图 4-9　单区域 OSPF 的配置

路由器 RTA 的配置如下。

[RTA]ospf 1
[RTA-ospf-1]area 0
[RTA-ospf-1-area-0.0.0.0]network 10.1.1.0 0.0.0.255
[RTA-ospf-1-area-0.0.0.0]network 11.1.1.0 0.0.0.255

路由器 RTB 和 RTC 的配置与路由器 RTA 类似。配置完成后，在路由器 RTB 上执行 display ip routing-table 命令查看路由表，显示结果如下。

[RTB]display ip routing-table
Route Flags: R - relay, D - download to fib

Routing Tables: Public
         Destinations : 14   Routes : 14

Destination/Mask	Proto	Pre	Cost	Flags	NextHop	Interface
2.2.2.2/32	Direct	0	0	D	127.0.0.1	LoopBack0
10.1.1.0/24	OSPF	10	2	D	11.1.1.1	GigabitEthernet0/0/1
11.1.1.0/24	Direct	0	0	D	11.1.1.2	GigabitEthernet0/0/1
11.1.1.2/32	Direct	0	0	D	127.0.0.1	GigabitEthernet0/0/1
11.1.1.255/32	Direct	0	0	D	127.0.0.1	GigabitEthernet0/0/1
12.1.1.0/24	Direct	0	0	D	12.1.1.1	Serial1/0/0
12.1.1.1/32	Direct	0	0	D	127.0.0.1	Serial1/0/0
12.1.1.2/32	Direct	0	0	D	12.1.1.2	Serial1/0/0
12.1.1.255/32	Direct	0	0	D	127.0.0.1	Serial1/0/0
13.1.1.0/24	OSPF	10	1563	D	12.1.1.2	Serial1/0/0
127.0.0.0/8	Direct	0	0	D	127.0.0.1	InLoopBack0
127.0.0.1/32	Direct	0	0	D	127.0.0.1	InLoopBack0
127.255.255.255/32	Direct	0	0	D	127.0.0.1	InLoopBack0
255.255.255.255/32	Direct	0	0	D	127.0.0.1	InLoopBack0

从显示的结果可以看出,路由器 RTB 通过 OSPF 获得了两条路由,分别去往 10.1.1.0/24 网段和 13.1.1.0/24 网段。通过比较可以发现目的网段为 10.1.1.0/24 的路由选择表项的度量值为 2,而目的网段为 13.1.1.0/24 的路由选择表项的度量值为 1 563。这是因为,在华为路由器上点对点链路的默认带宽为 64kbps,开销为 $10^8/64\,000$,运算结果取整为 1 562;而快速以太网链路的开销是 $10^8/10^8=1$。路由器 RTB 到达目的网段 10.1.1.0/24 的路径为两条快速以太网链路,开销累计为 2;到达目的网段 13.1.1.0/24 的路径为一条点对点链路和一条快速以太网链路,开销累计为 1 563。

2. 单区域 OSPF 的验证

(1) display ospf brief

display ospf brief 命令用于显示 OSPF 的摘要信息,在路由器 RTB 上执行 display ospf brief 命令,显示结果如下。

```
[RTB]display ospf brief

        OSPF Process 1 with Router ID 2.2.2.2
                OSPF Protocol Information

RouterID: 2.2.2.2            Border Router:
Multi-VPN-Instance is not enabled
Global DS-TE Mode: Non-Standard IETF Mode
Graceful-restart capability: disabled
Helper support capability: not configured
Applications Supported: MPLS Traffic-Engineering
Spf-schedule-interval: max 10000ms, start 500ms, hold 1000ms
Default ASE parameters: Metric: 1 Tag: 1 Type: 2
Route Preference: 10
ASE Route Preference: 150
SPF Computation Count: 8
RFC 1583 Compatible
Retransmission limitation is disabled
Area Count: 1   Nssa Area Count: 0
ExChange/Loading Neighbors: 0
```

Process total up interface count: 2
Process valid up interface count: 2
Flush protect mode: false

Area: 0.0.0.0   (MPLS TE not enabled)
Authtype: None   Area flag: Normal
SPF scheduled Count: 8
ExChange/Loading Neighbors: 0
Router ID conflict state: Normal
Area interface up count: 2

Interface: 11.1.1.2 (GigabitEthernet0/0/1)
Cost: 1   State: DR   Type: Broadcast   MTU: 1500
Priority: 1
Designated Router: 11.1.1.2
Backup Designated Router: 11.1.1.1
Timers: Hello 10 , Dead 40 , Poll 120 , Retransmit 5 , Transmit Delay 1

Interface: 12.1.1.1 (Serial1/0/0) --> 12.1.1.2
Cost: 1562   State: P-2-P   Type: P2P   MTU: 1500
Timers: Hello 10 , Dead 40 , Poll 120 , Retransmit 5 , Transmit Delay 1
```

从显示的结果可以看到如下信息：路由器 ID、SPF 算法的运行次数、LSA 报文情况、参与路由更新的各个接口的优先级、链路开销、网络类型、所在网段的 DR 和 BDR、Hello 时间间隔和失效时间间隔等。

(2) display ospf routing

display ospf routing 命令用来显示 OSPF 的路由表信息。在路由器 RTB 上执行 display ospf routing 命令，显示结果如下。

```
[RTB]display ospf routing

     OSPF Process 1 with Router ID 2.2.2.2
              Routing Tables

Routing for Network
Destination        Cost      Type      NextHop         AdvRouter        Area
11.1.1.0/24        1         Transit   11.1.1.2        2.2.2.2          0.0.0.0
12.1.1.0/24        1562      Stub      12.1.1.1        2.2.2.2          0.0.0.0
10.1.1.0/24        2         Stub      11.1.1.1        1.1.1.1          0.0.0.0
13.1.1.0/24        1563      Stub      12.1.1.2        3.3.3.3          0.0.0.0

Total Nets: 4
Intra Area: 4   Inter Area: 0   ASE: 0   NSSA: 0
```

从显示结果中可以看出，通过 OSPF 学习到了 4 个网络的路由，其中 Destination 表示目的网络地址；Cost 表示去往目的网络地址的开销；在 Type 中 Transit 表示转发网络、Stub 表示末梢网络；NextHop 表示下一跳地址；AdvRouter 表示通告链路状态信息的路由器 ID；Area 表示网络所在的区域；Intra Area 表示区域内路由数量；Inter Area 表示区域间路由数量；ASE 表示自治系统外部路由数量；NSSA 表示 NSSA 路由数量。
```

(3) display ospf peer

display ospf peer 命令用来查看 OSPF 的邻居情况。在路由器 RTB 上执行 display ospf peer 命令,显示的结果如下。

```
[RTB]display ospf peer

         OSPF Process 1 with Router ID 2.2.2.2
                  Neighbors
 Area 0.0.0.0 interface 11.1.1.2(GigabitEthernet0/0/1)'s neighbors
 Router ID: 1.1.1.1          Address: 11.1.1.1
   State: Full    Mode:Nbr is Slave   Priority: 1
   DR: 11.1.1.2   BDR: 11.1.1.1   MTU: 0
   Dead timer due in 35   sec
   Retrans timer interval: 5
   Neighbor is up for 00:02:05
   Authentication Sequence:［0］
                  Neighbors
 Area 0.0.0.0 interface 12.1.1.1(Serial1/0/0)'s neighbors
 Router ID: 3.3.3.3          Address: 12.1.1.2
   State: Full    Mode:Nbr is Master  Priority: 1
   DR: None   BDR: None   MTU: 0
   Dead timer due in 33   sec
   Retrans timer interval: 5
   Neighbor is up for 00:21:44
   Authentication Sequence:［0］
```

其中,Interface 表示路由器 RTB 与邻居路由器相连的接口地址;Router ID 表示邻居路由器的 ID;Address 表示邻居路由器与路由器 RTB 相连的接口地址;State 表示当前邻居路由器的状态;Priority 表示邻居路由器与路由器 RTB 相连的接口的优先级;DR 和 BDR 表示当前网络中的指定路由器和备份指定路由器的 IP 地址,在邻居路由器 3.3.3.3 表项中,DR 和 BDR 均为 None,表示在点到点网络中不进行 DR 和 BDR 的选举;Dead timer 表示邻居路由器将要死亡的时间,与 Hello 发送周期和失效时间间隔有关;Authentication Sequence 为 0,表示当前网络中没有启用认证。

(4) display ospf lsdb

display ospf lsdb 命令用来查看 OSPF 的链路状态数据库。在路由器 RTB 上执行 display ospf lsdb 命令,显示结果如下。

```
[RTB]display ospf lsdb

         OSPF Process 1 with Router ID 2.2.2.2
                 Link State Database
                     Area: 0.0.0.0
 Type      LinkState ID    AdvRouter       Age      Len    Sequence     Metric
 Router    2.2.2.2         2.2.2.2         684      60     80000016     1
 Router    1.1.1.1         1.1.1.1         654      48     80000004     1
 Router    3.3.3.3         3.3.3.3         67       60     80000005     1562
 Network   11.1.1.2        2.2.2.2         684      32     80000002     0
```

其中,在 Type 中 Router 表示由路由器 LSA 产生的路由器链路状态信息、Network 表示由网络 LSA 产生的网络链路状态信息；LinkState ID 在路由器链路状态信息中表示区域中的路由器 ID,在网络链路状态信息中表示通告链路状态信息的具体接口地址；AdvRouter 表示通告链路状态信息的路由器 ID；Age 表示链路状态信息已经存在的时间；Len 表示链路状态信息的长度；Sequence 表示链路状态信息的序列号；Metric 表示链路状态信息的度量值。

(5) display ospf interface

display ospf interface 命令用来查看运行 OSPF 进程的所有接口或某一个接口的情况,默认显示所有运行 OSPF 进程的接口信息,如果在命令后指定某一个接口,则只显示该接口的信息。在路由器 RTB 上执行 display ospf interface 命令,显示结果如下。

① 显示接口 GigabitEthernet 0/0/1 的信息。

[RTB]display ospf interface GigabitEthernet 0/0/1

```
     OSPF Process 1 with Router ID 2.2.2.2
         Interfaces
 Interface: 11.1.1.2 (GigabitEthernet0/0/1)
 Cost: 1         State: DR       Type: Broadcast      MTU: 1500
 Priority: 1
 Designated Router: 11.1.1.2
 Backup Designated Router: 11.1.1.1
 Timers: Hello 10 , Dead 40 , Poll  120 , Retransmit 5 , Transmit Delay 1
```

从显示的结果可以看出,接口的 IP 地址为 11.1.1.2；链路开销为 1；接口在网段 11.1.1.0/24 中被选举为 DR；网络类型为广播型多路访问网络；MTU 为 1500；接口优先级为 1；DR 的 IP 地址为 11.1.1.2；BDR 的 IP 地址为 11.1.1.1。

② 显示接口 Serial 1/0/0 的信息。

[RTB]display ospf interface Serial 1/0/0

```
     OSPF Process 1 with Router ID 2.2.2.2
         Interfaces
 Interface: 12.1.1.1 (Serial1/0/0) --> 12.1.1.2
 Cost: 1562       State: P-2-P    Type: P2P        MTU: 1500
 Timers: Hello 10 , Dead 40 , Poll  120 , Retransmit 5 , Transmit Delay 1
```

从显示的结果可以看出,接口的 IP 地址为 12.1.1.1,对端的 IP 地址为 12.1.1.2；链路开销为 1 562；状态为点到点,不进行 DR、BDR 的选举；网络类型为点到点网络；MTU 为 1 500。

微课 4-3：单区域 OSPF 配置

3. 控制 DR 选举

DR 的选举首先比较路由器的优先级,优先级最高的路由器被选举为 DR,优先级次高的路由器被选举为 BDR。而优先级实际上是针对路由器的接口进行配置的,即对连接在同一个 IP 网络中的路由器接口的优先级进行比较。因此,可以通过修改路由器接口的优先级来控制 DR 的选举,具体命令如下。

[Huawei-GigabitEthernet0/0/0]ospf dr-priority *priority*

优先级的取值范围为 0～255。

在如图 4-9 所示的网络中,在没有进行优先级配置的情况下,路由器 RTB 在网段 11.1.1.0/24 中被选举为 DR,路由器 RTA 被选举为 BDR。对路由器 RTA 的接口 GigabitEthernet 0/0/0 进行优先级的配置,使之赢得 DR 选举,具体配置如下。

[RTA]interface GigabitEthernet 0/0/0
[RTA-GigabitEthernet0/0/0]ospf dr-priority 2

配置完成后,路由器 RTA 的接口 GigabitEthernet 0/0/0 的优先级为 2,高于路由器 RTB 的接口 GigabitEthernet 0/0/1 的优先级。此时应该是路由器 RTA 的接口 GigabitEthernet 0/0/0 赢得网段 11.1.1.0/24 的 DR 选举,但是事实并非如此。在路由器 RTA 上执行 display ospf interface GigabitEthernet 0/0/0 命令,显示结果如下。

[RTA]display ospf interface GigabitEthernet 0/0/0

```
 OSPF Process 1 with Router ID 1.1.1.1
         Interfaces
 Interface: 11.1.1.1 (GigabitEthernet0/0/0)
 Cost: 1        State: BDR       Type: Broadcast      MTU: 1500
 Priority: 2
 Designated Router: 11.1.1.2
 Backup Designated Router: 11.1.1.1
 Timers: Hello 10 , Dead 40 , Poll  120 , Retransmit 5 , Transmit Delay 1
```

从显示的结果可以看出,接口 GigabitEthernet 0/0/0 的优先级已经被配置为 2,但是并没有赢得选举。原因很简单:一旦 DR 和 BDR 被选举出来以后就会一直保持,即使有更高优先级的路由器加入网络也不会发生改变。在用户视图下执行 reset ospf process 命令,在路由器 RTA 和 RTB 上同时重启 OSPF 进程,使其重新进行 DR 和 BDR 的选举,具体命令如下。

```
<RTA> reset ospf process
Warning: The OSPF process will be reset. Continue? [Y/N]:y
<RTA>
Apr 3 2019 14:22:27+00:00 RTA %%01OSPF/3/NBR_CHG_DOWN(l)[8]:Neighbor event: neighbor state changed to Down. (ProcessId=1, NeighborAddress=11.1.1.2, NeighborEvent=KillNbr, NeighborPreviousState=Full, NeighborCurrentState=Down)
<RTA>
Apr 3 2019 14:22:27+00:00 RTA %%01OSPF/3/NBR_DOWN_REASON(l)[9]:Neighbor state leaves full or changed to Down. (ProcessId=1, NeighborRouterId=2.2.2.2, NeighborAreaId=0, NeighborInterface=GigabitEthernet0/0/0, NeighborDownImmediate reason=Neighbor Down Due to Kill Neighbor, NeighborDownPrimeReason=OSPF Process Reset, NeighborChangeTime=2019-04-03 14:22:27)
<RTA>
Apr 3 2019 14:22:28+00:00 RTA %%01OSPF/4/NBR_CHANGE_E(l)[10]:Neighbor changes event: neighbor status changed. (ProcessId=1, NeighborAddress=11.1.1.2, NeighborEvent=HelloReceived, NeighborPreviousState=Down, NeighborCurrentState=Init)
<RTA>
Apr 3 2019 14:22:28+00:00 RTA %%01OSPF/4/NBR_CHANGE_E(l)[11]:Neighbor changes event: neighbor status changed. (ProcessId=1, NeighborAddress=11.1.1.2, NeighborEvent=
```

2WayReceived, NeighborPreviousState=Init, NeighborCurrentState=2Way)
<RTA>
Apr 3 2019 14:22:28+00:00 RTA %%01OSPF/4/NBR_CHANGE_E(l)[12]: Neighbor changes event: neighbor status changed. (ProcessId=1, NeighborAddress=11.1.1.2, NeighborEvent=AdjOk?, NeighborPreviousState=2Way, NeighborCurrentState=ExStart)
<RTA>
Apr 3 2019 14:22:28+00:00 RTA %%01OSPF/4/NBR_CHANGE_E(l)[13]: Neighbor changes event: neighbor status changed. (ProcessId=1, NeighborAddress=11.1.1.2, NeighborEvent=NegotiationDone, NeighborPreviousState=ExStart, NeighborCurrentState=Exchange)
<RTA>
Apr 3 2019 14:22:28+00:00 RTA %%01OSPF/4/NBR_CHANGE_E(l)[14]: Neighbor changes event: neighbor status changed. (ProcessId=1, NeighborAddress=11.1.1.2, NeighborEvent=ExchangeDone, NeighborPreviousState=Exchange, NeighborCurrentState=Loading)
<RTA>
Apr 3 2019 14:22:28+00:00 RTA %%01OSPF/4/NBR_CHANGE_E(l)[15]: Neighbor changes event: neighbor status changed. (ProcessId=1, NeighborAddress=11.1.1.2, NeighborEvent=LoadingDone, NeighborPreviousState=Loading, NeighborCurrentState=Full)

路由器 RTB 上的重启过程与路由器 RTA 类似。重启 OSPF 进程后，两台路由器重新建立毗邻关系，并进行 DR 和 BDR 的选举。重启完成后，在路由器 RTA 上执行 display ospf interface GigabitEthernet 0/0/0 命令，显示结果如下。

[RTA]display ospf interface GigabitEthernet 0/0/0

```
 OSPF Process 1 with Router ID 1.1.1.1
         Interfaces
 Interface: 11.1.1.1 (GigabitEthernet0/0/0)
 Cost: 1      State: DR      Type: Broadcast     MTU: 1500
 Priority: 2
 Designated Router: 11.1.1.1
 Backup Designated Router: 11.1.1.2
 Timers: Hello 10 , Dead 40 , Poll 120 , Retransmit 5 , Transmit Delay 1
```

从显示的结果可以看出，路由器 RTA 在网段 11.1.1.0/24 中被选举为 DR。

需要注意的是，路由器 RTA 和 RTB 必须同时清除 OSPF 进程，才会产生上面的结果。如果存在时间上的先后，则先清除 OSPF 进程的路由器必然不会被选举为 DR。具体解释如下：最初无论路由器 RTA 和 RTB 谁是 DR、谁是 BDR，先在路由器 RTA 上清除 OSPF 进程时，路由器 RTB 如果是 DR，则保持不变；如果是 BDR，由于 DR 的 OSPF 进程被重新启动，RTB 将变为 DR，即路由器 RTA 清除 OSPF 进程后，路由器 RTB 必然会成为 DR。同理，先在路由器 RTB 清除 OSPF 进程后，路由器 RTA 必然会成为 DR。

实际上，在多路访问型网络中，最早启动 OSPF 路由进程并具有 DR 选举资格的两台路由器将被选举为 DR 和 BDR。

如果不想让某一台路由器被选举为 DR 或 BDR，那么可以将相应接口的优先级设置为 0，将路由器 RTA 的接口 GigabitEthernet 0/0/0 的优先级设置为 0，具体配置如下。

[RTA]interface GigabitEthernet 0/0/0
[RTA-GigabitEthernet0/0/0]ospf dr-priority 0
[RTA-GigabitEthernet0/0/0]

Apr 3 2019 14:28:37+00:00 RTA %%01OSPF/3/NBR_CHG_DOWN(l)[22]:Neighbor event: neighbor state changed to Down. (ProcessId＝1, NeighborAddress＝11.1.1.2, NeighborEvent＝KillNbr, NeighborPreviousState＝Full, NeighborCurrentState＝Down)
[RTA-GigabitEthernet0/0/0]
Apr 3 2019 14:28:37+00:00 RTA %%01OSPF/3/NBR_DOWN_REASON(l)[23]:Neighbor state leaves full or changed to Down. (ProcessId＝1, NeighborRouterId＝2.2.2.2, NeighborAreaId＝0, NeighborInterface＝GigabitEthernet0/0/0, NeighborDownImmediate reason＝Neighbor Down Due to Kill Neighbor, NeighborDownPrimeReason＝Interface Parameter Mismatch, NeighborChangeTime＝2019-04-03 14:28:37)
[RTA-GigabitEthernet0/0/0]
Apr 3 2019 14:28:39+00:00 RTA %%01OSPF/4/NBR_CHANGE_E(l)[24]:Neighbor changes event: neighbor status changed. (ProcessId＝1, NeighborAddress＝11.1.1.2, NeighborEvent＝HelloReceived, NeighborPreviousState＝Down, NeighborCurrentState＝Init)
[RTA-GigabitEthernet0/0/0]
Apr 3 2019 14:28:39+00:00 RTA %%01OSPF/4/NBR_CHANGE_E(l)[25]:Neighbor changes event: neighbor status changed. (ProcessId＝1, NeighborAddress＝11.1.1.2, NeighborEvent＝2WayReceived, NeighborPreviousState＝Init, NeighborCurrentState＝2Way)
[RTA-GigabitEthernet0/0/0]
Apr 3 2019 14:28:39+00:00 RTA %%01OSPF/4/NBR_CHANGE_E(l)[26]:Neighbor changes event: neighbor status changed. (ProcessId＝1, NeighborAddress＝11.1.1.2, NeighborEvent＝AdjOk?, NeighborPreviousState＝2Way, NeighborCurrentState＝ExStart)
[RTA-GigabitEthernet0/0/0]
Apr 3 2019 14:28:39+00:00 RTA %%01OSPF/4/NBR_CHANGE_E(l)[27]:Neighbor changes event: neighbor status changed. (ProcessId＝1, NeighborAddress＝11.1.1.2, NeighborEvent＝NegotiationDone, NeighborPreviousState＝ExStart, NeighborCurrentState＝Exchange)
[RTA-GigabitEthernet0/0/0]
Apr 3 2019 14:28:39+00:00 RTA %%01OSPF/4/NBR_CHANGE_E(l)[28]:Neighbor changes event: neighbor status changed. (ProcessId＝1, NeighborAddress＝11.1.1.2, NeighborEvent＝ExchangeDone, NeighborPreviousState＝Exchange, NeighborCurrentState＝Loading)
[RTA-GigabitEthernet0/0/0]
Apr 3 2019 14:28:39+00:00 RTA %%01OSPF/4/NBR_CHANGE_E(l)[29]:Neighbor changes event: neighbor status changed. (ProcessId＝1, NeighborAddress＝11.1.1.2, NeighborEvent＝LoadingDone, NeighborPreviousState＝Loading, NeighborCurrentState＝Full)

配置完成后，将触发邻居关系的重新建立。此时在路由器 RTA 上执行 display ospf interface GigabitEthernet 0/0/0 命令，显示结果如下。

[RTA]display ospf interface GigabitEthernet 0/0/0

　　OSPF Process 1 with Router ID 1.1.1.1
　　　　Interfaces
Interface: 11.1.1.1 (GigabitEthernet0/0/0)
Cost: 1　　　State: DROther　　Type: Broadcast　　MTU: 1500
Priority: 0
Designated Router: 11.1.1.2
Backup Designated Router: 0.0.0.0
Timers: Hello 10 , Dead 40 , Poll 120 , Retransmit 5 , Transmit Delay 1

从显示的结果可以看出，路由器 RTA 的状态变成了 DROther，并不需要重新启动 OSPF 进程即会生效。

在出现优先级相同的情况时，DR 的选举需要比较路由器 ID 的大小。路由器 ID 可以通过手工配置和自动获得两种方式产生。手工配置使用的命令是。

[Huawei]ospf [*process-id*] router-id *router-id*

假设将路由器 RTA 的路由器 ID 设置为 6.6.6.6,具体配置如下。

[RTA]ospf 1 router-id 6.6.6.6
Info: The configuration succeeded. You need to restart the OSPF process to valid ate the new router ID.

系统提示重启 OSPF 进程以使新的路由器 ID 生效。

在实际网络中,建议采用接口优先级来控制 DR 的选举,对于不希望参与选举的路由器,可将其优先级设置为 0。

4. OSPF 认证

OSPF 支持区域认证和接口认证两种不同的认证方式。

区域认证命令在区域视图下执行,为特定的区域启动认证,并指定使用的认证模式。具体命令如下。

[Huawei-ospf-1-area-0.0.0.0]authentication-mode { simple | md5 | hmac-md5 | hmac-sha256 } key-id [cipher|plain] *password*

OSPF 支持简单口令认证、MD5 认证、安全散列算法(SHA)认证等多种认证模式。其中 hmac-md5 和 hmac-sha256 涉及散列消息认证码(hashed message authentication code,HMAC)技术,具体在本教材中不进行介绍;参数 key-id 是当认证模式为 md5、hmac-md5 或 hmac-sha 时给出的口令 ID,取值范围为 1~255;参数 cipher 表示在配置文件中以密文显示口令,plain 表示在配置文件中以明文显示口令。

如果采用区域认证方式,要求区域中所有的路由器都必须使用相同的认证模式和密码。

(1) 简单口令认证

在如图 4-9 所示的网络中,在区域 0 中配置简单口令认证,口令是 Huawei,具体配置如下。

[RTA-ospf-1-area-0.0.0.0]authentication-mode simple plain Huawei
[RTB-ospf-1-area-0.0.0.0]authentication-mode simple cipher Huawei
[RTC-ospf-1-area-0.0.0.0]authentication-mode simple cipher Huawei

(2) MD5 认证

在如图 4-9 所示的网络中,在路由器 RTA 的接口 GigabitEthernet 0/0/0 和路由器 RTB 的接口 GigabitEthernet 0/0/1 之间的链路上配置 MD5 认证,其中口令 ID 为 1,口令为 zhangsf。具体配置如下。

[RTA]interface GigabitEthernet 0/0/0
[RTA-GigabitEthernet0/0/0]ospf authentication-mode md5 1 cipher zhangsf

[RTB]interface GigabitEthernet 0/0/1
[RTB-GigabitEthernet0/0/1]ospf authentication-mode md5 1 cipher zhangsf

接口认证方式用于在直连的设备接口之间实现 OSPF 的认证,其命令在接口视图下执行,具体命令如下。

```
[Huawei-GigabitEthernet0/0/0]ospf authentication-mode { simple | md5 | hmac-md5 | hmac-sha256 }
key-id [ cipher | plain ] password
```

各参数的含义与区域认证命令中相同。

在两种认证方式共存的情况下，接口认证方式的优先级要高于区域认证方式。

5. 修改 OSPF 定时器

OSPF 进程周期性地发送 Hello 数据包来建立和维持毗邻关系，一旦某个路由器从毗邻路由器收到 Hello 数据包的时间超过了失效时间间隔，则认为它与毗邻路由器之间的链路失效。默认情况下，Hello 数据包在广播型多路访问网络和点到点网络上每 10s 发送一次，失效时间间隔为 40s；在非广播型多路访问网络和点到多点网络上每 30s 发送一次，失效时间间隔为 120s。可以通过对路由器接口进行配置来修改 Hello 间隔和失效时间间隔，以改变链路状态失效的报告速度。具体命令如下。

```
[Huawei-interface-number]ospf timer hello hello-interval
[Huawei-interface-number]ospf timer dead dead-interval
```

在如图 4-9 所示的网络中，在路由器 RTA 的接口 GigabitEthernet 0/0/0 上修改 Hello 时间间隔为 15s，失效时间间隔为 60s，具体配置如下。

```
[RTA]interfaceGigabitEthernet 0/0/0
[RTA-GigabitEthernet0/0/0]ospf timer hello 15
[RTA-GigabitEthernet0/0/0]ospf timer dead 60
```

配置完成后，在路由器 RTA 和 RTB 之间将无法建立毗邻关系。因此，在修改定时器时，一定要确保相连的一对接口的值要一致。在此，将路由器 RTB 的接口 GigabitEthernet 0/0/1 的定时器修改的与路由器 RTA 的接口 GigabitEthernet 0/0/0 上的值保持一致即可。

注意：一般情况下不要对定时器更改，如果确实需要改动，必须提供可以改善 OSPF 网络性能的理由。

6. 修改 OSPF 的开销值

OSPF 使用开销作为度量标准，开销的计算式为：10^8/带宽，并对运算结果进行取整。OSPF 各种链路默认的开销如表 4-4 所示。

表 4-4 OSPF 默认开销

链 路 类 型	开销值
56Kbps 串行链路	1 785
T1(1.544Mbps 串行链路)	64
E1(2.048Mbps 串行链路)	48
10Mbps 以太网	10
16Mbps 令牌环网	6
100Mbps 快速以太网、FDDI	1

可以在路由器接口配置模式下修改开销值。具体命令如下。

[Huawei-interface-number]ospf cost *cost*

开销值的取值范围为 1～65 535。

在如图 4-9 所示的网络中,将路由器 RTA 的接口 GigabitEthernet 0/0/0 的 OSPF 开销值修改为 5,具体命令如下。

[RTA]interface GigabitEthernet 0/0/0
[RTA-GigabitEthernet0/0/0]ospf cost 5

改变一个接口的开销值,只会对此接口发出数据的路径有影响,不会影响从这个接口接收数据的路径。为了能够让 OSPF 正确地计算路由,连接到同一条链路上的所有接口应该对链路使用相同的开销值。

在有些情况下,可能需要修改开销的参考带宽 10^8。如果存在一条千兆以太网链路的开销为 $10^8/10^9=0.1$,取整为 0(在华为路由器上实际上取整为 1)。为了解决这个问题,可以在路由器路由选择协议配置视图下修改参考带宽的值。具体命令如下。

[Huawei-ospf-1]bandwidth-reference *value*

参考带宽值的取值范围为 1～2 147 483 648,单位是 Mbps。链路开销最大值为 65 535,如果通过"参考带宽值÷带宽"计算出的开销值大于 65 535,则开销值取 65 535。

在路由器 RTB 上修改参考带宽为 1 000Mbps,具体配置如下。

[RTB]ospf
[RTB-ospf-1]bandwidth-reference 1000
Info: Reference bandwidth is changed. Please ensure that the reference bandwidth that is configured for all the routers are the same.

配置完成后,系统会提示将所有路由器的参考带宽值进行修改,要求整个自治系统内的所有路由器使用相同的参考带宽,以确保 OSPF 能够正确地计算路由。

改变接口的开销值或改变路由器的参考带宽值都会引起 OSPF 重新计算路由。ospf cost 命令设置的值要优先于 bandwidth-reference 命令计算出的值。

7. 传播默认路由

在华为路由器上传播默认路由的命令如下。

[Huawei-ospf-1]default-route-advertise [always|cost *cost*|type *type*]

参数 always 为可选项,如果不使用该参数,则路由器上必须存在一条默认路由才会向 OSPF 区域内注入一条默认路由;如果使用该参数,则无论路由器上是否存在默认路由,都会向 OSPF 区域内注入一条默认路由。参数 cost 用来指定传播到 OSPF 区域内的默认路由的度量值,取值范围为 0～16 777 214,如果没有指定,度量值将取 default cost 命令配置的值,在 default cost 命令也未指定的情况下取值为 1。参数 type 用来指定传播到 OSPF 区域内的默认路由的类型,如果没有指定,默认路由的类型将取 default type 命令配置的值,在 default type 命令也未指定的情况下取值为 2,即类型 2(E2)。

在如图 4-9 所示的网络中,在路由器 RTA 上配置一条默认路由,下一跳为 10.1.1.2(注意:这里只是为了验证传播默认路由的命令,在实际网络中路由不可能指向一台终端)并配置其在整个 OSPF 区域中传播,具体配置如下。

[RTA]ip route-static 0.0.0.0 0 10.1.1.2
[RTA]ospf 1
[RTA-ospf-1]default-route-advertise

配置完成后,在路由器 RTA 上查看路由表,显示结果如下。

[RTA]display ip routing-table
Route Flags: R - relay, D - download to fib

Routing Tables: Public
         Destinations : 14   Routes : 14

Destination/Mask	Proto	Pre	Cost	Flags	NextHop	Interface
0.0.0.0/0	Static	60	0	RD	10.1.1.2	GigabitEthernet 0/0/1
1.1.1.1/32	Direct	0	0	D	127.0.0.1	LoopBack0
10.1.1.0/24	Direct	0	0	D	10.1.1.1	GigabitEthernet 0/0/1
10.1.1.1/32	Direct	0	0	D	127.0.0.1	GigabitEthernet 0/0/1
10.1.1.255/32	Direct	0	0	D	127.0.0.1	GigabitEthernet 0/0/1
11.1.1.0/24	Direct	0	0	D	11.1.1.1	GigabitEthernet 0/0/0
11.1.1.1/32	Direct	0	0	D	127.0.0.1	GigabitEthernet 0/0/0
11.1.1.255/32	Direct	0	0	D	127.0.0.1	GigabitEthernet 0/0/0
12.1.1.0/24	OSPF	10	1563	D	11.1.1.2	GigabitEthernet 0/0/0
13.1.1.0/24	OSPF	10	1564	D	11.1.1.2	GigabitEthernet 0/0/0
127.0.0.0/8	Direct	0	0	D	127.0.0.1	InLoopBack0
127.0.0.1/32	Direct	0	0	D	127.0.0.1	InLoopBack0
127.255.255.255/32	Direct	0	0	D	127.0.0.1	InLoopBack0
255.255.255.255/32	Direct	0	0	D	127.0.0.1	InLoopBack0

从显示的结果可以看出,路由器 RTA 上配置了一条默认路由 0.0.0.0/0。
在路由器 RTB 上查看路由表,显示结果如下。

[RTB]display ip routing-table
Route Flags: R - relay, D - download to fib

Routing Tables: Public
         Destinations : 15   Routes : 15

Destination/Mask	Proto	Pre	Cost	Flags	NextHop	Interface
0.0.0.0/0	O_ASE	150	1	D	11.1.1.1	GigabitEthernet 0/0/1
2.2.2.2/32	Direct	0	0	D	127.0.0.1	LoopBack0
10.1.1.0/24	OSPF	10	2	D	11.1.1.1	GigabitEthernet 0/0/1
11.1.1.0/24	Direct	0	0	D	11.1.1.2	GigabitEthernet 0/0/1
11.1.1.2/32	Direct	0	0	D	127.0.0.1	GigabitEthernet 0/0/1
11.1.1.255/32	Direct	0	0	D	127.0.0.1	GigabitEthernet 0/0/1
12.1.1.0/24	Direct	0	0	D	12.1.1.1	Serial 1/0/0
12.1.1.1/32	Direct	0	0	D	127.0.0.1	Serial 1/0/0
12.1.1.2/32	Direct	0	0	D	12.1.1.2	Serial 1/0/0
12.1.1.255/32	Direct	0	0	D	127.0.0.1	Serial 1/0/0
13.1.1.0/24	OSPF	10	1563	D	12.1.1.2	Serial 1/0/0
127.0.0.0/8	Direct	0	0	D	127.0.0.1	InLoopBack0
127.0.0.1/32	Direct	0	0	D	127.0.0.1	InLoopBack0
127.255.255.255/32	Direct	0	0	D	127.0.0.1	InLoopBack0
255.255.255.255/32	Direct	0	0	D	127.0.0.1	InLoopBack0

从显示的结果可以看出,路由器 RTB 上获得了一条默认路由,该路由是 O_ASE 即 OSPF 自治系统外部路由;路由优先级为 150;开销值为 1。

一定要注意:使用路由引入(即路由重分布)命令 import-route 不能引入默认路由,如果要引入默认路由,则必须使用命令 default-route-advertise。

微课 4-4:OSPF 控制 DR 选举和传播默认路由配置

4.3.3 多区域 OSPF

通过单区域 OSPF 的学习,可知 OSPF 路由器之间通过交换链路状态公告(LSA)来建立链路状态数据库,各路由器再使用 SPF 算法独立计算到达各个目的网络的最佳路径来生成路由选择表项。但是,在较大规模的网络中,可能存在成百上千台路由器,如果它们之间要进行链路状态信息交换和 SPF 计算,则将会给路由器带来很大的负担。为了解决这个问题,OSPF 采用了分层路由的方式。它把一个大的网络分割成若干个小型的网络,即区域。区域内部路由器只和同区域的路由器交换链路状态信息,从而减少了网络中 LSA 数据包的数量,并减小了链路状态数据库的大小,提高了 SPF 计算的速度。

在多区域 OSPF 中,必须存在一个主干区域,主干区域负责收集非主干区域发出的汇总路由信息,并将这些信息发送到各个区域。OSPF 区域的划分应使不同区域之间的通信量最小。

1. OSPF 路由器类型

在多区域 OSPF 的网络中,根据路由器所处的位置及其作用,OSPF 路由器可以分成以下 4 种不同的类型。

(1) 内部路由器(internal router)

内部路由器是所有的接口都处于同一个区域的路由器。内部路由器仅与本区域内的路由器交换链路状态信息。同一区域内的内部路由器维护着相同的链路状态数据库。

(2) 主干路由器(backbone router)

主干路由器是至少有一个接口连接到主干区域(区域 0)的路由器。

(3) 区域边界路由器(area border router,ABR)

区域边界路由器是接口处于多个不同区域的路由器。ABR 为每一个所连接的区域建立一个链路状态数据库,并将所连接区域的路由摘要信息发送到主干区域,主干区域的 ABR 则负责将这些信息发送到各个区域。

(4) 自治系统边界路由器(autonomous system border router,ASBR)

自治系统边界路由器是至少拥有一个连接外部自治系统网络(如非 OSPF 的网络)接口的路由器。自治系统边界路由器汇总本自治系统内的所有路由信息并转发给相邻的自治系统边界路由器,并将得到的自治系统外部路由信息在本自治系统内进行转发。

一台路由器可能具有多种路由器类型,如果一台路由器同时连接着区域 0、区域 1 和一个非 OSPF 网络,则该路由器同时是主干路由器、ABR 和自治系统边界路由器。

2. OSPF 的 LSA 类型

OSPF 路由器之间通过交换 LSA 来收集链接状态信息并使用 SPF 算法来计算到各目的网络的最佳路径。OSPF 的 LSA 中包含连接的接口、使用的度量值及其他的一些变量信息。根据产生 LSA 的路由器的不同和通告信息的不同,可以将 OSPF 的 LSA 分成 7 类,具体如下。

(1) LSA Type 1(router LSA,路由器 LSA)

它是路由器为所属区域产生的 LSA,描述了路由器连接到本区域链路的状态和代价,只能在本区域内进行扩散。所有的路由器都会产生此种类型的 LSA。ABR 会为不同的区域产生不同的路由器 LSA。通过路由器 LSA 学习到的路由在路由选择表中用字母"O"表示。

(2) LSA Type 2(network LSA,网络 LSA)

它是在多路访问型网络中由指定路由器产生的 LSA,描述了指定路由器连接到本区域链路的状态和代价,只能在本区域内进行扩散。通过网络 LSA 学习到的路由在路由选择表中用字母"O"表示。

(3) LSA Type 3(network summary LSA,网络汇总 LSA)

它由 ABR 产生,描述了本区域内部各网络的路由,通过主干区域扩散到其他的 ABR。它通常汇总默认路由而不是传送汇总的 OSPF 信息给其他网络。通过网络汇总 LSA 学习到的路由在路由选择表中用字母"O IA"表示。

(4) LSA Type 4(ASBR summary LSA,ASBR 汇总 LSA)

它同样由 ABR 产生,与网络汇总 LSA 类似,同样通过主干区域扩散到其他的 ABR。区别在于 ASBR 汇总 LSA 描述的是 ASBR 的链路信息,是一条指向 ASBR 的主机路由。通过 ASBR 汇总 LSA 学习到的路由在路由选择表中用字母"O IA"表示。

(5) LSA Type 5(autonomous system external LSA,自治系统外部 LSA)

它由 ASBR 产生,含有关于自治系统外的链路信息。除了末梢区域、完全末梢区域和非纯末梢区域,自治系统外部 LSA 可以在整个网络中发送。自治系统外部 LSA 是唯一一种不与具体的区域相关联的 LSA。通过自治系统外部 LSA 学习到的路由在路由选择表中用字母"O E1"或"O E2"表示。

类型 E1 和类型 E2 的外部路由计算路由开销的方式不同。E1 类型用外部路径开销加上数据包所经过的各链路的开销来计算度量值;而 E2 类型只分配了外部路径开销。E2 是 ASBR 上的默认设置。通常推荐使用 E2 类型的路由。

(6) LSA Type 6(group member LSA,组成员 LSA)

它是用在多播 OSPF(MOSPF)中的 LSA,MOSPF 可以让路由器利用链路状态数据库的信息构造用于多播报文的多播发布树。

(7) LSA Type 7(NSSA external LSA,次末梢区域外部 LSA)

它由 ASBR 产生,几乎和自治系统外部 LSA 相同,但次末梢区域外部 LSA 仅仅在产生这个 LSA 的次末梢区域内部进行扩散。在 NSSA 区域中,当有一个路由器是 ASBR 时,不得不产生自治系统外部 LSA,但是 NSSA 中不能有自治系统外部 LSA,所以 ASBR 产生次末梢区域外部 LSA,发给本区域的路由器。在向其他区域扩散时,ABR 将次末梢区域外部 LSA 转换为自治系统外部 LSA。通过次末梢区域外部 LSA 学习到的路由在路由选择表中用字母"O N1"或"O N2"表示。

在 OSPFv3 中,LSA 的类型增加到了 9 类,增加了 LSA Type 8(link LSA,链路 LSA)和 LSA Type 9(intra area prefix LSA,区域内前缀 LSA),并且对 Type 1～Type 7 的 LSA

也做了相应的修改以提供对第 6 版互联网协议(IPV6)的支持。

3．OSPF 区域类型

可以通过对 OSPF 区域进行某些特性的设置来控制其可以接收的 LSA 类型。在此，可以将 OSPF 区域分成以下几种类型。

(1) 标准区域

标准区域可以接收来自本区域、其他区域和自治系统外部链路的链路更新信息和路由汇总。

(2) 主干区域

主干区域是连接各个区域的中心实体。主干区域始终是"区域 0"，所有其他的区域都必须连接到这个区域来交换路由信息。主干区域拥有标准区域的所有特性。

(3) 末梢区域(stub area)

末梢区域又称存根区域。末梢区域不接收来自自治系统以外的路由信息，即禁止 LSA Type 5 进入，而如果一个区域没有学到 LSA Type 5 通告，那么 LSA Type 4 通告也就没有必要了，因此 LSA Type 4 也将被阻塞。如果需要路由到自治系统以外，则使用默认路由 0.0.0.0/0。

(4) 完全末梢区域(totally stubby area)

完全末梢区域又称完全存根区域。完全末梢区域不接收来自本区域以外的任何路由信息，即禁止 LSA Type 3、LSA Type 4、LSA Type 5 进入。如果需要路由到区域外，则使用默认路由 0.0.0.0/0。完全末梢区域是 Cisco 自己定义的。

(5) 次末梢区域(not-so-stubby area，NSSA)

次末梢区域又称非纯末梢区域、非纯存根区域。与末梢区域类似，但是它允许 LSA Type 7 进入并在区域内扩散。LSA Type 7 在 ABR 处被阻塞，由 ABR 将其转换为 LSA Type 5 并扩散到其他区域。

4．多区域 OSPF 的配置

多区域 OSPF 的配置与单区域 OSPF 的配置基本一致，区别在于通告网络时指定的区域不同。假设存在如图 4-10 所示的网络，为其配置多区域 OSPF，实现不同区域之间的路由。

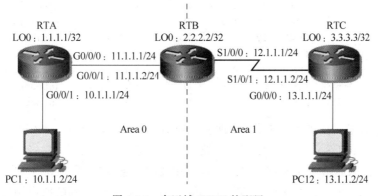

图 4-10　多区域 OSPF 的配置

路由器 RTA 的配置如下。

[RTA]ospf
[RTA-ospf-1]area 0
[RTA-ospf-1-area-0.0.0.0]network 10.1.1.0 0.0.0.255
[RTA-ospf-1-area-0.0.0.0]network 11.1.1.0 0.0.0.255

路由器 RTB 的配置如下。

[RTB]ospf
[RTB-ospf-1]area 0
[RTB-ospf-1-area-0.0.0.0]network 11.1.1.0 0.0.0.255
[RTB-ospf-1-area-0.0.0.0]quit
[RTB-ospf-1]area 1
[RTB-ospf-1-area-0.0.0.1]network 12.1.1.0 0.0.0.255

路由器 RTC 的配置如下。

[RTC]ospf
[RTC-ospf-1]area 1
[RTC-ospf-1-area-0.0.0.1]network 12.1.1.0 0.0.0.255
[RTC-ospf-1-area-0.0.0.1]network 13.1.1.0 0.0.0.255

配置完成后,在路由器 RTA 上执行 display ip routing-table 命令查看路由表,显示结果如下。

[RTA]display ip routing-table
Route Flags: R - relay, D - download to fib

Routing Tables: Public
         Destinations : 13   Routes : 13
Destination/Mask   Proto   Pre   Cost   Flags   NextHop   Interface
1.1.1.1/32   Direct 0   0   D   127.0.0.1   LoopBack0
10.1.1.0/24   Direct 0   0   D   10.1.1.1   GigabitEthernet 0/0/1
10.1.1.1/32   Direct 0   0   D   127.0.0.1   GigabitEthernet 0/0/1
10.1.1.255/32   Direct 0   0   D   127.0.0.1   GigabitEthernet 0/0/1
11.1.1.0/24   Direct 0   0   D   11.1.1.1   GigabitEthernet 0/0/0
11.1.1.1/32   Direct 0   0   D   127.0.0.1   GigabitEthernet 0/0/0
11.1.1.255/32   Direct 0   0   D   127.0.0.1   GigabitEthernet 0/0/0
12.1.1.0/24   OSPF   10   1563   D   11.1.1.2   GigabitEthernet 0/0/0
13.1.1.0/24   OSPF   10   1564   D   11.1.1.2   GigabitEthernet 0/0/0
127.0.0.0/8   Direct 0   0   D   127.0.0.1   InLoopBack0
127.0.0.1/32   Direct 0   0   D   127.0.0.1   InLoopBack0
127.255.255.255/32 Direct 0   0   D   127.0.0.1   InLoopBack0
255.255.255.255/32 Direct 0   0   D   127.0.0.1   InLoopBack0

在此需要注意:在华为路由器上,通过 LSA Type 1 和 LSA Type 2 学习到的路由与通过 LSA Type 3 和 LSA Type 4 学习到的路由在路由表中的表示方法一致,Proto 字段都是 OSPF,这一点与 Cisco 设备不同。(在 Cisco 路由器上,通过 LSA Type 1 和 LSA Type 2 学习到的路由用"O"表示;通过 LSA Type 3 和 LSA Type 4 学习到的路由用"O IA"表示。)

在路由器 RTA 上执行 display ospf routing 命令查看 OSPF 路由表,显示结果如下。

[RTA]display ospf routing

```
        OSPF Process 1 with Router ID 1.1.1.1
                Routing Tables
Routing for Network
Destination         Cost    Type        NextHop         AdvRouter       Area
10.1.1.0/24         1       Stub        10.1.1.1        1.1.1.1         0.0.0.0
11.1.1.0/24         1       Transit     11.1.1.1        1.1.1.1         0.0.0.0
12.1.1.0/24         1563    Inter-area  11.1.1.2        2.2.2.2         0.0.0.0
13.1.1.0/24         1564    Inter-area  11.1.1.2        2.2.2.2         0.0.0.0
Total Nets: 4
Intra Area: 2   Inter Area: 2   ASE: 0   NSSA: 0
```

从显示的结果可以看出,去往网络 12.1.1.0/24 和 13.1.1.0/24 的路由 Type 为 Inter-area,表示这两条路由为区域间路由。总共存在 4 条网络路由,其中区域内路由 2 条,区域间路由 2 条。

在路由器 RTA 上执行 display ospf lsdb 命令,显示结果如下。

[RTA]display ospf lsdb

```
        OSPF Process 1 with Router ID 1.1.1.1
                Link State Database
                    Area: 0.0.0.0
Type        LinkState ID    AdvRouter       Age     Len     Sequence        Metric
Router      2.2.2.2         2.2.2.2         526     36      80000006        1
Router      1.1.1.1         1.1.1.1         504     48      80000005        1
Network     11.1.1.2        2.2.2.2         526     32      80000002        0
Sum-Net     12.1.1.0        2.2.2.2         590     28      80000001        1562
Sum-Net     13.1.1.0        2.2.2.2         582     28      80000001        1563
```

从显示的结果可以看出,在区域 0 的内部路由器 RTA 上只为本区域建立和维护链路状态数据库。在链路状态数据库中包含了本区域的 LSA Type 1、LSA Type 2 和来自区域 1 的 LSA Type 3 的链路状态信息。

在路由器 RTB 上执行 display ospf lsdb 命令,显示结果如下。

[RTB]display ospf lsdb

```
        OSPF Process 1 with Router ID 2.2.2.2
                Link State Database
                    Area: 0.0.0.0
Type        LinkState ID    AdvRouter       Age     Len     Sequence        Metric
Router      2.2.2.2         2.2.2.2         729     36      80000006        1
Router      1.1.1.1         1.1.1.1         709     48      80000005        1
Network     11.1.1.2        2.2.2.2         729     32      80000002        0
Sum-Net     12.1.1.0        2.2.2.2         793     28      80000001        1562
Sum-Net     13.1.1.0        2.2.2.2         785     28      80000001        1563

                    Area: 0.0.0.1
Type        LinkState ID    AdvRouter       Age     Len     Sequence        Metric
Router      2.2.2.2         2.2.2.2         786     48      80000002        1562
```

```
Router        3.3.3.3         3.3.3.3      787    60    80000004    1
Sum-Net       11.1.1.0        2.2.2.2      793    28    80000001    1
Sum-Net       10.1.1.0        2.2.2.2      737    28    80000001    2
```

从显示的结果可以看出,区域边界路由器 RTB 为其所连接的区域 0 和区域 1 分别建立并维护了一个链路状态数据库。在区域 1 的链路状态数据库中包含了本区域的 LSA Type 1 和来自区域 0 的 LSA Type 3 的链路状态信息,并不存在 LSA Type 2 的链路状态信息。

5. OSPF 路由汇总

OSPF 为无类别路由选择协议,它不会进行自动汇总,但可以通过手工方式进行路由的汇总,通过路由汇总可以有效地减少 LSA Type 3 和 LSA Type 5 的数量,从而减轻路由器 CPU 的负担,节约网络带宽。OSPF 的路由汇总有两种类型。

(1) 区域间路由汇总

它由 ABR 实现,用于汇总区域间的路由信息,减少 LSA Type 3 数据包的数量,具体命令如下。

[Huawei-ospf-1-area-0.0.0.0]abr-summary *ip-address mask*

(2) 外部路由汇总

它由 ASBR 来实现,用于汇总来自其他自治系统的路由信息,减少 LSA Type 5 数据包的数量,具体命令如下。

[Huawei-ospf-1]asbr-summary *ip-address mask*

假设存在如图 4-11 所示的网络,在路由器 RTA 上设置 4 条分别去往网络 14.1.0.0/24、14.1.1.0/24、14.1.2.0/24、14.1.3.0/24 的静态路由,并将其引入 OSPF 网络中;在路由器 RTC 上设置 4 个 loopback 接口,分别将地址设为 15.1.0.1/24、15.1.1.1/24、15.1.2.1/24、15.1.3.1/24,并在 OSPF 中发布。

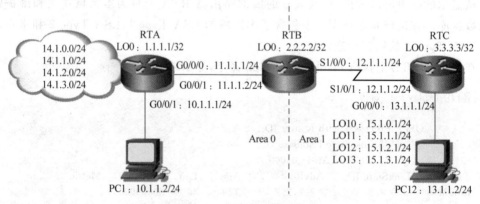

图 4-11 OSPF 路由汇总

路由器 RTA 的配置如下。

[RTA]ip route-static 14.1.0.0 24 10.1.1.2
[RTA]ip route-static 14.1.1.0 24 10.1.1.2
[RTA]ip route-static 14.1.2.0 24 10.1.1.2
[RTA]ip route-static 14.1.3.0 24 10.1.1.2

[RTA]ospf
[RTA-ospf-1]area 0
[RTA-ospf-1-area-0.0.0.0]network 10.1.1.0 0.0.0.255
[RTA-ospf-1-area-0.0.0.0]network 11.1.1.0 0.0.0.255
[RTA-ospf-1-area-0.0.0.0]quit
[RTA-ospf-1]import-route static

路由器 RTB 的配置如下。

[RTB]ospf
[RTB-ospf-1]area 0
[RTB-ospf-1-area-0.0.0.0]network 11.1.1.0 0.0.0.255
[RTB-ospf-1-area-0.0.0.0]quit
[RTB-ospf-1]area 1
[RTB-ospf-1-area-0.0.0.1]network 12.1.1.0 0.0.0.255

路由器 RTC 的配置如下。

[RTC]ospf
[RTC-ospf-1]area 1
[RTC-ospf-1-area-0.0.0.1]network 12.1.1.0 0.0.0.255
[RTC-ospf-1-area-0.0.0.1]network 13.1.1.0 0.0.0.255
[RTC-ospf-1-area-0.0.0.1]network 15.1.0.0 0.0.3.255

配置完成后，在路由器 RTA 上执行 display ip routing-table 命令查看路由表，显示结果如下。

[RTA]display ip routing-table
Route Flags: R - relay, D - download to fib

Routing Tables: Public
         Destinations : 21   Routes : 21
Destination/Mask   Proto   Pre   Cost   Flags   NextHop   Interface
1.1.1.1/32   Direct   0   0   D   127.0.0.1   LoopBack0
10.1.1.0/24   Direct   0   0   D   10.1.1.1   GigabitEthernet 0/0/1
10.1.1.1/32   Direct   0   0   D   127.0.0.1   GigabitEthernet 0/0/1
10.1.1.255/32   Direct   0   0   D   127.0.0.1   GigabitEthernet 0/0/1
11.1.1.0/24   Direct   0   0   D   11.1.1.1   GigabitEthernet 0/0/0
11.1.1.1/32   Direct   0   0   D   127.0.0.1   GigabitEthernet 0/0/0
11.1.1.255/32   Direct   0   0   D   127.0.0.1   GigabitEthernet 0/0/0
12.1.1.0/24   OSPF   10   1563   D   11.1.1.2   GigabitEthernet 0/0/0
13.1.1.0/24   OSPF   10   1564   D   11.1.1.2   GigabitEthernet 0/0/0
14.1.0.0/24   Static   60   0   RD   10.1.1.2   GigabitEthernet 0/0/1
14.1.1.0/24   Static   60   0   RD   10.1.1.2   GigabitEthernet 0/0/1
14.1.2.0/24   Static   60   0   RD   10.1.1.2   GigabitEthernet 0/0/1
14.1.3.0/24   Static   60   0   RD   10.1.1.2   GigabitEthernet 0/0/1
15.1.0.1/32   OSPF   10   1563   D   11.1.1.2   GigabitEthernet 0/0/0
15.1.1.1/32   OSPF   10   1563   D   11.1.1.2   GigabitEthernet 0/0/0
15.1.2.1/32   OSPF   10   1563   D   11.1.1.2   GigabitEthernet 0/0/0
15.1.3.1/32   OSPF   10   1563   D   11.1.1.2   GigabitEthernet 0/0/0

127.0.0.0/8	Direct	0	0	D	127.0.0.1	InLoopBack0
127.0.0.1/32	Direct	0	0	D	127.0.0.1	InLoopBack0
127.255.255.255/32	Direct	0	0	D	127.0.0.1	InLoopBack0
255.255.255.255/32	Direct	0	0	D	127.0.0.1	InLoopBack0

从显示的结果可以看出，路由器 RTA 从区域边界路由器 RTB 产生的 LSA Type 3 数据包学习到的去往网络 15.1.0.0/22 的路由为 4 条明细路由。

在路由器 RTB 上执行 display ip routing-table 命令查看路由表，显示结果如下。

[RTB]display ip routing-table
Route Flags: R - relay, D - download to fib

Routing Tables: Public
    Destinations : 22   Routes : 22

Destination/Mask	Proto	Pre	Cost	Flags	NextHop	Interface
2.2.2.2/32	Direct	0	0	D	127.0.0.1	LoopBack0
10.1.1.0/24	OSPF	10	2	D	11.1.1.1	GigabitEthernet 0/0/1
11.1.1.0/24	Direct	0	0	D	11.1.1.2	GigabitEthernet 0/0/1
11.1.1.2/32	Direct	0	0	D	127.0.0.1	GigabitEthernet 0/0/1
11.1.1.255/32	Direct	0	0	D	127.0.0.1	GigabitEthernet 0/0/1
12.1.1.0/24	Direct	0	0	D	12.1.1.1	Serial1/0/0
12.1.1.1/32	Direct	0	0	D	127.0.0.1	Serial1/0/0
12.1.1.2/32	Direct	0	0	D	12.1.1.2	Serial1/0/0
12.1.1.255/32	Direct	0	0	D	127.0.0.1	Serial1/0/0
13.1.1.0/24	OSPF	10	1563	D	12.1.1.2	Serial1/0/0
14.1.0.0/24	O_ASE	150	1	D	11.1.1.1	GigabitEthernet 0/0/1
14.1.1.0/24	O_ASE	150	1	D	11.1.1.1	GigabitEthernet 0/0/1
14.1.2.0/24	O_ASE	150	1	D	11.1.1.1	GigabitEthernet 0/0/1
14.1.3.0/24	O_ASE	150	1	D	11.1.1.1	GigabitEthernet 0/0/1
15.1.0.1/32	OSPF	10	1562	D	12.1.1.2	Serial1/0/0
15.1.1.1/32	OSPF	10	1562	D	12.1.1.2	Serial1/0/0
15.1.2.1/32	OSPF	10	1562	D	12.1.1.2	Serial1/0/0
15.1.3.1/32	OSPF	10	1562	D	12.1.1.2	Serial1/0/0
127.0.0.0/8	Direct	0	0	D	127.0.0.1	InLoopBack0
127.0.0.1/32	Direct	0	0	D	127.0.0.1	InLoopBack0
127.255.255.255/32	Direct	0	0	D	127.0.0.1	InLoopBack0
255.255.255.255/32	Direct	0	0	D	127.0.0.1	InLoopBack0

从显示的结果可以看出，路由器 RTB 从自治系统边界路由器 RTA 产生的 LSA Type 5 数据包学习到的去往网络 14.1.0.0/22 的路由为 4 条明细路由。

在区域边界路由器 RTB 上配置区域间路由汇总，将 15.1.0.0/24、15.1.1.0/24、15.1.2.0/24、15.1.3.0/24 汇总为一条路由 15.1.0.0/22，具体配置如下。

[RTB]ospf
[RTB-ospf-1]area 1
[RTB-ospf-1-area-0.0.0.1]abr-summary 15.1.0.0 255.255.252.0

配置完成后，在路由器 RTA 上执行 display ip routing-table 命令查看路由表，显示结果如下。

```
[RTA]display ip routing-table
Route Flags: R - relay, D - download to fib
----------------------------------------------------------------
Routing Tables: Public
         Destinations : 18         Routes : 18
Destination/Mask        Proto   Pre   Cost   Flags   NextHop      Interface
1.1.1.1/32              Direct  0     0      D       127.0.0.1    LoopBack0
10.1.1.0/24             Direct  0     0      D       10.1.1.1     GigabitEthernet 0/0/1
10.1.1.1/32             Direct  0     0      D       127.0.0.1    GigabitEthernet 0/0/1
10.1.1.255/32           Direct  0     0      D       127.0.0.1    GigabitEthernet 0/0/1
11.1.1.0/24             Direct  0     0      D       11.1.1.1     GigabitEthernet 0/0/0
11.1.1.1/32             Direct  0     0      D       127.0.0.1    GigabitEthernet 0/0/0
11.1.1.255/32           Direct  0     0      D       127.0.0.1    GigabitEthernet 0/0/0
12.1.1.0/24             OSPF    10    1563   D       11.1.1.2     GigabitEthernet 0/0/0
13.1.1.0/24             OSPF    10    1564   D       11.1.1.2     GigabitEthernet 0/0/0
14.1.0.0/24             Static  60    0      RD      10.1.1.2     GigabitEthernet 0/0/1
14.1.1.0/24             Static  60    0      RD      10.1.1.2     GigabitEthernet 0/0/1
14.1.2.0/24             Static  60    0      RD      10.1.1.2     GigabitEthernet 0/0/1
14.1.3.0/24             Static  60    0      RD      10.1.1.2     GigabitEthernet 0/0/1
15.1.0.0/22             OSPF    10    1563   D       11.1.1.2     GigabitEthernet 0/0/0
127.0.0.0/8             Direct  0     0      D       127.0.0.1    InLoopBack0
127.0.0.1/32            Direct  0     0      D       127.0.0.1    InLoopBack0
127.255.255.255/32      Direct  0     0      D       127.0.0.1    InLoopBack0
255.255.255.255/32      Direct  0     0      D       127.0.0.1    InLoopBack0
```

从显示的结果可以看出,路由器 RTA 接收到的路由器 RTC 上的 4 个环回接口的路由被区域边界路由器 RTB 汇总为一条路由 15.1.0.0/22。

在自治系统边界路由器 RTA 上配置外部路由汇总,将 14.1.0.0/24、14.1.1.0/24、14.1.2.0/24、14.1.3.0/24 汇总为一条路由 14.1.0.0/22,具体配置如下。

```
[RTA]ospf
[RTA-ospf-1]asbr-summary 14.1.0.0 255.255.252.0
```

配置完成后,在路由器 RTB 上执行 display ip routing-table 命令查看路由表,显示结果如下。

```
[RTB]display ip routing-table
Route Flags: R - relay, D - download to fib
----------------------------------------------------------------
Routing Tables: Public
         Destinations : 19         Routes : 19
Destination/Mask        Proto   Pre   Cost   Flags   NextHop      Interface
2.2.2.2/32              Direct  0     0      D       127.0.0.1    LoopBack0
10.1.1.0/24             OSPF    10    2      D       11.1.1.1     GigabitEthernet 0/0/1
11.1.1.0/24             Direct  0     0      D       11.1.1.2     GigabitEthernet 0/0/1
11.1.1.2/32             Direct  0     0      D       127.0.0.1    GigabitEthernet 0/0/1
11.1.1.255/32           Direct  0     0      D       127.0.0.1    GigabitEthernet 0/0/1
12.1.1.0/24             Direct  0     0      D       12.1.1.1     Serial1/0/0
12.1.1.1/32             Direct  0     0      D       127.0.0.1    Serial1/0/0
12.1.1.2/32             Direct  0     0      D       12.1.1.2     Serial1/0/0
```

12.1.1.255/32	Direct	0	0	D	127.0.0.1	Serial1/0/0
13.1.1.0/24	OSPF	10	1563	D	12.1.1.2	Serial1/0/0
14.1.0.0/22	O_ASE	150	2	D	11.1.1.1	GigabitEthernet 0/0/1
15.1.0.1/32	OSPF	10	1562	D	12.1.1.2	Serial1/0/0
15.1.1.1/32	OSPF	10	1562	D	12.1.1.2	Serial1/0/0
15.1.2.1/32	OSPF	10	1562	D	12.1.1.2	Serial1/0/0
15.1.3.1/32	OSPF	10	1562	D	12.1.1.2	Serial1/0/0
127.0.0.0/8	Direct	0	0	D	127.0.0.1	InLoopBack0
127.0.0.1/32	Direct	0	0	D	127.0.0.1	InLoopBack0
127.255.255.255/32	Direct	0	0	D	127.0.0.1	InLoopBack0
255.255.255.255/32	Direct	0	0	D	127.0.0.1	InLoopBack0

从显示的结果可以看出，路由器 RTB 接收到的来自路由器 RTA 的 4 条静态路由被自治系统边界路由器 RTA 汇总为一条路由 14.1.0.0/22。

6. 配置末梢区域

微课 4-5：多区域 OSPF 配置

由于末梢区域不接收来自自治系统以外的路由信息，即禁止 LSA Type 4 和 LSA Type 5 进入，因此把一个区域配置为末梢区域会减少 LSA 的数量，并且会使该区域内的链路状态数据库变小。另外，由于末梢区域无法学习去往外部网络的路由，因此去往外部网络使用默认路由 0.0.0.0/0。把一个区域配置为末梢区域后，该区域的区域边界路由器会自动在该区域内扩散默认路由 0.0.0.0/0。

如果要将一个区域配置为末梢区域，该区域必须满足以下要求：只有一个出口，即一个存根网络；区域内不存在自治系统边界路由器；不是主干区域；不会被作为虚拟链路的过渡区。

配置末梢区域的命令如下。

[Huawei-ospf-1-area-0.0.0.1]stub

需要在区域内所有的路由器上配置该命令，否则路由器之间将无法建立邻接关系。

接着 4.3.2 节的内容，在 OSPF 路由汇总配置的基础上进行末梢区域的配置。配置之前，在路由器 RTC 上执行 display ospf lsdb 命令，显示结果如下。

[RTC]display ospf lsdb

```
       OSPF Process 1 with Router ID 3.3.3.3
              Link State Database
                   Area: 0.0.0.1
 Type      LinkState ID    AdvRouter       Age    Len    Sequence    Metric
 Router    2.2.2.2         2.2.2.2         368    48     80000004    1562
 Router    3.3.3.3         3.3.3.3         90     108    80000006    1562
 Sum-Net   11.1.1.0        2.2.2.2         365    28     80000002    1
 Sum-Net   10.1.1.0        2.2.2.2         316    28     80000002    2
 Sum-Asbr  1.1.1.1         2.2.2.2         210    28     80000002    1

                 AS External Database
 Type      LinkState ID    AdvRouter       Age    Len    Sequence    Metric
 External  14.1.0.0        1.1.1.1         579    36     80000002    2
```

从显示的结果可以看出，路由器 RTC 可以接收到 LSA Type 4 和 LSA Type 5 的链路状态通告。

将区域 1 配置为末梢区域,具体配置如下。

[RTB]ospf
[RTB-ospf-1]area 1
[RTB-ospf-1-area-0.0.0.1]stub
[RTC]ospf
[RTC-ospf-1]area 1
[RTC-ospf-1-area-0.0.0.1]stub

配置完成后,在路由器 RTC 上执行 display ospf lsdb 命令,显示结果如下。

[RTC]display ospf lsdb

```
         OSPF Process 1 with Router ID 3.3.3.3
                 Link State Database
                    Area: 0.0.0.1
Type       LinkState ID     AdvRouter       Age    Len    Sequence     Metric
Router     2.2.2.2          2.2.2.2         33     48     80000003     1562
Router     3.3.3.3          3.3.3.3         21     108    80000004     1562
Sum-Net    0.0.0.0          2.2.2.2         38     28     80000001     1
Sum-Net    11.1.1.0         2.2.2.2         38     28     80000001     1
Sum-Net    10.1.1.0         2.2.2.2         38     28     80000001     2
```

从显示的结果可以看出,路由器 RTC 没有接收到 LSA Type 4 和 LSA Type 5 的链路状态通告,但是它接收到了一条默认路由 0.0.0.0 的 LSA Type 3 通告。

在路由器 RTC 上执行 display ip routing-table 命令,显示结果如下。

[RTC]display ip routing-table
Route Flags: R - relay, D - download to fib

```
Routing Tables: Public
         Destinations : 27       Routes : 27
Destination/Mask      Proto    Pre    Cost    Flags    NextHop        Interface
0.0.0.0/0             OSPF     10     1563    D        12.1.1.1       Serial1/0/1
3.3.3.3/32            Direct   0      0       D        127.0.0.1      LoopBack0
10.1.1.0/24           OSPF     10     1564    D        12.1.1.1       Serial1/0/1
11.1.1.0/24           OSPF     10     1563    D        12.1.1.1       Serial1/0/1
12.1.1.0/24           Direct   0      0       D        12.1.1.2       Serial1/0/1
12.1.1.1/32           Direct   0      0       D        12.1.1.1       Serial1/0/1
12.1.1.2/32           Direct   0      0       D        127.0.0.1      Serial1/0/1
12.1.1.255/32         Direct   0      0       D        127.0.0.1      Serial1/0/1
13.1.1.0/24           Direct   0      0       D        13.1.1.1       GigabitEthernet 0/0/0
13.1.1.1/32           Direct   0      0       D        127.0.0.1      GigabitEthernet 0/0/0
13.1.1.255/32         Direct   0      0       D        127.0.0.1      GigabitEthernet 0/0/0
15.1.0.0/24           Direct   0      0       D        15.1.0.1       LoopBack10
15.1.0.1/32           Direct   0      0       D        127.0.0.1      LoopBack10
```

15.1.0.255/32	Direct	0	0	D	127.0.0.1	LoopBack10
15.1.1.0/24	Direct	0	0	D	15.1.1.1	LoopBack11
15.1.1.1/32	Direct	0	0	D	127.0.0.1	LoopBack11
15.1.1.255/32	Direct	0	0	D	127.0.0.1	LoopBack11
15.1.2.0/24	Direct	0	0	D	15.1.2.1	LoopBack12
15.1.2.1/32	Direct	0	0	D	127.0.0.1	LoopBack12
15.1.2.255/32	Direct	0	0	D	127.0.0.1	LoopBack12
15.1.3.0/24	Direct	0	0	D	15.1.3.1	LoopBack13
15.1.3.1/32	Direct	0	0	D	127.0.0.1	LoopBack13
15.1.3.255/32	Direct	0	0	D	127.0.0.1	LoopBack13
127.0.0.0/8	Direct	0	0	D	127.0.0.1	InLoopBack0
127.0.0.1/32	Direct	0	0	D	127.0.0.1	InLoopBack0
127.255.255.255/32	Direct	0	0	D	127.0.0.1	InLoopBack0
255.255.255.255/32	Direct	0	0	D	127.0.0.1	InLoopBack0

从显示的结果可以看出，路由器 RTC 不会学习到去往其他自治系统的路由，而会学习到一条默认路由 0.0.0.0/0。

7. 配置完全末梢区域

完全末梢区域不但禁止 LSA Type 4 和 LSA Type 5 进入，而且还会禁止 LSA Type 3 的进入，除了通告默认路由的那一条 LSA Type 3。因此，完全末梢区域只知道本区域内部路由和默认路由 0.0.0.0/0。将一个区域配置成完全末梢区域的要求与配置成末梢区域的要求相同，配置命令也相同，区别在于配置完全末梢区域时，在区域边界路由器上使用的命令如下。

[Huawei-ospf-1-area-0.0.0.1]stub no-summary

该命令用来在区域边界路由器上阻止区域间的 LSA Type 3。

依然在如图 4-11 所示的网络中，将区域 1 配置为完全末梢区域，具体配置如下。

[RTB]ospf
[RTB-ospf-1]area 1
[RTB-ospf-1-area-0.0.0.1]stub no-summary
[RTC]ospf
[RTC-ospf-1]area 1
[RTC-ospf-1-area-0.0.0.1]stub

配置完成后，在路由器 RTC 上执行 display ospf lsdb 命令，显示结果如下。

[RTC]display ospf lsdb

```
            OSPF Process 1 with Router ID 3.3.3.3
                    Link State Database

                      Area: 0.0.0.1
    Type       LinkState ID      AdvRouter      Age      Len      Sequence       Metric
    Router     2.2.2.2           2.2.2.2        28       48       80000005       1562
    Router     3.3.3.3           3.3.3.3        28       108      80000006       1562
    Sum-Net    0.0.0.0           2.2.2.2        525      28       80000001       1
```

从显示的结果可以看出,路由器 RTC 除了一条默认路由 0.0.0.0 的 LSA Type 3 通告外,没有接收到任何 LSA Type 3、LSA Type 4 和 LSA Type 5 的链路状态通告。

在路由器 RTC 上执行 display ip routing-table 命令,显示结果如下。

[RTC]display ip routing-table
Route Flags: R - relay, D - download to fib

Routing Tables: Public
    Destinations : 25   Routes : 25

Destination/Mask	Proto	Pre	Cost	Flags	NextHop	Interface
0.0.0.0/0	OSPF	10	1563	D	12.1.1.1	Serial1/0/1
3.3.3.3/32	Direct	0	0	D	127.0.0.1	LoopBack0
12.1.1.0/24	Direct	0	0	D	12.1.1.2	Serial1/0/1
12.1.1.1/32	Direct	0	0	D	12.1.1.1	Serial1/0/1
12.1.1.2/32	Direct	0	0	D	127.0.0.1	Serial1/0/1
12.1.1.255/32	Direct	0	0	D	127.0.0.1	Serial1/0/1
13.1.1.0/24	Direct	0	0	D	13.1.1.1	GigabitEthernet 0/0/0
13.1.1.1/32	Direct	0	0	D	127.0.0.1	GigabitEthernet 0/0/0
13.1.1.255/32	Direct	0	0	D	127.0.0.1	GigabitEthernet 0/0/0
15.1.0.0/24	Direct	0	0	D	15.1.0.1	LoopBack10
15.1.0.1/32	Direct	0	0	D	127.0.0.1	LoopBack10
15.1.0.255/32	Direct	0	0	D	127.0.0.1	LoopBack10
15.1.1.0/24	Direct	0	0	D	15.1.1.1	LoopBack11
15.1.1.1/32	Direct	0	0	D	127.0.0.1	LoopBack11
15.1.1.255/32	Direct	0	0	D	127.0.0.1	LoopBack11
15.1.2.0/24	Direct	0	0	D	15.1.2.1	LoopBack12
15.1.2.1/32	Direct	0	0	D	127.0.0.1	LoopBack12
15.1.2.255/32	Direct	0	0	D	127.0.0.1	LoopBack12
15.1.3.0/24	Direct	0	0	D	15.1.3.1	LoopBack13
15.1.3.1/32	Direct	0	0	D	127.0.0.1	LoopBack13
15.1.3.255/32	Direct	0	0	D	127.0.0.1	LoopBack13
127.0.0.0/8	Direct	0	0	D	127.0.0.1	InLoopBack0
127.0.0.1/32	Direct	0	0	D	127.0.0.1	InLoopBack0
127.255.255.255/32	Direct	0	0	D	127.0.0.1	InLoopBack0
255.255.255.255/32	Direct	0	0	D	127.0.0.1	InLoopBack0

从显示的结果可以看出,在路由器 RTC 的路由选择表中,只有本区域路由和一条默认路由,不存在区域间路由和自治系统外路由。

8. 配置次末梢区域

在末梢区域和完全末梢区域中不能存在 ASBR。如果存在 ASBR,可以将区域设置为次末梢区域。在次末梢区域中,允许 LSA Type 7 的扩散,在 LSA Type 7 离开次末梢区域时,由该区域的 ABR 将其转换成 LSA Type 5,并扩散到其他区域。配置次末梢区域的命令如下。

[Huawei-ospf-1-area-0.0.0.1]nssa [no-summary]

需要在区域内所有的路由器上配置该命令,否则路由器之间无法建立邻接关系。

no-summary 为可选项,意义和使用与 4.3.2 节相同,即是否阻止 LSA Type3。

假设存在如图 4-12 所示的网络,路由器 RTC 有一条去往网络 14.1.1.0/24 的静态路由,已将其引入 OSPF 网络中,OSPF 已经配置完成。要求将区域 1 配置为次末梢区域。

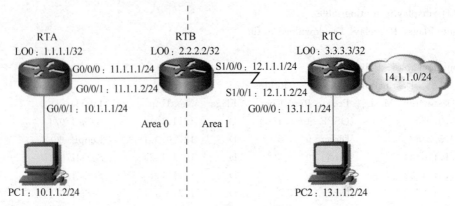

图 4-12 配置次末梢区域

具体配置如下:

[RTB]ospf
[RTB-ospf-1]area 1
[RTB-ospf-1-area-0.0.0.1]nssa
[RTC]ospf
[RTC-ospf-1]area 1
[RTC-ospf-1-area-0.0.0.1]nssa

配置完成后,在路由器 RTC 上执行 display ospf lsdb 命令,显示结果如下。

[RTC]display ospf lsdb

```
       OSPF Process 1 with Router ID 3.3.3.3
              Link State Database
                   Area: 0.0.0.1
 Type      LinkState ID    AdvRouter      Age    Len   Sequence    Metric
 Router    2.2.2.2         2.2.2.2        110    48    80000003    1562
 Router    3.3.3.3         3.3.3.3        67     60    80000004    1562
 Sum-Net   11.1.1.0        2.2.2.2        129    28    80000001    1
 Sum-Net   10.1.1.0        2.2.2.2        129    28    80000001    2
 NSSA      14.1.1.0        3.3.3.3        111    36    80000001    1
 NSSA      0.0.0.0         2.2.2.2        129    36    80000001    1
```

从显示的结果可以看出,在次末梢区域中,自治系统外部路由以 LSA Type 7 的形式出现。

在路由器 RTA 上执行 display ospf lsdb 命令,显示结果如下。

[RTA]display ospf lsdb

```
       OSPF Process 1 with Router ID 1.1.1.1
              Link State Database
                   Area: 0.0.0.0
 Type      LinkState ID    AdvRouter      Age    Len   Sequence    Metric
 Router    2.2.2.2         2.2.2.2        211    36    80000007    1
```

Router	1.1.1.1		1.1.1.1	221	48	80000005	1
Network	11.1.1.2		2.2.2.2	244	32	80000002	0
Sum-Net	12.1.1.0		2.2.2.2	211	28	80000002	1562
Sum-Net	13.1.1.0		2.2.2.2	191	28	80000001	1563

```
              AS External Database
Type       LinkState ID    AdvRouter    Age    Len    Sequence     Metric
External     14.1.1.0       3.3.3.3     334     36    80000001       1
External     14.1.1.0       2.2.2.2     191     36    80000001       1
```

从显示的结果可以看出,在路由器 RTA 上,自治系统外部路由以 LSA Type 5 的形式出现。这是因为在区域边界路由器 RTB 上将次末梢区域中的 LSA Type 7 转换成了 LSA Type 5。

微课 4-6:OSPF 末梢区域配置和认证配置

4.4 路由引入技术

在有些情况下,网络中可能同时运行着多种路由选择协议,这就要求不同的路由选择协议之间能够共享路由信息。例如,从 RIP 路由进程学习到的路由可能需要被注入 OSPF 路由进程中去。这种在路由选择协议之间交换路由信息的过程称为路由引入。路由引入可以是单向的,即一种路由选择协议从另一种协议接收路由;也可以是双向的,即两种路由选择协议互相接收对方的路由。一般在边界路由器上执行路由引入,因为边界路由器位于两个或多个自治系统或者路由域的边界上,运行着多种路由选择协议。

由于路由引入涉及多种路由选择协议,而不同的路由选择协议具有不同的特性,因此在配置时容易出现以下问题。

(1) 路由环路:路由器有可能会把一个从自治系统学习到的路由信息发送回同一个自治系统。此问题与距离矢量路由选择技术中的水平分割问题类似。

(2) 路由信息不兼容:由于每种路由选择协议计算度量值的标准不同,因此在路由引入时可能会由于某种路由选择协议的度量值无法准确转换为另一种路由选择协议的度量值,而导致路由器通过路由引入所选择的路径并非最佳路径。

(3) 收敛时间不一致:不同的路由选择协议的收敛速度不同,例如,RIP 的收敛速度要比 OSPF 的收敛速度慢。因此,如果有链路失效,可能会产生网络收敛时间的不一致。

为避免产生上述问题,一般在配置路由引入时,如果存在一台以上的边界路由器,则只在一个方向上进行路由引入,以免产生路由环路和收敛时间不同所带来的问题。对于不引入外部路由的区域,这可以通过使用默认路由来实现。如果只有一台边界路由器则可以使用双向引入。

4.4.1 路由引入命令

路由引入在路由选择协议配置视图下进行配置,具体命令如下。

[Huawei-*protocol* 1-1] import-route *protocol* 2 [*process-id* | all-processes | allow-ibgp] [cost *cost*] type

type | cost-type {external | internal}] | [level-1 | level-1-2 | level-2] | tag *tag* | route-policy *route-policy-name*]

命令中各个参数的具体含义如下。

*protocol*1：进行路由引入的路由选择协议名称，如将 OSPF 引入 RIP 中，则 *protocol*1 为 RIP。如果 *protocol*1 为 RIP、OSPF 或者 ISIS 等协议，则 *protocol*1 后会有进程 ID，如果 *protocol*1 为 BGP，则不存在进程 ID。

*protocol*2：被引入的路由选择协议名称，如将 OSPF 引入 RIP 中，则 *protocol*2 为 OSPF。如果是直连路由被引入，参数为 direct；如果是静态路由被引入，参数为 static。

process-id：路由选择协议进程号，取值范围为 1～65 535，默认值为 1。只有当 *protocol*2 是 RIP、OSPF 或者 ISIS 时该参数可选。

all-processes：引入指定路由选择协议所有进程的路由，只有当 *protocol*2 是 RIP、OSPF 或者 ISIS 时可以指定该参数。

allow-ibgp：在 *protocol*2 是 BGP 时使用该参数。默认情况下，将 BGP 路由引入其他路由选择协议中，只引入外部边界网关协议（EBGP）路由，如果使用该参数则会将内部边界网关协议（IBGP）路由也引入（注意：引入 IBGP 路由容易产生路由环路，一般不要使用）。

cost *cost*：指定被引入路由的初始度量值。对于不同的 *protocol*1，其取值范围不同。如果 *protocol*1 为 RIP，则其取值范围是 0～16；如果 *protocol*1 为 OSPF，则取值范围是 0～16 777 214。如果没有指定，度量值将取 default cost 命令配置的值。

type *type*：指定引入 OSPF 中的路由类型，取值范围为 1～2，默认取值为 2。

cost-type {external | internal}：指定引入 ISIS 中的路由类型，默认为 external。

level-1 | level-1-2 | level-2：指定引入路由到 ISIS 的哪一级路由表中。

tag *tag*：指定引入路由的标记值，对于不同的 *protocol*1，其取值范围和默认取值不同。

route-policy *route-policy-name*：配置只有满足指定路由策略匹配条件的路由才会被引入。

4.4.2 路由引入的应用

1. RIP 和 OSPF 之间的路由引入

在如图 4-13 所示的网络中，路由器 RTB 为边界路由器，要求在其上实现 RIP 和 OSPF 的双向路由引入，并要求引入 OSPF 中的路由类型为 1，引入 RIP 中的路由初始度量值为 6。

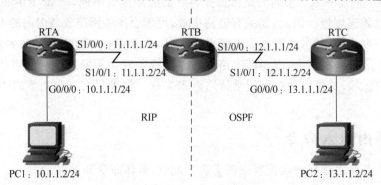

图 4-13 RIP 和 OSPF 路由引入

首先，完成网络的基础配置，其中路由器 RTA 和 RTC 的配置不再赘述，路由器 RTB 的配置如下。

[RTB]rip
[RTB-rip-1]version 2
[RTB-rip-1]undo summary
[RTB-rip-1]network 11.0.0.0
[RTB-rip-1]quit
[RTB]ospf
[RTB-ospf-1]area 0
[RTB-ospf-1-area-0.0.0.0]network 12.1.1.0 0.0.0.255

配置完成后，在路由器 RTB 上执行 display ip routing-table 命令查看路由表，显示结果如下。

[RTB]display ip routing-table
Route Flags: R - relay, D - download to fib

Routing Tables: Public
    Destinations : 14   Routes : 14

Destination/Mask	Proto	Pre	Cost	Flags	NextHop	Interface
10.1.1.0/24	RIP	100	1	D	11.1.1.1	Serial1/0/1
11.1.1.0/24	Direct	0	0	D	11.1.1.2	Serial1/0/1
11.1.1.1/32	Direct	0	0	D	11.1.1.1	Serial1/0/1
11.1.1.2/32	Direct	0	0	D	127.0.0.1	Serial1/0/1
11.1.1.255/32	Direct	0	0	D	127.0.0.1	Serial1/0/1
12.1.1.0/24	Direct	0	0	D	12.1.1.1	Serial1/0/0
12.1.1.1/32	Direct	0	0	D	127.0.0.1	Serial1/0/0
12.1.1.2/32	Direct	0	0	D	12.1.1.2	Serial1/0/0
12.1.1.255/32	Direct	0	0	D	127.0.0.1	Serial1/0/0
13.1.1.0/24	OSPF	10	1563	D	12.1.1.2	Serial1/0/0
127.0.0.0/8	Direct	0	0	D	127.0.0.1	InLoopBack0
127.0.0.1/32	Direct	0	0	D	127.0.0.1	InLoopBack0
127.255.255.255/32	Direct	0	0	D	127.0.0.1	InLoopBack0
255.255.255.255/32	Direct	0	0	D	127.0.0.1	InLoopBack0

从显示的结果可以看出，路由器 RTB 的路由表既学习到了 RIP 路由，又学习到了 OSPF 路由。

在路由器 RTA 上执行 display ip routing-table 命令查看路由表，显示结果如下。

[RTA]display ip routing-table
Route Flags: R - relay, D - download to fib

Routing Tables: Public
    Destinations : 11   Routes : 11

Destination/Mask	Proto	Pre	Cost	Flags	NextHop	Interface
10.1.1.0/24	Direct	0	0	D	10.1.1.1	GigabitEthernet 0/0/0
10.1.1.1/32	Direct	0	0	D	127.0.0.1	GigabitEthernet 0/0/0
10.1.1.255/32	Direct	0	0	D	127.0.0.1	GigabitEthernet 0/0/0
11.1.1.0/24	Direct	0	0	D	11.1.1.1	Serial1/0/0
11.1.1.1/32	Direct	0	0	D	127.0.0.1	Serial1/0/0

11.1.1.2/32	Direct	0	0	D	11.1.1.2	Serial1/0/0
11.1.1.255/32	Direct	0	0	D	127.0.0.1	Serial1/0/0
127.0.0.0/8	Direct	0	0	D	127.0.0.1	InLoopBack0
127.0.0.1/32	Direct	0	0	D	127.0.0.1	InLoopBack0
127.255.255.255/32	Direct	0	0	D	127.0.0.1	InLoopBack0
255.255.255.255/32	Direct	0	0	D	127.0.0.1	InLoopBack0

从显示的结果可以看出,路由器RTA没有学习到来自OSPF网络的路由,同样路由器RTC也没有学习到来自RIP网络的路由。

为了使RIP和OSPF之间可以互相接收对方的路由,需要在边界路由器RTB上进行路由的引入。首先,配置将RIP路由引入OSPF中,具体配置如下。

[RTB]ospf
[RTB-ospf-1]import-route rip type 1

配置完成后,在路由器RTC上执行display ip routing-table命令查看路由表,显示的结果如下。

[RTC]display ip routing-table
Route Flags: R - relay, D - download to fib

Routing Tables: Public
        Destinations : 13   Routes : 13

Destination/Mask	Proto	Pre	Cost	Flags	NextHop	Interface
10.1.1.0/24	O_ASE	150	1563	D	12.1.1.1	Serial1/0/1
11.1.1.0/24	O_ASE	150	1563	D	12.1.1.1	Serial1/0/1
12.1.1.0/24	Direct	0	0	D	12.1.1.2	Serial1/0/1
12.1.1.1/32	Direct	0	0	D	12.1.1.1	Serial1/0/1
12.1.1.2/32	Direct	0	0	D	127.0.0.1	Serial1/0/1
12.1.1.255/32	Direct	0	0	D	127.0.0.1	Serial1/0/1
13.1.1.0/24	Direct	0	0	D	13.1.1.1	GigabitEthernet 0/0/0
13.1.1.1/32	Direct	0	0	D	127.0.0.1	GigabitEthernet 0/0/0
13.1.1.255/32	Direct	0	0	D	127.0.0.1	GigabitEthernet 0/0/0
127.0.0.0/8	Direct	0	0	D	127.0.0.1	InLoopBack0
127.0.0.1/32	Direct	0	0	D	127.0.0.1	InLoopBack0
127.255.255.255/32	Direct	0	0	D	127.0.0.1	InLoopBack0
255.255.255.255/32	Direct	0	0	D	127.0.0.1	InLoopBack0

从显示的结果可以看出,路由器RTC学习到了去往网络10.1.1.0/24和11.1.1.0/24的自治系统外部路由,即从RIP引入的路由。其度量值均为1563,这是因为引入OSPF中的路由初始度量值为1,而路由类型为1,所以度量值为(初始度量值1+经过的一条串行链路的度量值1562)1563。如果路由类型为2,则其度量值为1。

此时,由于只配置了单向路由引入,因此在路由器RTA上的路由表没有变化,下面配置将OSPF路由引入RIP中,具体配置如下。

[RTB]rip
[RTB-rip-1]import-route ospf cost 6

配置完成后,在路由器RTA上执行display ip routing-table命令查看路由表,显示结果如下。

```
[RTA]display ip routing-table
Route Flags: R - relay, D - download to fib
```

Routing Tables: Public
    Destinations : 13   Routes : 13

Destination/Mask	Proto	Pre	Cost	Flags	NextHop	Interface
10.1.1.0/24	Direct	0	0	D	10.1.1.1	GigabitEthernet 0/0/0
10.1.1.1/32	Direct	0	0	D	127.0.0.1	GigabitEthernet 0/0/0
10.1.1.255/32	Direct	0	0	D	127.0.0.1	GigabitEthernet 0/0/0
11.1.1.0/24	Direct	0	0	D	11.1.1.1	Serial1/0/0
11.1.1.1/32	Direct	0	0	D	127.0.0.1	Serial1/0/0
11.1.1.2/32	Direct	0	0	D	11.1.1.2	Serial1/0/0
11.1.1.255/32	Direct	0	0	D	127.0.0.1	Serial1/0/0
12.1.1.0/24	RIP	100	7	D	11.1.1.2	Serial1/0/0
13.1.1.0/24	RIP	100	7	D	11.1.1.2	Serial1/0/0
127.0.0.0/8	Direct	0	0	D	127.0.0.1	InLoopBack0
127.0.0.1/32	Direct	0	0	D	127.0.0.1	InLoopBack0
127.255.255.255/32	Direct	0	0	D	127.0.0.1	InLoopBack0
255.255.255.255/32	Direct	0	0	D	127.0.0.1	InLoopBack0

从显示的结果可以看出，路由器 RTA 学习到了去往网络 12.1.1.0/24 和 13.1.1.0/24 的路由，即从 OSPF 引入的路由。其度量值为 7（在 Cisco 设备上度量值为 6），即初始度量值 6 加上经过的跳数 1。

2. 静态路由引入 OSPF

依然使用如图 4-13 所示的网络，在路由器 RTC 上配置两条分别去往网络 192.168.1.0/24 和 192.168.2.0/24 的静态路由，并将其引入 OSPF 网络中。具体配置如下。

```
[RTC]ip route-static 192.168.1.0 24 13.1.1.2
[RTC]ip route-static 192.168.2.0 24 13.1.1.2
[RTC]ospf
[RTC-ospf-1]import-route static
```

配置完成后，在路由器 RTB 上执行 display ip routing-table 命令查看路由表，显示结果如下。

```
[RTB]display ip routing-table
Route Flags: R - relay, D - download to fib
```

Routing Tables: Public
    Destinations : 16   Routes : 16

Destination/Mask	Proto	Pre	Cost	Flags	NextHop	Interface
10.1.1.0/24	RIP	100	1	D	11.1.1.1	Serial1/0/1
11.1.1.0/24	Direct	0	0	D	11.1.1.2	Serial1/0/1
11.1.1.1/32	Direct	0	0	D	11.1.1.1	Serial1/0/1
11.1.1.2/32	Direct	0	0	D	127.0.0.1	Serial1/0/1
11.1.1.255/32	Direct	0	0	D	127.0.0.1	Serial1/0/1
12.1.1.0/24	Direct	0	0	D	12.1.1.1	Serial1/0/0
12.1.1.1/32	Direct	0	0	D	127.0.0.1	Serial1/0/0
12.1.1.2/32	Direct	0	0	D	12.1.1.2	Serial1/0/0

12.1.1.255/32	Direct	0	0	D	127.0.0.1	Serial1/0/0
13.1.1.0/24	OSPF	10	1563	D	12.1.1.2	Serial1/0/0
127.0.0.0/8	Direct	0	0	D	127.0.0.1	InLoopBack0
127.0.0.1/32	Direct	0	0	D	127.0.0.1	InLoopBack0
127.255.255.255/32	Direct	0	0	D	127.0.0.1	InLoopBack0
192.168.1.0/24	O_ASE	150	1	D	12.1.1.2	Serial1/0/0
192.168.2.0/24	O_ASE	150	1	D	12.1.1.2	Serial1/0/0
255.255.255.255/32	Direct	0	0	D	127.0.0.1	InLoopBack0

从显示的结果可以看出,路由器 RTB 学习到了引入 OSPF 网络中的两条静态路由 192.168.1.0/24 和 192.168.2.0/24。

在路由器 RTA 上执行 display ip routing-table 命令查看路由表,显示的结果如下。

[RTA]display ip routing-table
Route Flags: R - relay, D - download to fib

Routing Tables: Public
         Destinations : 15   Routes : 15

Destination/Mask	Proto	Pre	Cost	Flags	NextHop	Interface
10.1.1.0/24	Direct	0	0	D	10.1.1.1	GigabitEthernet 0/0/0
10.1.1.1/32	Direct	0	0	D	127.0.0.1	GigabitEthernet 0/0/0
10.1.1.255/32	Direct	0	0	D	127.0.0.1	GigabitEthernet 0/0/0
11.1.1.0/24	Direct	0	0	D	11.1.1.1	Serial1/0/0
11.1.1.1/32	Direct	0	0	D	127.0.0.1	Serial1/0/0
11.1.1.2/32	Direct	0	0	D	11.1.1.2	Serial1/0/0
11.1.1.255/32	Direct	0	0	D	127.0.0.1	Serial1/0/0
12.1.1.0/24	RIP	100	7	D	11.1.1.2	Serial1/0/0
13.1.1.0/24	RIP	100	7	D	11.1.1.2	Serial1/0/0
127.0.0.0/8	Direct	0	0	D	127.0.0.1	InLoopBack0
127.0.0.1/32	Direct	0	0	D	127.0.0.1	InLoopBack0
127.255.255.255/32	Direct	0	0	D	127.0.0.1	InLoopBack0
192.168.1.0/24	RIP	100	7	D	11.1.1.2	Serial1/0/0
192.168.2.0/24	RIP	100	7	D	11.1.1.2	Serial1/0/0
255.255.255.255/32	Direct	0	0	D	127.0.0.1	InLoopBack0

从显示的结果可以看出,路由器 RTA 也学习了去往网络 192.168.1.0/24 和 192.168.2.0/24 的路由,这是通过两次路由引入获得的。

3. 直连路由引入 OSPF

在如图 4-14 所示的网络中,要求将路由器 RTA 的直连网络 1.1.1.0/24 引入 OSPF 中。

图 4-14 直连路由和 OSPF 重分布

路由器 RTA 的配置如下。

[RTA]interface loopback 0
[RTA-LoopBack0]ip address 1.1.1.1 24
[RTA-LoopBack0]quit
[RTA]interface GigabitEthernet 0/0/0

```
[RTA-GigabitEthernet0/0/0]undo portswitch
[RTA-GigabitEthernet0/0/0]ip address 10.1.1.1 24
[RTA-GigabitEthernet0/0/0]quit
[RTA]inter Serial 1/0/0
[RTA-Serial1/0/0]ip address 11.1.1.1 24
[RTA-Serial1/0/0]quit
[RTA]ospf
[RTA-ospf-1]area 0
[RTA-ospf-1-area-0.0.0.0]network 10.1.1.0 0.0.0.255
[RTA-ospf-1-area-0.0.0.0]network 11.1.1.0 0.0.0.255
[RTA-ospf-1-area-0.0.0.0]quit
[RTA-ospf-1]import-route direct
```

路由器 RTB 配置略。配置完成后，在路由器 RTB 上执行 display ip routing-table 命令查看路由表，显示的结果如下。

```
[RTB]display ip routing-table
Route Flags: R - relay, D - download to fib
```

Routing Tables: Public
        Destinations : 10   Routes : 10

Destination/Mask	Proto	Pre	Cost	Flags	NextHop	Interface
1.1.1.0/24	O_ASE	150	1	D	11.1.1.1	Serial1/0/1
10.1.1.0/24	OSPF	10	1563	D	11.1.1.1	Serial1/0/1
11.1.1.0/24	Direct	0	0	D	11.1.1.2	Serial1/0/1
11.1.1.1/32	Direct	0	0	D	11.1.1.1	Serial1/0/1
11.1.1.2/32	Direct	0	0	D	127.0.0.1	Serial1/0/1
11.1.1.255/32	Direct	0	0	D	127.0.0.1	Serial1/0/1
127.0.0.0/8	Direct	0	0	D	127.0.0.1	InLoopBack0
127.0.0.1/32	Direct	0	0	D	127.0.0.1	InLoopBack0
127.255.255.255/32	Direct	0	0	D	127.0.0.1	InLoopBack0
255.255.255.255/32	Direct	0	0	D	127.0.0.1	InLoopBack0

从显示的结果可以看出，直连路由 1.1.1.0/24 被引入了 OSPF 网络。其度量值为 1，因为其默认类型为 2，所以并没有加上 OSPF 网络内部的开销。

微课 4-7：不同协议的路由引入

4.5 虚拟路由器冗余协议

在以太网中，在为终端主机配置 IP 地址时，都需要为其配置一个默认网关地址。该地址实际上就是为主机配置的默认路由的下一跳地址。主机发出的所有目的地址不在本网段的报文都将通过默认路由发送到网关，由网关进行路由转发，从而实现主机与外部网络之间的通信。网关一般是路由器的以太网接口或三层交换机的三层 VLAN 虚接口。由于主机与外部网络的通信完全依赖网关进行，因此一旦网关出现故障，该网段内的所有主机都将无法与外部网络通信，这就要求网关设备必须具备极高的可靠性。而从理论上来讲，任何设备都不可避免地存在出现故障的可能性,因此在可靠性要求比较高的网络中就需要由多台物理设备通过互备在逻辑上作为一台网关设备存在。在网络中,这一功能由虚拟路由器冗余协议(virtual router redundancy protocol,VRRP)来实现。

4.5.1 VRRP 基础

1. VRRP 基本原理

VRRP 可以作为网关设备的多台路由器加入一个备份组,形成一台虚拟路由器,并为该虚拟路由器配置一个虚拟 IP 地址。网段中的主机看到的是一台网关设备,即虚拟路由器,它们只需要将该虚拟路由器的虚拟 IP 地址设置为默认网关即可。而在备份组内部,多台路由器之间通过选举产生一台 Master 路由器,即活动路由器,来承担网关功能,而其他路由器作为 Backup 路由器,即备份路由器。在 Master 路由器工作正常时,Backup 路由器不参与数据的转发,但是当 Master 路由器出现故障时,Backup 路由器中将选举出一台路由器作为新的 Master 路由器,以保证网络内部主机与外部网络之间的通信不会中断。在如图 4-15 所示的网络中,路由器 RTA、RTB 和 RTC 在逻辑上形成一台路由器,以保障网关设备的可靠性,而各台 PC 只要将默认网关设置为虚拟 IP 地址 192.168.1.1/24 即可与外部网络进行通信。

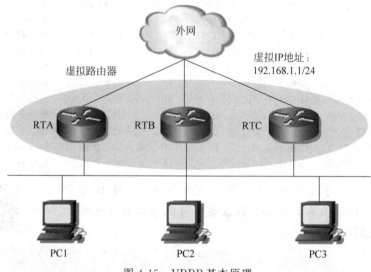

图 4-15　VRRP 基本原理

2. VRRP 报文格式

VRRP 只定义了一种报文即 VRRP 报文,这是一种组播报文,组播地址是 224.0.0.18,由 Master 路由器定时发送 VRRP 报文来通告它的存在。VRRP 报文还可以用来检测虚拟路由器的各种参数,并用于进行 Master 路由器的选举。VRRP 报文的格式如图 4-16 所示。

VRRP 报文中的各项参数说明如下。

(1) Version:VRRP 的版本号,基于 IPv4 的 VRRP,版本号为 2。

(2) Type:VRRP 报文类型,VRRP 只有一种报文类型,即 VRRP 通告(advertisement)报文,因此该字段取值为固定值 1。

	8	16	24	32
Version	Type	Virtual Rtr ID	Priority	Count IP Addrs
Auth Type		Adver Int	Checksum	
IP Address 1				
⋮				
IP Address N				
Authentication Data 1				
Authentication Data 2				

图 4-16　VRRP 报文格式

(3) Virtual Rtr ID：虚拟路由器 ID，即备份组 ID，取值范围为 1～255。

(4) Priority：路由器在备份组中的优先级，其取值范围为 0～255，数值越大表明优先级越高，默认优先级为 100。优先级是进行 Master 路由器选举的依据。

优先级实际上可配置的范围是 1～254，其中优先级 0 为系统保留优先级，而优先级 255 则用来分配给 IP 地址拥有者。所谓的 IP 地址拥有者是指接口 IP 地址与虚拟 IP 地址相同的路由器，在为虚拟路由器配置虚拟 IP 地址时，其地址可以使用备份组所在网段中未被分配的 IP 地址，也可以使用备份组中某个路由器的接口 IP 地址。如果虚拟 IP 地址使用了某个路由器的接口 IP 地址，则该路由器即为 IP 地址拥有者。VRRP 为 IP 地址拥有者分配了最高的优先级 255，也就意味着如果备份组中存在 IP 地址拥有者，则只要它工作正常，就会是 Master 路由器。

(5) Count IP Addrs：备份组中虚拟 IP 地址的个数，一个备份组可以对应多个虚拟 IP 地址。

(6) Auth Type：认证类型，0 表示无认证，1 表示简单字符认证，2 表示 MD5 认证。

(7) Adver Int：Master 路由器发送 VRRP 报文的时间间隔，默认为 1s。

(8) Checksum：16 位的校验和，用于进行 VRRP 报文的完整性校验。

(9) IP Address：备份组的虚拟 IP 地址。

(10) Authentication string：采用了简单字符认证方式时的验证字。

网络中实际的 VRRP 报文如图 4-17 所示。

3. VRRP 工作流程

VRRP 的具体工作流程如下。

(1) 在路由器上配置了 VRRP 以后，同一备份组中的路由器通过交互 VRRP 通告报文，比较各自的优先级来进行 Master 路由器的选举。优先级值最大的路由器将被选举为 Master 路由器，其他路由器则成为 Backup 路由器。

(2) 在选举出 Master 路由器后，由 Master 路由器负责提供路由服务，Master 路由器依据 VRRP 通告报文时间间隔定时器设置的值，即 Adver Int 字段的值（默认为 1s）定时组播发送 VRRP 通告报文，通知备份组内的其他路由器自己工作正常。而 Backup 路由器则启动定时器并等待 Master 路由器发送的 VRRP 通告报文的到来。如果 Backup 路由器在等待了 3 个 VRRP 通告报文时间间隔后依然没有收到来自 Master 路由器的 VRRP 通告报

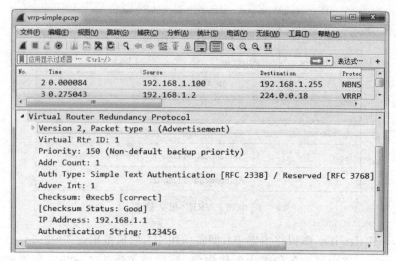

图 4-17 网络中实际的 VRRP 报文

文,则认为 Master 路由器出现了故障,此时 Backup 路由器会认为自己是 Master 路由器,并向外发送 VRRP 通告报文。备份组中的多台 Backup 路由器都会将自己看作 Master 路由器,并发送 VRRP 通告报文,重新进行选举,并最终选举出新的 Master 路由器来提供路由服务。

(3) 在 Master 路由器工作正常的情况下,可能存在某一台 Backup 路由器被配置了更高优先级的情况,此时是否触发 Master 路由器的重新选举取决于备份组中路由器的工作方式。在 VRRP 中路由器有两种不同的工作方式,具体如下。

① 非抢占方式:如果路由器工作在非抢占方式下,那么只要 Master 路由器没有出现故障,即使 Backup 路由器被配置了更高的优先级也不会进行重新选举。

② 抢占方式:在抢占方式下,Backup 路由器一旦发现自己的优先级比收到的 VRRP 通告报文中 Master 路由器的优先级高,则该 Backup 路由器将成为 Master 路由器,并向外发送 VRRP 通告报文,触发重新选举,使原来的 Master 路由器变成 Backup 路由器。备份组中的路由器默认均在抢占方式下工作。

4.5.2 VRRP 的配置和验证

1. VRRP 的配置

VRRP 的基本配置涉及的命令如下。

(1) 创建一个 VRRP 备份组并为其配置一个虚拟 IP 地址。

[Huawei-interface-number]vrrp vrid *virtual-router-id* virtual-ip *virtual-address*

该命令在三层接口视图下进行配置,接口可以是路由接口,也可以是三层 VLAN 虚接口。在为接口创建备份组并配置虚拟 IP 地址之前,要确保该接口已经配置了 IP 地址,并且确保随后要配置的虚拟 IP 地址与接口的 IP 地址在同一网段中。只有配置的虚拟 IP 地址和接口 IP 地址在同一网段,并且是合法的主机地址时,备份组才能正常工作。否则,虽然可以配置成功,但 VRRP 不会起任何作用。

(2) 配置路由器在备份组中的优先级。

[Huawei-interface-number]vrrp vrid *virtual-router-id* priority *priority-value*

默认情况下,优先级的取值为 100。建议为备份组中不同的路由器配置不同的优先级,以确保 VRRP 的选举可被控制。

(3) 配置备份组中的路由器工作在抢占方式,并配置抢占延迟时间。

[Huawei-interface-number]vrrp vrid *virtual-router-id* preempt-mode timer delay *delay-value*

默认情况下,抢占延迟时间为 0s。为了避免备份组中的路由器频繁进行主备状态的转换,让 Backup 路由器有足够的时间搜集必要信息,可以为其设置一定的抢占延迟时间,使 Backup 路由器在收到优先级低于自己优先级的 VRRP 通告报文后,不会立即抢占成为 Master 路由器,而是等待一个抢占延迟时间后才对外发送 VRRP 通告报文取代原来的 Master 路由器。

(4) 配置备份组中 Master 路由器发送 VRRP 通告报文的时间间隔。

[Huawei-interface-number]vrrp vrid *virtual-router-id* timer advertise *adver-interval*

Master 路由器发送 VRRP 通告报文的默认时间间隔为 1s,而 Backup 路由器的等待时间间隔为该定时器的 3 倍,即 3s。网络中流量过大或者同一备份组中不同路由器上的定时器存在差异的情况,可能会导致 Backup 路由器的定时器异常超时而发生状态转换,此时可以通过延长 VRRP 通告报文时间间隔来解决这一问题。

假设存在如图 4-18 所示的网络,通过配置 RIPv2 实现各个网段之间的路由,要求进行 VRRP 的配置,将路由器 RTA 和 RTB 加入同一个备份组中,并为该备份组配置虚拟 IP 地址 192.168.1.1/24,使 PC1 和 PC2 可以通过网关 192.168.1.1 与 PC3 进行通信。同时,要求在正常情况下,路由器 RTA 被选举为 Master 路由器,在 RTA 出现故障时,路由器 RTB 成为 Master 路由器。

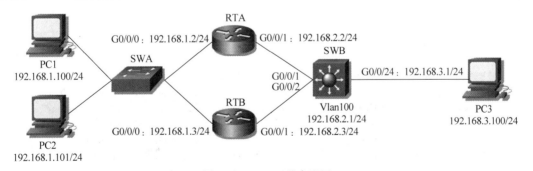

图 4-18 VRRP 基本配置

在如图 4-18 所示的网络中,交换机 SWA 为空配置,在路由器 RTA 和 RTB 上首先为各个接口配置 IP 地址并配置 RIPv2,具体配置略。

交换机 SWB 的配置如下。

[SWB]vlan 100
[SWB-vlan100]quit
[SWB]interface GigabitEthernet 0/0/1

```
[SWB-GigabitEthernet0/0/1]port link-type access
[SWB-GigabitEthernet0/0/1]port default vlan 100
[SWB-GigabitEthernet0/0/1]quit
[SWB]interface GigabitEthernet 0/0/2
[SWB-GigabitEthernet0/0/2]port link-type access
[SWB-GigabitEthernet0/0/2]port default vlan 100
[SWB-GigabitEthernet0/0/2]quit
[SWB]interface Vlanif 100
[SWB-Vlanif100]ip address 192.168.2.1 24
[SWB-Vlanif100]quit
[SWB]interface GigabitEthernet 0/0/24
[SWB-GigabitEthernet0/0/24]undo portswitch
[SWB-GigabitEthernet0/0/24]ip address 192.168.3.1 24
[SWB-GigabitEthernet0/0/24]quit
[SWB]rip
[SWB-rip-1]version 2
[SWB-rip-1]undo summary
[SWB-rip-1]network 192.168.2.0
[SWB-rip-1]network 192.168.3.0
```

注意：在交换机 SWB 的配置中，接口 GigabitEthernet 0/0/1 和 GigabitEthernet 0/0/2 作为二层接入端口被划分到了 VLAN 100 中，三层虚接口 VLAN 100 与两台路由器的接口 GigabitEthernet 0/0/1 处于同一个网段中。此时在交换机 SWB 的路由表中可以看到去往网络 192.168.1.0/24 存在两条等价路由，下一跳分别是 192.168.2.2 和 192.168.2.3，即通过路由器 RTA 或 RTB 均可以实现 PC1/PC2 所在网段 192.168.1.0/24 与主机 PC3 的通信，这是进行 VRRP 配置的必要条件。在交换机 SWB 上执行 display ip routing-table 命令，显示的等价路由如下。

```
[SWB]display ip routing-table
Route Flags: R - relay, D - download to fib
------------------------------------------------------------
Routing Tables: Public
         Destinations : 7        Routes : 8

Destination/Mask    Proto    Pre   Cost   Flags   NextHop         Interface
127.0.0.0/8         Direct   0     0      D       127.0.0.1       InLoopBack0
127.0.0.1/32        Direct   0     0      D       127.0.0.1       InLoopBack0
192.168.1.0/24      RIP      100   1      D       192.168.2.2     Vlanif100
                    RIP      100   1      D       192.168.2.3     Vlanif100
192.168.2.0/24      Direct   0     0      D       192.168.2.1     Vlanif100
192.168.2.1/32      Direct   0     0      D       127.0.0.1       Vlanif100
192.168.3.0/24      Direct   0     0      D       192.168.3.1     GigabitEthernet 0/0/24
192.168.3.1/32      Direct   0     0      D       127.0.0.1       GigabitEthernet 0/0/24
```

路由配置完成后，在路由器 RTA 和 RTB 上进行 VRRP 相关的配置，具体配置如下。

```
[RTA]interface GigabitEthernet 0/0/0
[RTA-GigabitEthernet0/0/0]vrrp vrid 1 virtual-ip 192.168.1.1
[RTA-GigabitEthernet0/0/0]vrrp vrid 1 priority 150
```

[RTB]interface GigabitEthernet 0/0/0
[RTB-GigabitEthernet0/0/0]vrrp vrid 1 virtual-ip 192.168.1.1

配置完成后,将 PC1 和 PC2 的默认网关设置为虚拟 IP 地址 192.168.1.1,然后执行 ipconfig 命令测试它们与 PC3 的连通性,发现可以进行通信,说明 VRRP 配置正确。

2. VRRP 的验证

(1) display vrrp

display vrrp 命令用来查看 VRRP 备份组的详细信息。在路由器 RTA 上执行 display vrrp 命令,显示结果如下。

```
[RTA]display vrrp
  GigabitEthernet0/0/0 | Virtual Router 1
    State : Master
    Virtual IP : 192.168.1.1
    Master IP : 192.168.1.2
    PriorityRun : 150
    PriorityConfig : 150
    MasterPriority : 150
    Preempt : YES    Delay Time : 0s
    TimerRun : 1s
    TimerConfig : 1s
    Auth type : NONE
    Virtual MAC : 0000-5e00-0101
    Check TTL : YES
    Config type : normal-vrrp
    Backup-forward : disabled
    Create time : 2019-04-03 21:35:17
    Last change time : 2019-04-03 21:35:20
```

从显示的结果可以看出以下信息。

① 当前存在一个虚拟路由器,即备份组。

② 接口 GigabitEthernet 0/0/0 隶属于备份组 1。

③ 在该备份组中路由器 RTA 是 Master 路由器。

④ 备份组的虚拟 IP 地址是 192.168.1.1。

⑤ Master 的 IP 地址即路由器 RTA 接口 GigabitEthernet 0/0/0 的 IP 地址是 192.168.1.2。

⑥ 路由器 RTA 的运行优先级为 150。

⑦ 路由器工作在抢占模式(preempt mode);抢占延迟为 0s。

⑧ Master 路由器发送 VRRP 通告报文的时间间隔为 1s。

⑨ 在当前备份组中没有启用认证。

⑩ 虚拟 MAC 地址为 0000-5e00-0101;VRRP 存在虚 MAC 地址和实 MAC 地址两种运行方式。在虚 MAC 地址运行方式中,创建了备份组后,VRRP 会自动生成一个与虚拟 IP 地址相对应的虚拟 MAC 地址,以用来对网段中主机的 ARP 请求进行应答。在采用虚 MAC 地址方式时,由于网段中主机上的 ARP 缓存中保存的是虚拟 IP 地址与虚拟 MAC 地址之间的映射,因此即使备份组中进行了重新选举使 Master 路由器易主,也不需要更新其映射关系。但是,当备份组中存在 IP 地址拥有者时,如果采用虚 MAC 地址方式,会造成一

个 IP 地址对应两个 MAC 地址的问题，此时就需要采用实 MAC 地址方式。在实 MAC 地址方式中，网段中主机发送的报文将按照实际的 MAC 地址转发给 IP 地址拥有者。默认情况下 VRRP 的运行方式为虚 MAC 地址方式。

在本例中，虚拟 MAC 地址 0000-5e00-0101 对应备份组的虚拟 IP 地址 192.168.1.1。在 PC1（或 PC2）上与 PC3 进行通信后，在 PC1（或 PC2）的命令行模式下执行 arp-a 命令查看 ARP 缓存，显示结果如下。

```
C:\Documents and Settings\Administrator> arp -a
Interface: 192.168.1.100 --- 0x2
  Internet Address      Physical Address      Type
  192.168.1.1           00-00-5e-00-01-01     dynamic
```

如果在路由器 RTB 上执行 display vrrp 命令，可以看到路由器 RTB 在备份组中是 Backup 路由器。如果此时人为地断开路由器 RTA 接口 GigabitEthernet 0/0/0 上的连接，则会发现路由器 RTB 将成为 Master 路由器，从而保障了网关设备的可靠性。

（2）display vrrp brief

display vrrp brief 命令用来查看 VRRP 备份组的基本信息。在路由器 RTA 上执行 display vrrp brief 命令，显示结果如下。

```
[RTA]display vrrp brief
Total:1    Master:1    Backup:0    Non-active:0
VRID    State      Interface              Type       Virtual IP
--------------------------------------------------------------
1       Master     GE0/0/0                Normal     192.168.1.1
```

（3）display vrrp statistics

display vrrp statistics 命令用来查看 VRRP 备份组的统计信息。在路由器 RTA 上执行 display vrrp statistics 命令，显示结果如下。

```
[RTA]display vrrp statistics
  Checksum errors : 0
  Version errors : 0
  Vrid errors : 0
  Other errors : 0

  GigabitEthernet0/0/0 | Virtual Router 1
                   Transited to master : 1
                   Transited to backup : 1
                   Transited to initialize : 0
                   Received advertisements : 0
                   Sent advertisements : 1486
                   Advertisement interval errors : 0
                   Failed to authentication check : 0
                   Received ip ttl errors : 0
                   Received packets with priority zero : 0
```

```
            Sent packets with priority zero : 0
            Received invalid type packets : 0
            Received unmatched address list packets : 0
            Unknown authentication type packets : 0
            Mismatched authentication type : 0
            Packet length errors : 0
            Discarded packets since track admin-vrrp : 0
            Received attacking packets : 0
            Received selfsend packets : 0
```

可以在用户视图下执行 reset vrrp statistics 命令来清除 VRRP 备份组的统计信息。

4.5.3 VRRP 的认证

为防止非法用户伪造报文攻击备份组，VRRP 提供了对报文的认证功能。VRRP 支持明文认证和 MD5 密文认证两种方式。认证使用的命令如下。

[RTA-interface-number]vrrp vrid *virtual-router-id* authentication-mode {simple|md5} *key*

1. 明文认证

明文认证即简单字符认证，如果采用了明文认证，则发送 VRRP 通告报文的路由器将密钥填入 VRRP 通告报文的 Authentication Data 字段中，收到 VRRP 通告报文的路由器将收到的报文中的 Authentication Data 字段值与本地配置的密钥进行比较。如果相同，则认为接收到的 VRRP 通告报文是真实合法的报文；如果不同，则认为接收到的 VRRP 通告报文是一个非法报文。

在此延续 4.5.2 节的配置，要求在备份组 1 中配置明文认证，密钥为 123456。路由器 RTA 的配置如下。

[RTA-GigabitEthernet0/0/0]vrrp vrid 1 authentication-mode simple 123456

配置完成后，系统会提示 VRRP failed to authentication。此时使用 display vrrp 命令查看会发现路由器 RTA 和 RTB 都将自己作为 Master 路由器，并向外发送 VRRP 通告报文。

在路由器 RTB 上进行相同的配置，配置完成后，路由器 RTB 将恢复为 Backup 路由器。在路由器 RTA 上执行 display vrrp 命令，显示结果如下。

```
[RTA]display vrrp
  GigabitEthernet0/0/0 | Virtual Router 1
    State : Master
    Virtual IP . 192.168.1.1
    Master IP : 192.168.1.2
    PriorityRun : 150
    PriorityConfig : 150
    MasterPriority : 150
    Preempt : YES    Delay Time : 0s
    TimerRun : 1s
    TimerConfig : 1s
    Auth type : SIMPLE    Auth key : ******
```

  Virtual MAC : 0000-5e00-0101
  Check TTL : YES
  Config type : normal-vrrp
  Backup-forward : disabled
  Create time : 2019-04-03 21:35:17
  Last change time : 2019-04-03 21:35:20

  从显示的结果可以看出,备份组采用了明文认证,其中 Auth key 为******回显。使用 Wireshark 捕获 VRRP 通告报文,可以看到报文中 Auth type 字段值为 1,Authentication Data 字段值为 123456。

2. MD5 认证

  在采用 MD5 认证时,VRRP 外层会进行认证头(authentication header,AH)协议的封装。发送 VRRP 通告报文的路由器首先会利用配置的密钥和 MD5 算法对 VRRP 通告报文进行散列运算,运算结果保存在 AH 封装的完整性校验值(integrity check value,ICV)字段。收到 VRRP 通告报文的路由器会利用配置的密钥和 MD5 算法对 VRRP 通告报文进行同样的运算,并将运算结果与 AH ICV 字段进行比较。如果相同,则认为接收到的 VRRP 通告报文是真实合法的报文;如果不同,则认为接收到的 VRRP 通告报文是一个非法报文。

  在此延续 4.5.2 节的配置,要求在备份组 1 中配置 MD5 认证,密钥为 123456。具体的配置如下。

```
[RTA-GigabitEthernet0/0/0]vrrp vrid 1 authentication-mode md5 123456
[RTB-GigabitEthernet0/0/0]vrrp vrid 1 authentication-mode md5 123456
```

  配置完成后,在路由器 RTA 上执行 display vrrp verbose 命令,可以看到备份组 1 采用了 MD5 认证。使用 Wireshark 捕获 VRRP 通告报文,可以看到报文中 VRRP 封装中的 Auth Type 字段值为 2,在 AH 协议封装中的 AH ICV 字段值是对 VRRP 通告报文进行散列运算的结果,如图 4-19 所示。

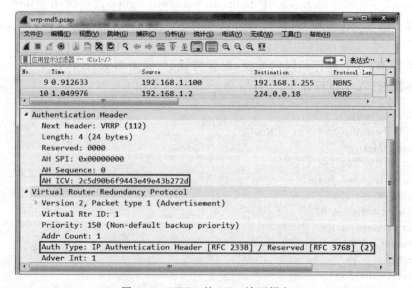

图 4-19 VRRP 的 MD5 认证报文

4.5.4 VRRP 监视指定接口

配置 VRRP,使多台路由器在逻辑上虚拟成一台路由器。进行选举,确保在 Master 路由器出现故障时,其他路由器可以担负起提供路由服务的功能。但是这里所说的故障仅限于 Master 路由器与终端主机网段相连的接口故障。在图 4-18 所示的网络中,当路由器 RTA 的接口 GigabitEthernet 0/0/0 出现故障时,路由器 RTB 将成为 Master 路由器提供路由服务,以保证 PC1/PC2 和 PC3 之间的通信不会中断。但是如果路由器 RTA 连接上行链路的接口 GigabitEthernet 0/0//1 出现了故障,那么由于备份组无法感知上行链路的故障,路由器 RTA 依然是 Master 路由器,这就会导致 PC1/PC2 无法访问 PC3 所在的网络。

为了解决这种问题,VRRP 提供了监视指定接口的功能。通过对连接上行链路的接口进行监视,在被监视的接口出现故障时,路由器将主动降低自己的优先级,使得备份组内其他路由器的优先级高于该路由器,从而触发 VRRP 的重新选举,产生新的 Master 路由器负责提供路由服务。监视指定接口使用的命令如下。

[Huawei-interface-number] vrrp vrid *virtual-router-id* track interface *interface-type interface-number* reduced *priority-reduced*

在此延续 4.5.2 节的配置,要求配置监视指定接口功能,在路由器 RTA 连接上行链路的接口 GigabitEthernet 0/0/1 出现故障时,路由器 RTA 的优先级降低 60,从而使路由器 RTB 赢得选举,成为 Master 路由器,以确保 PC1/PC2 与 PC3 所在网络之间的通信。具体的配置如下。

[RTA-GigabitEthernet0/0/0]vrrp vrid 1 track interface GigabitEthernet 0/0/1 reduced 60

配置完成后,在路由器 RTA 的接口 GigabitEthernet 0/0/1 工作正常的情况下,使用 display vrrp 命令可以看到路由器 RTA 是 Master 路由器,路由器 RTB 是 Backup 路由器。

将路由器 RTA 的接口 GigabitEthernet 0/0/1 的物理连接断开或逻辑上 shutdown,然后在路由器 RTA 上执行 display vrrp 命令,显示结果如下。

```
[RTA]display vrrp
  GigabitEthernet0/0/0 | Virtual Router 1
    State : Backup
    Virtual IP : 192.168.1.1
    Master IP : 192.168.1.3
    PriorityRun : 90
    PriorityConfig : 150
    MasterPriority : 100
    Preempt : YES    Delay Time : 0s
    TimerRun : 1s
    TimerConfig : 1s
    Auth type : MD5    Auth key : ******
    Virtual MAC : 0000-5e00-0101
    Check TTL : YES
    Config type : normal-vrrp
    Backup-forward : disabled
    Track IF : GigabitEthernet0/0/1    Priority reduced : 60
```

IF state : DOWN
Create time : 2019-04-03 21:35:17
Last change time : 2019-04-04 00:10:19

从显示的结果可以看出,路由器RTA为Backup路由器,配置的优先级为150,但当前运行的优先级为90。这是因为在路由器RTA上配置了监视指定接口的功能,而监视的接口GigabitEthernet 0/0/1处于Down状态,因此优先级降低了60,成为90(150－60)。

在路由器RTB上执行display vrrp brief命令,显示结果如下。

```
[RTB]display vrrp brief
Total:1      Master:1       Backup:0      Non-active:0
VRID    State         Interface        Type         Virtual IP
----------------------------------------------------------------
1       Master        GE0/0/0          Normal       192.168.1.1
```

可见路由器RTB被选举成了Master路由器,这是因为在路由器RTA的优先级降低至90后,路由器RTB的优先级100成了备份组中的最高优先级,从而赢得了选举。

在Master路由器上监视指定接口,确保了在Master路由器连接上行链路的接口出现故障时,能够选举产生新的Master路由器,保证了网络通信不会中断。

当路由器RTA的接口GigabitEthernet 0/0/1恢复后,路由器RTA的运行优先级将恢复为150,并重新被选举为Master路由器。

4.5.5 VRRP的负载分担

在单备份组的配置中,所有的路由服务均由Master路由器来完成,即使Master路由器负载过大导致路由效率降低,备份组中的Backup路由器也不会进行任何路由流量的处理。在实际中,网络管理员可能更希望备份组中的多台路由器能够共同对数据流量进行路由处理以实现负载的分担,这可以通过创建多个备份组来实现。在路由器的一个接口上创建多个备份组,并指定其在特定备份组中的优先级,可以使该路由器在一个备份组中被选举为Master路由器,而在其他备份组中成为Backup路由器,从而最终使不同的备份组拥有不同的Master路由器。将网段中终端主机的默认网关分别设置为各个备份组的虚拟IP地址,使不同主机的数据流量通过不同备份组的Master路由器进行路由,从而实现负载的分担。

在此依然使用如图4-18所示的网络,要求为其配置两个备份组。其中,备份组1的虚拟IP地址是192.168.1.1/24,在备份组1中路由器RTA被选举为Master路由器;备份组2的虚拟IP地址为192.168.1.254/24,在备份组2中路由器RTB被选举为Master路由器。具体的配置如下。

```
[RTA]interface GigabitEthernet 0/0/0
[RTA-GigabitEthernet0/0/0]vrrp vrid 1 virtual-ip 192.168.1.1
[RTA-GigabitEthernet0/0/0]vrrp vrid 1 priority 150
[RTA-GigabitEthernet0/0/0]vrrp vrid 2 virtual-ip 192.168.1.254

[RTB]interface GigabitEthernet 0/0/0
[RTB-GigabitEthernet0/0/0]vrrp vrid 1 virtual-ip 192.168.1.1
[RTB-GigabitEthernet0/0/0]vrrp vrid 2 virtual-ip 192.168.1.254
[RTB-GigabitEthernet0/0/0]vrrp vrid 2 priority 150
```

配置完成后,在路由器 RTA 上执行 display vrrp 命令,显示结果如下。

```
[RTA]display vrrp
  GigabitEthernet0/0/0 | Virtual Router 1
    State : Master
    Virtual IP : 192.168.1.1
    Master IP : 192.168.1.2
    PriorityRun : 150
    PriorityConfig : 150
    MasterPriority : 150
    Preempt : YES    Delay Time : 0s
    TimerRun : 1s
    TimerConfig : 1s
    Auth type : NONE
    Virtual MAC : 0000-5e00-0101
    Check TTL : YES
    Config type : normal-vrrp
    Backup-forward : disabled
    Track IF : GigabitEthernet0/0/1    Priority reduced : 60
    IF state : UP
    Create time : 2019-04-03 21:35:17
    Last change time : 2019-04-04 00:13:58

  GigabitEthernet0/0/0 | Virtual Router 2
    State : Backup
    Virtual IP : 192.168.1.254
    Master IP : 192.168.1.3
    PriorityRun : 100
    PriorityConfig : 100
    MasterPriority : 150
    Preempt : YES    Delay Time : 0s
    TimerRun : 1s
    TimerConfig : 1s
    Auth type : NONE
    Virtual MAC : 0000-5e00-0102
    Check TTL : YES
    Config type : normal-vrrp
    Backup-forward : disabled
    Create time : 2019-04-04 00:19:20
    Last change time : 2019-04-04 00:20:13
```

从显示的结果可以看出,路由器 RTA 上配置了两个备份组,在备份组 1 中路由器 RTA 是 Master 路由器,而在备份组 2 中 RTA 是 Backup 路由器。相应地,在备份组 1 中路由器 RTB 是 Backup 路由器,而在备份组 2 中 RTB 是 Master 路由器。在路由器 RTB 上执行 display vrrp brief 命令,显示结果如下。

```
[RTB]display vrrp brief
Total:2     Master:1     Backup:1     Non-active:0
VRID    State          Interface          Type             Virtual IP
--------------------------------------------------------------------
```

1	Backup	GE0/0/0	Normal	192.168.1.1
2	Master	GE0/0/0	Normal	192.168.1.254

将 PC1 的默认网关设置为 192.168.1.1，使其访问 PC3 所在网段的流量通过路由器 RTA 进行路由；将 PC2 的默认网关设置为 192.168.1.254，使其访问 PC3 所在网段的流量通过路由器 RTB 进行路由，从而实现网络流量的负载分担。

微课 4-8：VRRP 配置

4.6 企业网络路由技术实现

在模拟学院主校区的局域网中，汇聚层交换机通过配置三层虚接口为其下的接入层各部门网段提供路由。在汇聚层交换机和核心层交换机之间运行 RIPv2 以实现整个主校区局域网的路由。在主校区局域网的出口路由器上同时运行 RIPv2 和 OSPF 两种路由选择协议，并进行双向的路由引入。在分校区的网络出口路由器和核心交换机上运行 OSPF 路由选择协议，其中出口路由器作为区域边界路由器存在，与主校区出口路由器连接的接口处于主干区域，而与分校区局域网连接的接口处于非主干区域，并将非主干区域设置为完全末梢区域。在教学楼的汇聚层交换机上配置 VRRP，以保障教学楼各部门网关的可靠性。

考虑到同层设备的配置比较类似，为节约篇幅，在此对于同类设备仅选取其中的一台给出配置，其他设备的配置不再提供。

教学楼的其中一台汇聚层交换机相关的配置如下。

```
[E-D-1]interfaceGigabitEthernet 0/0/1
[E-D-1-GigabitEthernet0/0/1]port link-type trunk
[E-D-1-GigabitEthernet0/0/1]port trunk allow-pass vlan all
[E-D-1-GigabitEthernet0/0/1]quit
//将与接入层交换机连接的端口设置为 Trunk 模式
//端口 GigabitEthernet 0/0/2～GigabitEthernet 0/0/6 配置略
[E-D-1]interface Vlanif 10
[E-D-1-Vlanif10]ip address 202.207.122.60 26
//为计算机系的三层虚接口配置 IP 地址
[E-D-1-Vlanif10]vrrp vrid 1 virtual-ip 202.207.122.62
[E-D-1-Vlanif10]vrrp vrid 1 priority 120
[E-D-1-Vlanif10]quit
//配置 VRRP，计算机系的虚拟网关为 202.207.122.62
[E-D-1]interface Vlanif 11
[E-D-1-Vlanif11]ip address 202.207.122.92 27
//为速递物流系的三层虚接口配置 IP 地址
[E-D-1-Vlanif11]vrrp vrid 2 virtual-ip 202.207.122.94
[E-D-1-Vlanif11]quit
//配置 VRRP，速递物流系的虚拟网关为 202.207.122.94
//其他部门三层虚接口配置略
[E-D-1]interfaceGigabitEthernet 0/0/23
[E-D-1-GigabitEthernet0/0/23]undo portswitch
[E-D-1-GigabitEthernet0/0/23]ip address 202.207.127.129 30
[E-D-1-GigabitEthernet0/0/23]quit
```

```
//上连核心层交换机1
[E-D-1]interfaceGigabitEthernet 0/0/24
[E-D-1-GigabitEthernet0/0/24]undo portswitch
[E-D-1-GigabitEthernet0/0/24]ip address 202.207.127.133 30
[E-D-1-GigabitEthernet0/0/24]quit
//上连核心层交换机2
[E-D-1]rip
[E-D-1-rip-1]version 2
[E-D-1-rip-1]undo summary
[E-D-1-rip-1]network 202.207.122.0
[E-D-1-rip-1]network 202.207.127.0
//发布其他网络配置略
```

主校区的其中一台核心层交换机相关的配置如下。

```
[E-C-1]interfaceGigabitEthernet 0/0/1
[E-C-1-GigabitEthernet0/0/1]undo portswitch
[E-C-1-GigabitEthernet0/0/1]ip address 202.207.124.124 27
[E-C-1-GigabitEthernet0/0/1]vrrp vrid 1 virtual-ip 202.207.124.126
[E-C-1-GigabitEthernet0/0/1]vrrp vrid 1 priority 120
[E-C-1-GigabitEthernet0/0/1]quit
//连接网络中心的接口及VRRP配置
[E-C-1]interfaceGigabitEthernet 0/0/2
[E-C-1-GigabitEthernet0/0/2]undo portswitch
[E-C-1-GigabitEthernet0/0/2]ip address 202.207.127.130 30
[E-C-1-GigabitEthernet0/0/2]quit
//连接教学楼汇聚层交换机的接口配置
//连接其他汇聚层交换机的接口配置略
[E-C-1]interfaceGigabitEthernet 0/0/24
[E-C-1-GigabitEthernet0/0/24]undo portswitch
[E-C-1-GigabitEthernet0/0/24]ip address 202.207.127.173 30
[E-C-1-GigabitEthernet0/0/24]quit
//连接出口路由器的接口配置
[E-C-1]rip
[E-C-1-rip-1]version 2
[E-C-1-rip-1]undo summary
[E-C-1-rip-1]network 202.207.124.0
[E-C-1-rip-1]network 202.207.127.0
```

主校区的出口路由器相关的配置如下。

```
[M-O]interface GigabitEthernet 0/0/0
[M-O-GigabitEthernet0/0/0]ip address 202.207.127.174 30
[M-O-GigabitEthernet0/0/0]quit
//连接核心交换机1
[M-O]interface GigabitEthernet 0/0/1
[M-O-GigabitEthernet0/0/1]ip address 202.207.127.178 30
[M-O-GigabitEthernet0/0/1]quit
//连接核心交换机2
[M-O]interface Serial 1/0/0
[M-O-Serial1/0/0]ip address 202.207.127.249 30
[M-O-Serial1/0/0]quit
```

//连接分校区 1 的出口路由器
[M-O]interface Serial1/0/1
[M-O-Serial1/0/1]ip address 202.207.127.253 30
[M-O-Serial1/0/1]quit
//连接分校区 2 的出口路由器
[M-O]rip
[M-O-rip-1]version 2
[M-O-rip-1]undo summary
[M-O-rip-1]network 202.207.127.0
[M-O-rip-1]import-route ospf cost 5
//引入 OSPF 路由
[M-O-rip-1]import-route direct
//引入直连路由
[M-O-rip-1]quit
[M-O]ospf
[M-O-ospf-1]area 0
[M-O-ospf-1-area-0.0.0.0]network 202.207.127.248 0.0.0.3
[M-O-ospf-1-area-0.0.0.0]network 202.207.127.252 0.0.0.3
[M-O-ospf-1-area-0.0.0.0]quit
[M-O-ospf-1]import-route rip
//引入 RIP 路由
[M-O-ospf-1]import-route direct
//引入直连路由

分校区 1 的出口路由器相关的配置如下。

[B-O-1]interface Serial 1/0/0
[B-O-1-Serial1/0/0]ip address 202.207.127.250 30
[B-O-1-Serial1/0/0]quit
//连接主校区的出口路由器
[B-O-1]interfaceGigabitEthernet 0/0/0
[B-O-1-GigabitEthernet0/0/0]ip address 202.207.127.182 30
[B-O-1-GigabitEthernet0/0/0]quit
//连接核心交换机
[B-O-1]ospf
[B-O-1-ospf-1]area 0
[B-O-1-ospf-1-area-0.0.0.0]network 202.207.127.248 0.0.0.3
[B-O-1-ospf-1-area-0.0.0.0]quit
[B-O-1-ospf-1]area 1
[B-O-1-ospf-1-area-0.0.0.1]network 202.207.127.180 0.0.0.3
[B-O-1-ospf-1-area-0.0.0.1]stub no-summary
//配置区域 1 为完全末梢区域

分校区 1 的核心层交换机相关的配置如下。

[B-E-C]interface GigabitEthernet 0/0/1
[B-E-C-GigabitEthernet0/0/1]port link-type trunk
[B-E-C-GigabitEthernet0/0/1]port trunk allow-pass vlan all
[B-E-C-GigabitEthernet0/0/1]quit
//将与接入层交换机连接的端口设置为 Trunk 模式
//其他端口配置略
[B-E-C]interface Vlanif 10

```
[B-E-C-Vlanif10]ip address 202.207.123.62 26
[B-E-C-Vlanif10]quit
//为电信系配置网关 IP 地址
//其他部门网关配置略
[B-E-C]interface GigabitEthernet 0/0/24
[B-E-C-GigabitEthernet0/0/24]undo portswitch
[B-E-C-GigabitEthernet0/0/24]ip address 202.207.127.181 30
[B-E-C-GigabitEthernet0/0/24]quit
//连接出口路由器
[B-E-C]ospf
[B-E-C-ospf-1]area 1
[B-E-C-ospf-1-area-0.0.0.1]network 202.207.127.180 0.0.0.3
[B-E-C-ospf-1-area-0.0.0.1]network 202.207.123.0 0.0.0.63
//发布其他网络配置略
[B-E-C-ospf-1-area-0.0.0.1]stub
//配置区域 1 为末梢区域
```

4.7 小　　结

企业网络路由技术是网络中的核心技术。本章重点介绍了两种网络中常用的无类别路由选择协议，即在中小型单一架构网络中常用的 RIPv2，以及在较大规模网络中常用的 OSPF，并对不同路由协议之间共享信息的路由引入技术进行了介绍。考虑到有些网络在网络层需要采取保障网络可用性的措施，本章还介绍了进行网关设备冗余的 VRRP 技术。本章在最后给出了企业网络中网络层所涉及技术的配置。

4.8 习　　题

(1) 简述在 RIPv2 配置中，undo summary 命令的作用。
(2) 什么是抑制接口，在什么情况下需要设置抑制接口？
(3) 什么是环回接口，环回接口在网络中的作用是什么？
(4) RIPv2 的路由汇总有没有限制？若有，则有什么样的限制条件？
(5) RIPv2 支持哪两种认证方法，其中哪一种认证更安全，为什么？
(6) OSPF 接口有哪几种状态？试描述其状态转换过程。
(7) 为什么要进行 DR 和 BDR 的选举，在哪种网络中不需要选举？
(8) 在多区域 OSPF 中，常用的 LSA 有哪几种类型，它们分别在什么样的范围内进行扩散？
(9) 什么叫末梢区域，为什么要引入末梢区域？
(10) 引入 OSPF 的路由有哪两种类型，这两种类型在进行度量值的计算时有什么区别？
(11) 简述 VRRP 如何保障网关设备的可靠性。
(12) 在 VRRP 中选举 Master 路由器的依据是什么？如何控制 Master 路由器的选举？
(13) 在配置 VRRP 之前，要求网络必须满足什么条件？

(14) 在 VRRP 中监视指定接口的作用是什么？

4.9 实 训

4.9.1 RIPv2 基本配置实训

实训学时：2 学时；每实训组学生人数：5 人。

1. 实训目的

掌握 RIPv2 的配置和验证方法；掌握 RIPv2 简单的验证和故障排除方法；掌握抑制接口和 RIP 报文定点传送的配置方法。

2. 实训环境

(1) 安装有 TCP/IP 通信协议的 Windows 系统 PC：3 台。

(2) 华为路由器：3 台。

(3) UTP 电缆：4 条。

(4) V.35 背对背电缆：3 条。

(5) Console 电缆：3 条。

保持所有的路由器为出厂配置。

3. 实训内容

(1) 配置 RIPv2，实现各网段之间的路由。

(2) 验证 RIPv2 的配置，查看 RIPv2 的路由更新信息。

(3) 配置抑制接口和 RIP 报文的定点传送。

4. 实训指导

(1) 按照如图 4-20 所示的网络拓扑结构搭建网络，完成网络连接。

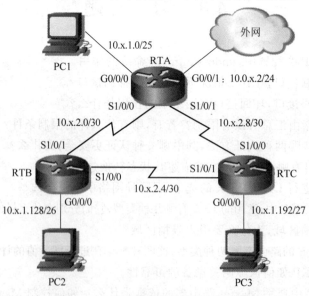

图 4-20 RIPv2 配置实训网络拓扑结构

(2) 按照图 4-20 所示为 PC、路由器的以太口和串口配置 IP 地址。
(3) 在 3 台路由器上配置 RIPv2。路由器 RTA 的参考命令如下。

[RTA]rip
[RTA-rip-1]version 2
[RTA-rip-1]undo summary
[RTA-rip-1]network 10.0.0.0

路由器 RTB 和 RTC 与路由器 RTA 的配置相同,在此不再赘述。
在 3 台路由器上分别配置默认路由。参考命令如下。

[RTA]ip route-static 0.0.0.0 0 10.0.x.1
[RTB]ip route-static 0.0.0.0 0 10.x.2.1/2
[RTC]ip route-static 0.0.0.0 0 10.x.2.9/10

配置完成后,通过 Ping 命令检查网络的连通性,此时应该所有的主机均可以连接外部网络。

(4) 在 3 台路由器上分别执行 display ip routing-table 命令查看路由器上的路由表,确认是否获知了相应的路由;执行 display rip 命令查看 RIPv2 的详细信息,并解释每一条信息的含义;执行 display rip 1 route 命令查看 RIPv2 的路由表;在用户视图下执行 debugging rip 1 packet 命令查看 RIPv2 路由更新的发送和接收情况。

(5) 作为连接末梢网络的接口,将 3 台路由器上的接口 GigabitEthernet 0/0/0 配置为抑制接口;将路由器 RTA 的接口 GigabitEthernet 0/0/1 配置为抑制接口。参考命令如下。

[RTA]rip
[RTA-rip-1]silent-interface GigabitEthernet 0/0/0
[RTA-rip-1]silent-interface GigabitEthernet 0/0/1

[RTB]rip
[RTB-rip-1]silent-interface GigabitEthernet 0/0/0

[RTC]rip
[RTC-rip-1]silent-interface GigabitEthernet 0/0/0

配置完成后,在 3 台路由器上执行 debugging rip 1 packet 命令查看相应的接口是否还进行路由更新信息的发送。

(6) 为 3 台路由器上的串口配置 RIP 报文的定点发送。参考命令如下。

[RTA]rip
[RTA-rip-1]silent-interface Serial 1/0/0
[RTA-rip-1]silent-interface Serial1/0/1
[RTA-rip-1]peer 10.x.2.1/2
[RTA-rip-1]peer 10.x.2.9/10

[RTB]rip
[RTB-rip-1]silent-interface Serial 1/0/0
[RTB-rip-1]silent-interface Serial1/0/1
[RTB-rip-1]peer 10.x.2.2/1

[RTB-rip-1]peer 10.x.2.5/6

[RTC]rip
[RTC-rip-1]silent-interface Serial 1/0/0
[RTC-rip-1]silent-interface Serial1/0/1
[RTC-rip-1]peer 10.x.2.6/5
[RTC-rip-1]peer 10.x.2.10/9

配置完成后,在3台路由器上执行 debugging rip 1 packet 命令查看相应的接口发送路由更新时是否采用了定点发送。

5. 实训报告

填写如表4-5所示的实训报告。

表 4-5　RIRv2 基本配置实训报告

RTA	路由器路由表中 RIP 路由情况	Destination/Mask	Cost	NextHop	Interface
	debugging rip 1 packet 中发送更新情况	GigabitEthernet 0/0/0	源 IP 地址		目的 IP 地址
		Serial 1/0/0	源 IP 地址		目的 IP 地址
	设置 RIP 报文定点发送后 debugging 发送更新情况	Serial 1/0/0	源 IP 地址		目的 IP 地址
		Serial 1/0/1	源 IP 地址		目的 IP 地址
RTB	路由器路由表中 RIP 路由情况	Destination/Mask	Cost	NextHop	Interface
	debugging rip 1 packet 中发送更新情况	GigabitEthernet 0/0/0	源 IP 地址		目的 IP 地址
		Serial 1/0/0	源 IP 地址		目的 IP 地址
	设置 RIP 报文定点发送后 debugging 发送更新情况	Serial 1/0/0	源 IP 地址		目的 IP 地址
		Serial 1/0/1	源 IP 地址		目的 IP 地址
RTC	路由器路由表中 RIP 路由情况	Destination/Mask	Cost	NextHop	Interface
	debugging rip 1 packet 中发送更新情况	GigabitEthernet 0/0/0	源 IP 地址		目的 IP 地址
		Serial 1/0/0	源 IP 地址		目的 IP 地址
	设置 RIP 报文定点发送后 debugging 发送更新情况	Serial 1/0/0	源 IP 地址		目的 IP 地址
		Serial 1/0/1	源 IP 地址		目的 IP 地址

4.9.2 RIPv2 路由汇总和认证配置实训

实训学时:2学时;每实训组学生人数:5人。

1. 实训目的

掌握 RIPv2 路由汇总的配置方法;掌握 RIPv2 的认证配置方法;掌握 RIPv2 中传播默认路由的配置方法。

2. 实训环境

(1) 安装有 TCP/IP 通信协议的 Windows 系统 PC:3 台。

(2) 华为路由器:3 台。

(3) UTP 电缆:4 条。

(4) V.35 背对背电缆:3 条。

(5) Console 电缆:3 条。

(6) 保持所有的路由器为出厂配置。

3. 实训内容

(1) 配置路由汇总,验证汇总后的路由。

(2) 配置明文和 MD5 认证。

(3) 配置默认路由的传播。

4. 实训指导

本次实训是实训 4.9.1 的延续,在实训 4.9.1 中 RIPv2 配置完成(不需要配置默认路由)并且路由正确的情况下开始本次实训的配置。

(1) 在路由器 RTA 上配置到达外部网络的默认路由,并通过传播默认路由的配置使其传播到路由器 RTB 和 RTC 上。参考命令如下。

```
[RTA]ip route-static 0.0.0.0 0 10.0.x.1
[RTA]rip
[RTA-rip-1]default-route originate
```

配置完成后,在路由器 RTB 和 RTC 上执行 display ip routing-table 命令查看路由表中是否存在默认路由。在路由器 RTA 上执行 debugging rip 1 packet 命令查看路由器 RTA 向外发送的路由更新信息中是否包含默认路由的更新。在 PC2 和 PC3 上测试是否可以连通外部网络。

(2) 在路由器 RTB 上创建 4 个环回接口,分别将 IP 地址配置为 11.1.0.1/24、11.1.1.1/24、11.1.2.1/24、11.1.3.1/24,用来模拟直连网段 11.1.0.0/24、11.1.1.0/24、11.1.2.0/24、11.1.3.0/24,并在 RIP 中对其进行发布。参考命令如下。

```
[RTB]interface LoopBack 0
[RTB-LoopBack0]ip address 11.1.0.1 24
[RTB-LoopBack0]quit
[RTB]interface LoopBack 1
[RTB-LoopBack1]ip address 11.1.1.1 24
[RTB-LoopBack1]quit
[RTB]interface LoopBack 2
```

[RTB-LoopBack2]ip address 11.1.2.124
[RTB-LoopBack2]quit
[RTB]interface LoopBack 3
[RTB-LoopBack3]ip address 11.1.3.124
[RTB-LoopBack3]quit
[RTB]rip
[RTB-rip-1]network 11.0.0.0

配置完成后,在路由器 RTA 和 RTC 上执行 display ip routing-table 命令查看路由表中关于网络 11.0.0.0 的路由,并考虑当前路由的形成原因。

(3) 在路由器 RTB 的接口 Serial 1/0/0 上对网络 11.1.0.0/22 配置手工路由汇总,参考命令如下。

[RTB-Serial1/0/0]rip summary-address 11.1.0.0 255.255.252.0

配置完成后,在路由器 RTA 上执行 display ip routing-table 命令查看路由表中关于网络 11.0.0.0 的路由;在路由器 RTC 上执行 display ip routing-table 和 display rip 1 route 命令查看路由的变化过程并分析其原因。

(4) 在路由器 RTB 的接口 Serial 1/0/1 上对网络 11.1.0.0/22 配置手工路由汇总。配置完成后,在路由器 RTA 和 RTC 上执行 display ip routing-table 和 display rip 1 route 命令查看路由的变化过程并分析其原因。

(5) 在路由器 RTA 和 RTC 之间的串行链路上配置明文认证,密钥为 Huawei。参考命令如下。

[RTA]interface Serial1/0/1
[RTA-Serial1/0/1]rip authentication-mode simple plain Huawei

[RTC]interface Serial 1/0/0
[RTC-Serial1/0/0]rip authentication-mode simple plain Huawei

配置完成后,在路由器 RTA 和 RTC 上执行 debugging rip 1 packet 命令查看两者之间路由更新信息的传递情况。

(6) 在路由器 RTB 和 RTC 之间的串行链路上配置华为私有标准报文格式的 MD5 认证,密钥为 Huawei。参考命令如下。

[RTB]interface Serial 1/0/0
[RTB-Serial1/0/0]rip authentication-mode md5 usual Huawei

[RTC]interface Serial1/0/1
[RTC-Serial1/0/1]rip authentication-mode md5 usual Huawei

配置完成后,在路由器 RTB 和 RTC 上执行 debugging rip 1 packet 命令查看两者之间路由更新信息的传递情况。

5. 实训报告

填写如表 4-6 所示的实训报告。

表 4-6　RIPv2 路由汇总和认证配置实训报告

RTA	传播默认路由配置				
	明文认证配置				
	debugging rip 1 packet 查看结果	认证方式		认证口令	
RTB	默认路由情况	Cost		NextHop	
	路由汇总配置	Serial 1/0/0			
		Serial 1/0/1			
	MD5 认证配置				
	debugging rip 1 packet 查看结果	认证方式		认证口令	
RTC	默认路由情况	Cost		NextHop	
	分析步骤 3 中路由器 RTC 上路由的变化过程				
	明文认证配置				
	debugging rip 1 packet 查看结果	认证方式		认证口令	
	MD5 认证配置				
	debugging rip 1 packet 查看结果	认证方式		认证口令	

4.9.3　单区域 OSPF 配置实训

实训学时：2 学时；每实训组学生人数：5 人。

1．实训目的

掌握单区域 OSPF 的配置方法和步骤；掌握单区域 OSPF 简单的验证方法。

2．实训环境

（1）安装有 TCP/IP 通信协议的 Windows 系统 PC：2 台。

（2）华为路由器：3 台。

（3）UTP 电缆：4 条。

（4）V.35 背对背电缆：1 条。

（5）Console 电缆：3 条。

（6）保持所有的路由器为出厂配置。

3．实训内容

（1）配置单区域 OSPF，实现各网段之间的路由。

（2）验证单区域 OSPF 的配置，查看单区域 OSPF 的各项信息。

4．实训指导

（1）按照如图 4-21 所示的网络拓扑结构搭建网络，完成网络连接。

（2）按照图 4-21 所示为 PC、路由器的以太口和串口配置 IP 地址。

（3）在 3 台路由器上配置去往外部网络的默认路由。参考命令如下。

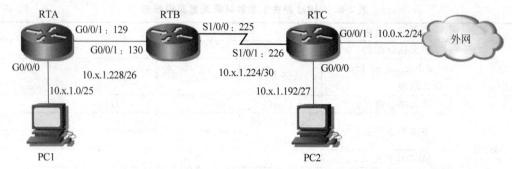

图 4-21　单区域 OSPF 配置实训网络拓扑结构

[RTA]ip route-static 0.0.0.0 0 10.x.1.130
[RTB]ip route-static 0.0.0.0 0 10.x.1.226
[RTC]ip route-static 0.0.0.0 0 10.0.x.1

（4）为路由器 RTA 配置环回接口 LoopBack 0，IP 地址为 1.1.1.1/32；为路由器 RTB 手工配置路由器 ID 为 8.8.8.8。参考命令如下。

[RTA]interface LoopBack 0
[RTA-LoopBack0]ip address 1.1.1.1 32
[RTB]ospf router-id 8.8.8.8

（5）在 3 台路由器上配置单区域 OSPF，要求所有接口都在区域 0 中，参考命令如下。

[RTA]ospf
[RTA-ospf-1]area 0
[RTA-ospf-1-area-0.0.0.0]network 10.x.1.0 0.0.0.127
[RTA-ospf-1-area-0.0.0.0]network 10.x.1.128 255.255.255.192
[RTB]ospf
[RTB-ospf-1]area 0
[RTB-ospf-1-area-0.0.0.0]network 10.x.1.128 0.0.0.63
[RTB-ospf-1-area-0.0.0.0]network 10.x.1.224 0.0.0.3
[RTC]ospf
[RTC-ospf-1]area 0
[RTC-ospf-1-area-0.0.0.0]network 10.x.1.224 255.255.255.252
[RTC-ospf-1-area-0.0.0.0]network 10.x.1.192 255.255.255.224

配置完成后，在 3 台路由器上分别执行 display ip routing-table 命令查看路由器的路由表，并考虑不同路由的开销值是如何计算的。

（6）在 3 台路由器上分别执行 display ospf brief 命令查看并记录路由器 ID，并考虑不同路由器 ID 的来源。

（7）在 3 台路由器上分别执行 display ospf routing 命令查看 OSPF 路由表信息，并对其内容进行分析；在 3 台路由器上分别执行 display ospf peer 命令查看路由器的邻居状况，记录 10.x.1.128/26 网段 DR 和 BDR 的选举情况，并考虑产生该结果的原因；在 3 台路由器上分别执行 display ospf lsdb 命令查看路由器上的 OSPF 链路状态数据库，并比较 3 台路由器上的链路状态数据库是否相同。

5. 实训报告

填写如表 4-7 所示的实训报告。

表 4-7 单区域 OSPF 配置实训报告

RTA	Loopback 0 的配置					
	单区域 OSPF 配置					
	display ip routing-table 命令结果					
	路由器 ID 及来源					
	display ospf peer 命令结果	Router ID	Address	Pri	Interface	State
RTB	路由器 ID 的配置					
	单区域 OSPF 配置					
	display ip routing-table 命令结果					
	路由器 ID 及来源					
	display ospf peer 命令结果	Router ID	Address	Pri	Interface	State
RTC	单区域 OSPF 配置					
	display ip routing-table 命令结果					
	路由器 ID 及来源					
	display ospf peer 命令结果	Router ID	Address	Pri	Interface	State

4.9.4 OSPF 控制 DR 选举和传播默认路由实训

实训学时：2 学时；每实训组学生人数：5 人。

1. 实训目的

掌握传播默认路由的配置方法；掌握多路访问型网络中的 DR 选举的控制方法；理解 DR 选举的过程。

2. 实训环境

(1) 安装有 TCP/IP 通信协议的 Windows 系统 PC：2 台。

(2) 华为路由器：3 台。

(3) UTP 电缆：4 条。

(4) V.35 背对背电缆：1 条。

(5) Console 电缆：3 条。

(6) 保持所有的路由器为出厂配置。

3. 实训内容

(1) 配置单区域 OSPF，实现各网段之间的路由。

(2) 验证单区域 OSPF 的配置，查看单区域 OSPF 的各项信息。

4. 实训指导

(1) 本次实训是实训 4.9.3 的延续，在实训 4.9.3 中 OSPF 配置完成(不需要配置默认路由)并且路由正确的情况下开始本次实训的配置。

(2) 在路由器 RTC 上配置去往外部网络的默认路由，并通过传播默认路由配置使其传播到路由器 RTA 和 RTB 上。参考配置命令如下。

[RTC]ip route-static 0.0.0.0 0 10.0.x.1
[RTC]ospf
[RTC-ospf-1]default-route-advertise

配置完成后,在路由器 RTA 和 RTB 上分别执行 display ip routing-table 命令查看路由器的路由表中是否存在默认路由,并记录默认路由的协议类型和优先级;执行 display ospf routing 命令查看 OSPF 路由表中默认路由的类型。

(3) 在路由器 RTA 和 RTB 上分别执行 display ospf interface GigabitEthernet 0/0/1 命令查看本路由器在网段 10.x.1.128/26 中的状态和优先级,以及该网段的 DR 和 BDR。

(4) 将路由器 RTA 的接口 GigabitEthernet 0/0/1 的优先级设置为 100。参考命令如下。

[RTA]interface GigabitEthernet 0/0/1
[RTA-GigabitEthernet0/0/1]ospf dr-priority 100

配置完成后,在路由器 RTA 和 RTB 上分别执行 display ospf interface GigabitEthernet 0/0/1 命令查看本路由器在网段 10.x.1.128/26 中的状态和优先级,以及该网段的 DR 和 BDR。比较 DR 和 BDR 是否产生了变化并分析原因。

(5) 在路由器 RTA 和 RTB 上的用户视图下分别执行 reset ospf 1 process 命令重启 OSPF 进程,并执行 display ospf interface GigabitEthernet 0/0/1 命令查看本路由器在网段 10.x.1.128/26 中的状态和优先级,以及该网段的 DR 和 BDR。比较 DR 和 BDR 是否产生了变化并分析其原因。

(6) 将路由器 RTB 的接口 GigabitEthernet 0/0/1 的优先级配置为 0,使之不参与网段 10.x.1.128/26 中 DR 的选举。参考命令如下。

[RTB]interface GigabitEthernet 0/0/1
[RTB-GigabitEthernet0/0/1]ospf dr-priority 0

配置完成后,在路由器 RTA 和 RTB 上分别执行 display ospf interface GigabitEthernet 0/0/1 命令查看本路由器在网段 10.x.1.128/26 中的状态和优先级,以及该网段的 DR 和 BDR。比较 DR 和 BDR 是否产生了变化并分析其原因。

5. 实训报告

填写如表 4-8 所示的实训报告。

表 4-8 OSPF 控制 DR 选举和传播默认路由实训报告

	默认路由情况	Proto	Pre		Type
RTA	display ospf interface GigabitEthernet 0/0/1 命令的结果	State	Priority	DR	BDR
	接口优先级配置				
	DR、BDR 是否发生变化及其原因				

续表

RTA	重启 OSPF 进程配置				
	DR、BDR 是否发生变化及其原因				
	RTB 进行优先级配置后 DR、BDR 是否发生变化及其原因				
RTB	默认路由情况	Proto	Pre		Type
	display ospf interface GigabitEthernet 0/0/1 命令的结果	State	Priority	DR	BDR
	RTA 进行优先级配置后 DR、BDR 是否发生变化及其原因				
	重启 OSPF 进程配置				
	DR、BDR 是否发生变化及其原因				
	接口优先级配置				
	DR、BDR 是否发生变化及其原因				
RTC	传播默认路由配置				

4.9.5 多区域 OSPF 配置和路由汇总实训

实训学时：2 学时；每实训组学生人数：5 人。

1. 实训目的

掌握多区域 OSPF 的配置方法和步骤；掌握多区域 OSPF 简单的验证方法；掌握区域间路由汇总的配置；掌握外部路由汇总的配置。

2. 实训环境

（1）安装有 TCP/IP 通信协议的 Windows 系统 PC：2 台。

（2）华为路由器：3 台。

（3）UTP 电缆：4 条。

（4）V.35 背对背电缆：1 条。

（5）Console 电缆：3 条。

（6）保持所有的路由器为出厂配置。

3. 实训内容

（1）配置多区域 OSPF，实现各网段之间的路由。

（2）验证多区域 OSPF 的配置，查看多区域 OSPF 的各项信息。

（3）配置 OSPF 区域间路由汇总。

（4）配置 OSPF 外部路由汇总。

4. 实训指导

(1) 按照如图 4-22 所示的网络拓扑结构搭建网络,完成网络连接。

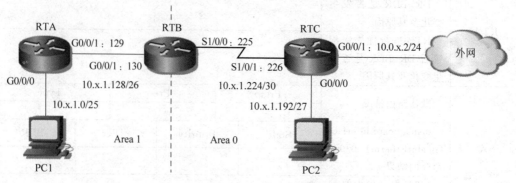

图 4-22　多区域 OSPF 配置和路由汇总实训网络拓扑结构

(2) 按照图 4-22 所示为 PC、路由器的以太口和串口配置 IP 地址。
(3) 根据拓扑结构图判断各个路由器的类型。
(4) 为路由器配置多区域 OSPF,并进行默认路由的传播。参考命令如下。

[RTA]ospf
[RTA-ospf-1]area 1
[RTA-ospf-1-area-0.0.0.1]network 10.x.1.0 0.0.0.127
[RTA-ospf-1-area-0.0.0.1]network 10.x.1.128 0.0.0.63

[RTB]ospf
[RTB-ospf-1]area 0
[RTB-ospf-1-area-0.0.0.0]network 10.x.1.224 0.0.0.3
[RTB-ospf-1-area-0.0.0.0]quit
[RTB-ospf-1]area 1
[RTB-ospf-1-area-0.0.0.1]network 10.x.1.128 0.0.0.63

[RTC]ip route-static 0.0.0.0 0 10.0.x.1
[RTC]ospf
[RTC-ospf-1]default-route-advertise
[RTC-ospf-1]area 0
[RTC-ospf-1-area-0.0.0.0]network 10.x.1.192 0.0.0.31
[RTC-ospf-1-area-0.0.0.0]network 10.x.1.224 0.0.0.3

配置完成后,在 3 台路由器上分别执行 display ip routing-table 命令查看路由器的路由表,确定是否出现了相关路由;分别执行 display ospf routing 命令查看 OSPF 的路由表,并记录每条路由的类型;分别执行 display ospf lsdb 命令查看 OSPF 的链路状态数据库中 LSA 的类型,确认区域边界路由器 RTB 为两个区域均维护有链路状态数据库。

(5) 在路由器 RTA 上设置 4 个环回接口,分别将 IP 地址设为 172.16.0.1/24、172.16.1.1/24、172.16.2.1/24、172.16.3.1/24,并在 OSPF 中发布。参考命令如下。

[RTA]interface LoopBack 10

```
[RTA-LoopBack10]ip address 172.16.0.124
[RTA-LoopBack10]quit
[RTA]interface LoopBack 11
[RTA-LoopBack11]ip address 172.16.1.124
[RTA-LoopBack11]quit
[RTA]interface LoopBack 12
[RTA-LoopBack12]ip address 172.16.2.124
[RTA-LoopBack12]quit
[RTA]interface LoopBack 13
[RTA-LoopBack13]ip address 172.16.3.124
[RTA-LoopBack13]quit
[RTA]ospf
[RTA-ospf-1]area 1
[RTA-ospf-1-area-0.0.0.1]network 172.16.0.0 0.0.3.255
```

配置完成后,在路由器RTC上执行display ip routing-table命令查看路由器的路由表中关于网络172.16.0.0/22的路由条目,此时它们应该为4条明细路由。

(6) 在区域边界路由器RTB上对网络172.16.0.0/22进行区域间路由汇总的配置,参考命令如下。

```
[RTB]ospf
[RTB-ospf-1]area 1
[RTB-ospf-1-area-0.0.0.1]abr-summary 172.16.0.0 255.255.252.0
```

配置完成后,在路由器RTC上执行display ip routing-table命令查看路由器的路由表中关于网络172.16.0.0/22的路由条目,此时它应该为一条汇总路由。

(7) 在路由器RTC上设置4条分别去往网络11.1.0.0/24、11.1.1.0/24、11.1.2.0/24、11.1.3.0/24的静态路由,并将其注入OSPF网络中,参考命令如下。

```
[RTC]ip route-static 11.1.0.0 24 10.x.1.194        //下一跳为PC2,该路由无实际意义
[RTC]ip route-static 11.1.1.0 24 10.x.1.194
[RTC]ip route-static 11.1.2.0 24 10.x.1.194
[RTC]ip route-static 11.1.3.0 24 10.x.1.194
[RTC]ospf
[RTC-ospf-1]import-route static
```

配置完成后,在路由器RTA和RTB上分别执行display ip routing-table命令查看路由器的路由表中关于网络11.1.0.0/22的路由条目,此时它们应该为4条明细路由。

(8) 在自治系统边界路由器RTC上对网络11.1.0.0/22进行外部路由汇总,参考命令如下。

```
[RTC]ospf
[RTC-ospf-1]asbr-summary 11.1.0.0 255.255.252.0
```

配置完成后,在路由器RTA和RTB上分别执行display ip routing-table命令查看路由器的路由表中关于网络11.1.0.0/22的路由条目,此时应该为一条汇总路由。

5. 实训报告

填写如表4-9所示的实训报告。

表 4-9 多区域 OSPF 配置和路由汇总实训报告

			Type	AdvRouter
RTA	路由器类型			
	多区域 OSPF 配置			
	display ospf routing 命令结果	10.x.1.192/27	Type	AdvRouter
		10.x.1.224/30		
		0.0.0.0/0		
RTB	路由器类型			
	多区域 OSPF 配置			
	display ospf routing 命令结果	10.x.1.0/25	Type	AdvRouter
		10.x.1.192/27		
		0.0.0.0/0		
	区域间路由汇总配置			
	外部路由汇总前 11.1.0.0/22 的路由			
	外部路由汇总后 11.1.0.0/22 的路由			
RTC	路由器类型			
	多区域 OSPF 配置			
	display ospf routing 命令结果	10.x.1.0/25	Type	AdvRouter
		10.x.1.128/26		
	区域间路由汇总前 172.16.0.0/22 的路由			
	区域间路由汇总后 172.16.0.0/22 的路由			
	外部路由汇总配置			

4.9.6 OSPF 认证和末梢区域配置实训

实训学时：2 学时；每实训组学生人数：5 人。

1. 实训目的

掌握 OSPF 认证的配置方法和步骤；掌握末梢区域、完全末梢区域和次末梢区域的配置和验证方法。

2. 实训环境

(1) 安装有 TCP/IP 通信协议的 Windows 系统 PC：2 台。

(2) 华为路由器：3 台。

(3) UTP 电缆：4 条。

(4) V.35 背对背电缆：1 条。

(5) Console 电缆：3 条。

(6) 保持所有的路由器为出厂配置。

3. 实训内容

（1）配置 OSPF 的明文认证和 MD5 认证。

（2）配置末梢区域、完全末梢区域和次末梢区域。

4. 实训指导

（1）本次实训沿用实训 4.9.5 中图 4-22 所示的网络拓扑，按图中要求搭建网络，完成网络连接。

（2）按照图 4-22 所示为 PC、路由器的以太口和串口配置 IP 地址。

（3）为路由器配置多区域 OSPF，并进行默认路由的传播。具体配置参考实训 4.9.5。

（4）在 OSPF 的区域 0 中配置简单口令认证，并设置认证使用的口令为 Huwei。参考命令如下。

[RTB]ospf
[RTB-ospf-1]area 0
[RTB-ospf-1-area-0.0.0.0]authentication-mode simple cipher Huawei

[RTC]ospf
[RTC-ospf-1]area 0
[RTC-ospf-1-area-0.0.0.0]authentication-mode simple cipher Huawei

配置完成后，在路由器 RTB 和 RTC 上的用户视图下分别执行 debugging ospf 1 packet 命令，查看两台路由器之间交互的 LSA 基本信息，记录两台路由器之间的认证类型和认证使用的口令。

（5）在 OSPF 的区域 1 中配置 MD5 认证，认证方式为 hmac-md5，并设置认证使用的 key-id 为 1，口令为 zhangsf。参考命令如下。

[RTA]ospf
[RTA-ospf-1]area 1
[RTA-ospf-1-area-0.0.0.1]authentication-mode hmac-md5 1 cipher zhangsf

[RTB]ospf
[RTB-ospf-1]area 1
[RTB-ospf-1-area-0.0.0.1]authentication-mode hmac-md5 1 cipher zhangsf

配置完成后，在路由器 RTA 和 RTB 上的用户视图下分别执行 debugging ospf 1 packet 命令，查看两台路由器之间交互的 LSA 基本信息，记录两台路由器之间的认证类型和认证使用的口令。

（6）配置末梢区域。

在配置末梢区域之前，在路由器 RTA 上执行 display ospf lsdb 命令查看 OSPF 的链路状态数据库中 LSA 的类型，确认是否有 Type3、Type4 和 Type5 的 LSA 存在。将区域 1 配置为末梢区域，参考命令如下。

[RTA]ospf
[RTA-ospf-1]area 1
[RTA-ospf-1-area-0.0.0.1]stub

[RTB]ospf

[RTB-ospf-1]area 1
[RTB-ospf-1-area-0.0.0.1]stub

配置完成后,在路由器 RTA 上执行 display ospf lsdb 命令查看并记录 OSPF 的链路状态数据库中 LSA 的类型,确认是否还有 Type4 和 Type5 的 LSA 存在,是否有 Type3 的默认路由存在。

(7) 配置完全末梢区域。

将区域 1 进一步配置为完全末梢区域,参考命令如下。

[RTB]ospf
[RTB-ospf-1]area 1
[RTB-ospf-1-area-0.0.0.1]stub no-summary

配置完成后,在路由器 RTA 上执行 display ospf lsdb 命令查看并记录 OSPF 的链路状态数据库中 LSA 的类型,确认除默认路由外是否还有 Type3 的 LSA 存在。

(8) 配置次末梢区域。

① 将完全末梢区域的配置删除。参考命令如下。

[RTA]ospf
[RTA-ospf-1]area 1
[RTA-ospf-1-area-0.0.0.1]undo stub

[RTB]ospf
[RTB-ospf-1]area 1
[RTB-ospf-1-area-0.0.0.1]undo stub

② 在路由器 RTA 上配置一条默认路由,并将其注入 OSPF 中。参考命令如下。

[RTA]ip route-static 11.1.1.0 24 10.x.1.2
[RTA]ospf
[RTA-ospf-1]import-route static

③ 将区域 1 设置为次末梢区域,参考命令如下。

[RTA]ospf
[RTA-ospf-1]area 1
[RTA-ospf-1-area-0.0.0.1]nssa

[RTB]ospf
[RTB-ospf-1]area 1
[RTB-ospf-1-area-0.0.0.1]nssa

配置完成后,在路由器 RTA 和 RTC 上分别执行 display ospf lsdb 命令查看并记录 OSPF 的链路状态数据库中关于 11.1.1.0 网络的 LSA 类型,并比较其区别;在路由器 RTB 和 RTC 上分别执行 display ip routing-table 命令查看路由器的路由表中关于网络 11.1.1.0/24 的路由,并比较其区别。

5. 实训报告

填写如表 4-10 所示的实训报告。

表 4-10 OSPF 认证和末梢区域配置实训报告

RTA	MD5 认证配置				
	debugging ospf 1 packet 显示结果	AuType		Key	
	配置末梢区域前,display ospf lsdb 命令查看到的 Type3、4、5 的情况	Type	LinkState ID	AdvRouter	Metric
	末梢/完全末梢区域的配置				
	配置末梢区域后,display ospf lsdb 命令查看到的 Type3、4、5 的情况	Type	LinkState ID	AdvRouter	Metric
	配置完全末梢区域后,display ospf lsdb 命令查看到的 Type3、4、5 的情况	Type	LinkState ID	AdvRouter	Metric
	次末梢区域的配置				
	配置次末梢区域后,display ospf lsdb 命令查看到的 11.1.1.0 的情况	Type	LinkState ID	AdvRouter	Metric
RTB	简单口令认证配置				
	debugging ospf 1 packet 显示结果	AuType		Key	
	MD5 认证配置				
	debugging ospf 1 packet 显示结果	AuType		Key	
	末梢区域的配置				
	完全末梢区域的配置				
	次末梢区域的配置				
	配置次末梢区域后,display ip routing-table 命令查看到的 11.1.1.0/24 的路由			Proto	Pre
		11.1.1.0/24			
RTC	简单口令认证配置				
	debugging ospf 1 packet 显示结果	AuType		Key	
	配置次末梢区域后,display ospf lsdb 命令查看到的 11.1.1.0 的情况	Type	LinkState ID	AdvRouter	Metric
	配置次末梢区域后,display ip routing-table 命令查看到的 11.1.1.0/24 的路由			Proto	Pre
		1.1.1.0/24			

4.9.7 路由引入实训

实训学时: 2 学时；每实训组学生人数: 5 人。

1. 实训目的

掌握 RIP、OSPF、直连和静态路由之间进行路由引入的配置和验证。

2. 实训环境

(1) 安装有 TCP/IP 通信协议的 Windows 系统 PC: 2 台。

(2) 华为路由器: 3 台。

(3) UTP 电缆: 3 条。

(4) V.35 背对背电缆: 2 条。

(5) Console 电缆: 3 条。

(6) 保持所有的路由器为出厂配置。

3. 实训内容

(1) 配置 RIP 和 OSPF 的双向路由引入。

(2) 配置直连路由到 OSPF 的路由引入。

(3) 配置静态路由到 RIP 的路由引入。

(4) 配置默认路由到 OSPF 的路由引入。

4. 实训指导

(1) 按照如图 4-23 所示的网络拓扑结构搭建网络，完成网络连接。

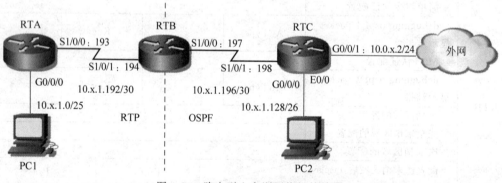

图 4-23　路由引入实训网络拓扑结构

(2) 按照图 4-23 所示为 PC、路由器的以太口和串口配置 IP 地址。

(3) 按照图 4-23 所示在 3 台路由器上进行相应路由的配置。参考命令如下。

[RTA]rip
[RTA-rip-1]version 2
[RTA-rip-1]undo summary
[RTA-rip-1]network 10.0.0.0

[RTB]rip
[RTB-rip-1]version 2
[RTB-rip-1]undo summary
[RTB-rip-1]network 10.0.0.0

```
[RTB-rip-1]quit
[RTB]ospf
[RTB-ospf-1]area 0
[RTB-ospf-1-area-0.0.0.0]network 10.x.1.196 0.0.0.3

[RTC]ospf
[RTC-ospf-1]area 0
[RTC-ospf-1-area-0.0.0.0]network 10.x.1.128 0.0.0.63
[RTC-ospf-1-area-0.0.0.0]network 10.x.1.196 0.0.0.3
```

配置完成后,在3台路由器上分别执行 display ip routing-table 命令查看路由器的路由表。此时在路由器 RTA 上没有去往网络 10.x.1.128/26 的路由;在路由器 RTC 上没有去往网络 10.x.1.0/25 和 10.x.1.192/30 的路由。

(4) 在路由器 RTB 上配置 RIP 和 OSPF 之间的双向路由引入。要求引入 OSPF 中的路由类型为 E1;引入 RIP 中的路由初始度量值为 3。参考命令如下。

```
[RTB]ospf
[RTB-ospf-1]import-route rip type 1
[RTB-ospf-1]quit
[RTB]rip
[RTB-rip-1]import-route ospf cost 3
```

配置完成后,在路由器 RTA 上执行 display ip routing-table 命令查看并记录路由器的路由表中去往网络 10.x.1.128/26 的路由;在路由器 RTC 上执行 display ip routing-table 命令查看并记录路由器的路由表中去往网络 10.x.1.0/25 的路由。

(5) 在路由器 RTA 上配置静态路由到 RIP 的路由引入。参考命令如下。

```
[RTA]ip route-static 11.1.1.0 24 10.x.1.2
[RTA]rip
[RTA-rip-1]import-route static
```

配置完成后,在路由器 RTB 和 RTC 上分别执行 display ip routing-table 命令查看并记录路由器的路由表中去往网络 11.1.1.0/24 的路由,考虑该路由在网络中的传播过程。

(6) 在路由器 RTC 上配置通往外部网络的默认路由,并将其引入 OSPF 中。参考命令如下。

```
[RTC]ip route-static 0.0.0.0 0 10.0.x.1
[RTC]ospf
[RTC-ospf-1]default-route-advertise
```

配置完成后,在路由器 RTB 和 RTC 上分别执行 display ip routing table 命令查看路由器的路由表,可以发现在路由器 RTB 上可以看到引入 OSPF 的默认路由,但是在路由器 RTA 的路由表中并不存在默认路由。这是由于在华为设备上(注意:Cisco 和 H3C 的设备没有该问题)通过 default-route 命令引入的默认路由无法通过 import-route 命令再进行二次引入,因此只能在路由器 RTA 上手工指定默认路由才能保证 PC1 与外网的连通性。

5. 实训报告

填写如表 4-11 所示的实训报告。

表 4-11 路由引入实训报告

			Proto	Pre	Cost
RTA	RIP 和 OSPF 双向路由引入后	10.x.1.128/26			
	默认路由引入后	0.0.0.0/0	Proto	Pre	Cost
	静态路由到 RIP 的路由引入配置				
RTB	RIP 和 OSPF 双向路由引入配置				
	静态路由到 RIP 的路由引入后	11.1.1.0/24	Proto	Pre	Cost
RTC	RIP 和 OSPF 双向路由引入后	10.x.1.0/25	Proto	Pre	Cost
		10.x.1.192/30	Proto	Pre	Cost
	默认路由引入配置				
	静态路由到 RIP 的路由引入后	11.1.1.0/24	Proto	Pre	Cost

4.9.8 VRRP 配置实训

实训学时：2 学时；每组实训学生人数：5 人。

1. 实训目的

掌握典型以太网环境下 VRRP 的配置。

2. 实训环境

(1) 安装有 TCP/IP 协议的 Windows 系统 PC：4 台。

(2) 华为二层交换机：1 台。

(3) 华为三层交换机：3 台。

(4) UTP 电缆：9 条。

(5) Console 电缆：4 条。

(6) 保持所有交换机均为出厂配置。

3. 实训内容

(1) 配置各台交换机，实现网络的路由。

(2) 配置 VRRP，实现网关设备的互备。

4. 实训指导

(1) 按照如图 4-24 所示的网络拓扑结构搭建网络，完成网络连接。

(2) 按照图 4-24 所示为各个交换机和 PC 配置 IP 地址以及 RIPv2。参考命令如下。

```
[SWA]interface GigabitEthernet 0/0/1
[SWA-GigabitEthernet0/0/1]undo portswitch
[SWA-GigabitEthernet0/0/1]ip address 10.x.3.2 30
[SWA-GigabitEthernet0/0/1]quit
[SWA]interface GigabitEthernet 0/0/2
```

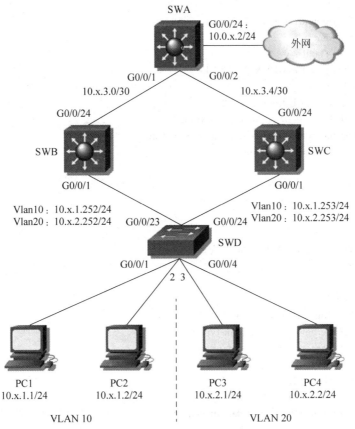

图 4-24　VRRP 配置实训网络拓扑结构

[SWA-GigabitEthernet0/0/2]undo portswitch
[SWA-GigabitEthernet0/0/2]ip address 10.x.3.6 30
[SWA-GigabitEthernet0/0/2]quit
[SWA]interface GigabitEthernet 0/0/24
[SWA-GigabitEthernet0/0/24]undo portswitch
[SWA-GigabitEthernet0/0/24]ip address 10.0.x.2 24
[SWA-GigabitEthernet0/0/24]quit
[SWA]ip route-static 0.0.0.0 0 10.0.x.1
[SWA]rip
[SWA-rip-1]version 2
[SWA-rip-1]undo summary
[SWA-rip-1]network 10.0.0.0
[SWA-rip-1]default-route originate

[SWB]vlan 10
[SWB-vlan10]quit
[SWB]vlan 20
[SWB-vlan20]quit
[SWB]interface GigabitEthernet 0/0/1
[SWB-GigabitEthernet0/0/1]port link-type trunk
[SWB-GigabitEthernet0/0/1]port trunk allow-pass vlan all
[SWB-GigabitEthernet0/0/1]quit

```
[SWB]interface Vlanif 10
[SWB-Vlanif10]ip address 10.x.1.252 24
[SWB-Vlanif10]quit
[SWB]interface Vlanif 20
[SWB-Vlanif20]ip address 10.x.2.252 24
[SWB-Vlanif20]quit
[SWB]interface GigabitEthernet 0/0/24
[SWB-GigabitEthernet0/0/24]undo portswitch
[SWB-GigabitEthernet0/0/24]ip address 10.x.3.1 30
[SWB-GigabitEthernet0/0/24]quit
[SWB]rip
[SWB-rip-1]version 2
[SWB-rip-1]undo summary
[SWB-rip-1]network 10.0.0.0

//交换机 SWC 的配置与 SWB 的类似,在此省略

[SWD]vlan 10
[SWD-vlan10]quit
[SWD]interface GigabitEthernet 0/0/1
[SWD-GigabitEthernet0/0/1]port link-type access
[SWD-GigabitEthernet0/0/1]port default vlan 10
[SWD-GigabitEthernet0/0/1]quit
[SWD]interface GigabitEthernet 0/0/2
[SWD-GigabitEthernet0/0/2]port link-type access
[SWD-GigabitEthernet0/0/2]port default vlan 10
[SWD-GigabitEthernet0/0/2]quit
[SWD]vlan 20
[SWD]interface GigabitEthernet 0/0/3
[SWD-GigabitEthernet0/0/3]port link-type access
[SWD-GigabitEthernet0/0/3]port default vlan 20
[SWD-GigabitEthernet0/0/3]quit
[SWD]interface GigabitEthernet 0/0/4
[SWD-GigabitEthernet0/0/4]port link-type access
[SWD-GigabitEthernet0/0/4]port default vlan 20
[SWD-GigabitEthernet0/0/4]quit
[SWD]interface GigabitEthernet0/0/23
[SWD-GigabitEthernet0/0/23]port link-type trunk
[SWD-GigabitEthernet0/0/23]port trunk allow-pass vlan all
[SWD-GigabitEthernet0/0/23]quit
[SWD]interface GigabitEthernet0/0/24
[SWD-GigabitEthernet0/0/24]port link-type trunk
[SWD-GigabitEthernet0/0/24]port trunk allow-passt vlan all
```

注意:如图 4-24 所示的网络,对汇聚层交换机进行了冗余。接入层交换机下连接的 VLAN 10 和 VLAN 20 中的主机可以使用交换机 SWB 上相应的三层虚接口作为默认网关,也可以使用交换机 SWC 上相应的三层虚接口作为默认网关。而且在核心层交换机 SWA 上,去往 10.x.1.0/24 和 10.x.2.0/24 网段时,分别存在两条等价路由,下一跳分别是交换机 SWB 和 SWC。

(3) 配置 VRRP，要求在 VLAN 10 中交换机 SWB 作为 Master 路由器（注意：在 VRRP 中所说的路由器包括一般意义下的路由器，以及运行了路由协议的三层交换机），交换机 SWC 作为 Backup 路由器，虚拟 IP 地址为 10.x.1.254/24；在 VLAN20 中交换机 SWC 作为 Master 路由器，交换机 SWB 作为 Backup 路由器，虚拟 IP 地址为 10.x.2.254/24。参考命令如下：

```
[SWB]interfaceVlanif 10
[SWB-Vlanif10]vrrp vrid 1 virtual-ip 10.x.1.254
[SWB-Vlanif10]vrrp vrid 1 priority 120
[SWB-Vlanif10]quit
[SWB]interface Vlanif 20
[SWB-Vlanif20]vrrp vrid 2 virtual-ip 10.x.2.254

[SWC]interfaceVlanif 10
[SWC-Vlanif10]vrrp vrid 1 virtual-ip 10.x.1.254
[SWC-Vlanif10]quit
[SWC]interfaceVlanif 20
[SWC-Vlanif20]vrrp vrid 2 virtual-ip 10.x.2.254
[SWC-Vlanif20]vrrp vrid 2 priority 120
```

配置完成后，在交换机 SWB 和 SWC 上分别执行 display vrrp 命令查看 VRRP 备份组的详细信息。应该可以看到在 VLAN 10 中交换机 SWB 为 Master 路由器，而在 VLAN 20 中交换机 SWC 为 Master 路由器。

将 PC1 和 PC2 的默认网关设置为 10.x.1.254，将 PC3 和 PC4 的默认网关设置为 10.x.2.254。在 4 台 PC 上使用 Ping 命令测试其与外部网络的连通性，应该可以连通。其中隶属于 VLAN10 的 PC1 和 PC2 通过交换机 SWB 与外部网络进行通信；隶属于 VLAN20 的 PC3 和 PC4 通过交换机 SWC 与外部网络进行通信。

测试完成后，在 4 台 PC 的命令行模式下执行 arp -a 命令查看 ARP 缓存中，网关 IP 地址与 MAC 地址的映射关系，并与在交换机 SWB 和 SWC 上执行 display vrrp 命令查看的结果进行比较，理解备份组中虚拟 IP 地址与虚拟 MAC 地址的映射关系。

注意：本实训的例子与 4.5.5 节中负载分担的例子不同，负载分担是指对同一个网段配置多个备份组，每个备份组选择不同的 Master 路由器。而在这里两个备份组分别属于两个不同的网段 VLAN 10 和 VLAN 20，每个网段中只有一个备份组。

在交换机的三层虚接口上配置 VRRP 与在路由器的接口上配置 VRRP 完全相同，但由于前者是在逻辑接口上进行配置的，因此需要读者对 VRRP 有比较清楚的分析和理解。在实际网络中，VRRP 也主要是应用在局域网中的汇聚层交换机上。

(4) 配置监视指定接口。在交换机 SWB 的三层虚接口 VLAN 10 上配置监视接口 GigabitEthernet 0/0/24，如果接口 GigabitEthernet 0/0/24 出现故障，则交换机 SWB 的优先级降低 30，使交换机 SWC 在 10.x.1.0/24 网段中赢得选举，成为新的 Master 路由器；在交换机 SWC 的三层虚接口 VLAN 20 上配置监视接口 GigabitEthernet 0/0/24，如果接口 GigabitEthernet 0/0/24 出现故障，则交换机 SWC 的优先级降低 30，使交换机 SWB 在 10.x.2.0/24 网段中赢得选举，成为新的 Master 路由器。参考命令如下：

```
[SWB]interfaceVlanif 10
```

[SWB-Vlanif10]vrrp vrid 1 track interface GigabitEthernet 0/0/24 reduced 30

[SWC]interface Vlanif 20
[SWC-Vlanif20]vrrp vrid 2 track interface GigabitEthernet 0/0/24 reduced 30

配置完成后,首先将交换机 SWB 的接口 GigabitEthernet 0/0/24 的物理连接断开或逻辑上 shutdown,然后在交换机 SWB 上执行 display vrrp 命令,应该可以看到在 VLAN 10 的备份组中,交换机 SWB 的运行优先级由 120 降成了 90,其状态为 Backup。恢复交换机 SWB 的接口 GigabitEthernet 0/0/24 的连接,再执行 display vrrp 命令,可以看到在 VLAN 10 的备份组中,交换机 SWB 的运行优先级恢复为了 120,其状态也恢复为 Master。

在交换机 SWC 上进行相同的测试,可以得到类似的结果。

5. 实训报告

填写如表 4-12 所示的实训报告。

表 4-12　VRRP 配置实训报告

	VRRP 配置					
SWB	display vrrp	Vlanif 10	State		Run Pri	
			Virtual IP		Master IP	
			Virtual MAC			
		Vlanif 20	State		Run Pri	
			Virtual IP		Master IP	
	监视指定接口配置					
	Down 掉 G0/0/24 后 display vrrp	Vlanif 10	State		Run Pri	
			Master IP			
SWC	VRRP 配置					
	display vrrp	Vlanif 10	State		Run Pri	
			Virtual IP		Master IP	
		Vlanif 20	State		Run Pri	
			Virtual IP		Master IP	
			Virtual MAC			
	监视指定接口配置					
	Down 掉 G0/0/24 后 display vrrp	Vlanif 20	State		Run Pri	
			Master IP			

第 5 章　企业网络广域网连接

对于模拟学院而言，由于各个校区距离相对较远，无法使用以太网进行连接，因此校区之间需要使用广域网连接。广域网连接需要通过租用互联网服务提供商的线路来实现。

5.1　企业网络广域网连接项目介绍

在模拟学院广域网连接中，3 个校区通过租用互联网服务提供商的专线来实现网络连接。在专线连接中，互联网服务提供商只提供一条端到端的传输通道，并不负责建立数据链路，也不关心实际的传输内容。这就要求在广域网连接的数据链路层配置相应的封装协议来承载网络层的数据报文。当前广域网链路层常用的封装协议包括高级数据链路控制(high level data link control，HDLC)协议和点到点协议(point-to-point protocol，PPP)两种。

5.2　HDLC

HDLC 是一种面向比特的同步数据链路层协议，使用同步串行传输在两点之间提供无差错的通信。HDLC 协议是早期常用的一种广域网二层封装协议，目前 Cisco 设备的串行链路默认封装即为 HDLC。HDLC 在应用上存在一定的局限性，主要表现为 HDLC 只支持点到点链路，不支持点到多点链路；而且 HDLC 不提供认证功能，无法对对端的设备进行身份鉴别。但 HDLC 的配置和应用相对都比较简单。

5.2.1　HDLC 帧结构

标准的 HDLC 帧结构如图 5-1 所示。

图 5-1　标准的 HDLC 帧结构

(1) 标志：长度为 1 字节，取值为 01111110，用来标识一个帧的开始和结束。由于在实际传输的业务数据中也可能出现这样的数据，因此发送系统在检测到数据字段中出现了 5 个连续的 1 时，将在其后插入一个 0，以免连续 6 个 1 的出现导致接收系统错误地认为帧已结束。而接收系统在接收数据时会把发送系统插入的 0 剔除以恢复数据。

在连续传输多个帧时,前一个帧的结束标志将作为下一个帧的开始标志。

(2) 地址:长度为1字节,用来标识接收或发送帧的地址,默认取值为全0。

(3) 控制:长度为1字节,用来实现 HDLC 协议的各种控制信息,并标识传递的数据信息是否有效。控制字段的格式和取值取决于 HDLC 帧的类型。HDLC 有3种不同类型的帧,分别是信息帧、监控帧和无编号帧。

信息帧简称 I 帧,用来传输有效信息或数据。I 帧携带了上层信息和一些控制信息,包含发送序列号和接收序列号,以及用于执行流量和差错控制的轮询/终止(P/F)位。

监控帧简称 S 帧,用来提供差错控制和流量控制。S 帧可以请求和暂停传输,报告状态并确认收到 I 帧,在 S 帧中没有数据字段。

无编号帧简称 U 帧,同样用来提供控制功能,但不对其进行编号,一般用来建立链路和拆除提供控制信息。

(4) 数据:数据字段用来承载传递的上层协议数据信息。这是一个变长字段,其长度上限由"帧校验序列"字段或通信节点的缓冲容量决定,一般是 1 000~2 000 b;而其长度下限为 0,即没有数据字段,如监控帧。

(5) 帧校验序列:长度为2字节,采用循环冗余校验(CRC)机制对两个标志字段之间的整个帧进行校验。

对于标准的 HDLC 而言,由于没有相应的字段对上层协议进行标识,因此只能应用于单协议环境。为了解决这个问题,Cisco 对 HDLC 协议进行了扩展,在标准 HDLC 帧结构的基础上增加了一个用于指示网络协议的字段以标识帧中封装的协议类型,长度为2个字节,例如使用 0x0800 来标识上层协议为 IP。Cisco HDLC 的帧结构如图 5-2 所示。

图 5-2 Cisco HDLC 帧结构

由于 Cisco 设备上的 HDLC 封装与标准的 HDLC 封装存在区别,因此在多厂商设备共存的情况下,可能会出现虽然都配置了 HDLC 协议,但是依然无法进行通信的情况。所以当存在多厂商设备时,一般建议采用 PPP 进行串行链路的封装。

5.2.2 HDLC 的配置

在串行链路上配置 HDLC 涉及的命令如下。

[Huawei-interface-number]link-protocol hdlc

由于在华为设备上串行链路默认使用的是 PPP,因此首先需要将其二层封装协议设置为 HDLC。

[Huawei-interface-number]timer hold *seconds*

在 HDLC 协议中通过定期发送 Keepalive 报文来检测链路状态是否正常,还可以通过 timer hold 命令来配置发送 Keepalive 报文的时间间隔,在配置时应保证链路两端的时间间隔相同,如果时间间隔设置为 0 则禁止链路状态检测功能。在网络延迟较大或拥塞程度较高的情况下,可以适当加大轮询时间的间隔,以减少网络振荡的发生。

在如图 5-3 所示的网络中，配置串行链路为 HDLC 封装。
具体的配置命令如下。

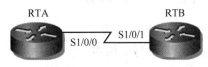

图 5-3　HDLC 配置

[RTA]interface Serial 1/0/0
[RTA-Serial1/0/0]link-protocol hdlc

[RTB]inter Serial1/0/1
[RTB-Serial1/0/1]link-protocol hdlc

配置完成后，在路由器 RTA 上执行 display interface 命令，显示结果如下。

[RTA]display interface Serial1/0/0
Serial1/0/0 current state : UP
Line protocol current state : UP
Last line protocol up time : 2019-04-04 01:32:08
Description:HUAWEI, AR Series, Serial1/0/0 Interface
Route Port,The Maximum Transmit Unit is 1500, Hold timer is 10(sec)
Internet protocol processing : disabled
Link layer protocol is nonstandard HDLC
Last physical up time: 2019-04-04 01:32:08
Last physical down time : 2019-04-04 01:32:08
Current system time: 2019-04-04 01:32:35
Physical layer is synchronous, Virtualbaudrate is 64000 bps
--------output omitted--------

从显示的结果可以看出，在接口 Serial 1/0/0 所在的链路上采用的封装协议是 HDLC。

5.3　点到点协议

点到点协议(Point-to-Point Protocol，PPP)是目前使用最广泛的广域网协议，提供了同步和异步电路上的路由器到路由器、主机到网络的连接；支持多种网络层协议，并提供身份验证功能。PPP 是一个分层的协议，涉及 OSI 中的下三层。PPP 各层的功能如图 5-4 所示。其物理层实现点到点的物理连接；其数据链路层通过链路控制协议(LCP)来建立和配置连接；其网络层通过网络控制协议(NCP)来配置不同的网络层协议。

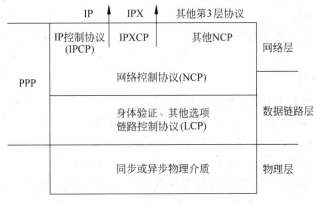

图 5-4　PPP 的组成

5.3.1 PPP 基础

1. PPP 帧结构

PPP 的帧结构如图 5-5 所示。

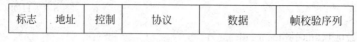

图 5-5 PPP 帧结构

(1) 标志：长度为 1 字节,取值 01111110,标识一个帧的开始和结束。

(2) 地址：长度为 1 字节,全"1"地址。PPP 不指定单台设备的地址。

(3) 控制：长度为 1 字节,取值 00000011,表示用户数据采用无序帧方式传输。

(4) 协议：长度为 2 字节,用于标识封装在帧中数据字段里的协议类型。

(5) 数据：长度为 0 或多个字节,为符合协议字段指定协议的数据包。

(6) 帧校验序列：长度为 2 字节,采用循环冗余校验机制对两个标志字段之间的整个帧进行校验。

2. PPP 会话过程

一次完整的 PPP 会话过程包括 4 个阶段,分别如下。

(1) 链路建立阶段

在该阶段,每一台运行 PPP 的设备都通过发送 LCP 帧来配置和测试数据链路。LCP 位于物理层,用来建立、配置和测试数据链路连接。在 LCP 帧中包含一些配置选项字段,用来进行设备间配置的协商,如最大传输单元、是否使用身份验证等。一旦配置信息协商成功,链路即宣告建立。在链路建立过程中,任何非链路控制协议的数据包均会被没有任何通告地丢弃。

(2) 链路质量检测阶段

在该阶段,链路将被检测,从而判断链路的质量是否能够携带网络层信息。如果使用了身份验证,则身份验证的过程也将在该阶段完成。

(3) 网络层控制协议协商阶段

PPP 设备通过发送 NCP 帧来选择和配置一种或多种网络层协议,如 IP、IPX。配置后,通信双方就可以通过链路发送各自的网络层协议分组。

(4) 链路终止阶段

通信链路一直保持到链路控制协议的链路终止帧关闭链路或者发生一些外部事件,将链路终止。

3. PPP 身份验证

PPP 提供了身份验证功能,身份验证功能是可选项。如果使用身份验证功能,则在链路建立后、网络层协议配置阶段开始之前,对等的两端进行相互鉴别。PPP 提供了两种不同的验证方式：密码验证协议和质询握手验证协议。

(1) 密码验证协议(password authentication protocol,PAP)

PAP 通过两次握手,为远程节点的验证提供了一个简单的方法。如图 5-6 所示,在链路建立后,远程节点不停地在链路上发送自己用于 PAP 验证的用户名和密码,直到身份验证通过或者连接被终止。

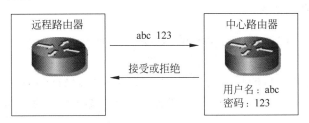

图 5-6　PAP 身份验证过程

在 PAP 验证中,密码在链路上以明文的方式进行传输,而且由于有远程节点控制验证重试的频率和次数,因此其无法防止再生攻击和重复的尝试攻击。

(2) 质询握手验证协议(challenge handshake authentication protocol,CHAP)

CHAP 使用 3 次握手来启动一条链路并周期性地验证远程节点。CHAP 在初始链路建立之后开始作用,并且在链路建立后的任何时间都可以进行重复验证。CHAP 身份验证过程如图 5-7 所示。

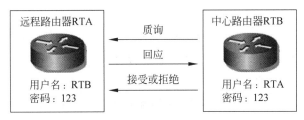

图 5-7　CHAP 身份验证过程

在链路建立后,由中心路由器发送一个质询消息到远程节点,质询消息中包含一个 ID、一个随机数及中心路由器的名称。远程节点基于 ID、随机数及通过中心路由器的名称查找到的密码计算出一个单向哈希函数,并把它放到 CHAP 回应中,回应的 ID 直接从质询消息中复制过来。质询方接收到回应后,通过 ID 找出原始的质询消息,基于 ID、原始质询消息中的随机数和通过远程节点名称查找到的密码计算出一个单向哈希函数,如果计算出的结果与收到的回应中的数值一致,则验证成功。

5.3.2　PPP 的配置

在串行链路上配置 PPP 的命令如下。

[Huawei-interface-number]link-protocol ppp

实际上,由于在华为设备上串行链路默认的封装即为 PPP,因此上面的这条命令可以不进行配置。

1. PAP 身份验证配置

在华为路由器上,PAP 验证的配置分为主验证方的配置和被验证方的配置。主验证方的配置如下。

[Huawei]interface Serial1/0/0
[Huawei-Serial1/0/0]link-protocol ppp

[Huawei-Serial1/0/0]ppp authentication-mode pap
[Huawei-Serial1/0/0]quit
[Huawei]aaa
[Huawei-aaa]local-user *username* password { simple | cipher } *password*
[Huawei-aaa]local-user *username* service-type ppp

在主验证方，配置串口的封装类型为PPP（该步骤可以省略），指定串口上使用的验证类型为PAP。在AAA配置视图下，将被验证方的用户名和密码加入本地用户列表并指定其服务类型为PPP。

需要注意的是，在华为路由器上，local-user的用户名不区分大小写，如果设置为大写，则系统会自动将大写用户名转换为小写，并给出如下提示信息："Info：Change 'ZHANGSF' to 'zhangsf' automatically. The parameter is not case-sensitive."。另外，华为路由器要求用户的密码长度必须在8~128个字符，且必须是数字、符号和字母的组合。如果密码不符合要求，则系统会给出错误提示信息："Error：The password requires a combination of numbers, symbols, uppercase or lowercase letters."。

被验证方的配置如下。

[Huawei-Serial1/0/0]link-protocol ppp
[Huawei-Serial1/0/0]ppp pap local-user *username* password { simple | cipher } *password*

在被验证方，配置串口的封装类型为PPP（该步骤可以省略），指定被验证方进行PAP验证时在链路上发送的用户名和密码。

在此依然使用如图5-3所示的网络，为其配置PAP验证，其中路由器RTA为被验证方，路由器RTB为主验证方。

具体配置如下。

[RTA]interface Serial 1/0/0
[RTA-Serial1/0/0]link-protocol ppp
[RTA-Serial1/0/0]ppp pap local-user zhangsf password cipher zhangsf123

[RTB]interface Serial 1/0/1
[RTB-Serial1/0/1]link-protocol ppp
[RTB-Serial1/0/1]ppp authentication-mode pap
[RTB-Serial1/0/1]quit
[RTB]aaa
[RTB-aaa]local-user zhangsf password cipher zhangsf123
[RTB-aaa]local-user zhangsf service-type ppp

配置完成后，路由器RTA向路由器RTB发送自己的用户名zhangsf和密码zhangsf123，请求PAP验证。在路由器RTA上执行debugging ppp pap all命令查看验证过程，显示结果如下。

<RTA>debugging ppp pap all
<RTA>system-view
Enter system view, return user view with Ctrl+Z.
[RTA]interface Serial 1/0/0
[RTA-Serial1/0/0]shutdown
[RTA-Serial1/0/0]

Apr 3 2019 18:50:04+00:00 RTA %%01PPP/4/PHYSICALDOWN(l)[0]: On the interface Serial1/0/0, PPP link was closed because the status of the physical layer was Down.
[RTA-Serial1/0/0]
Apr 3 2019 18:50:04+00:00 RTA %%01IFNET/4/LINK_STATE(l)[1]: The line protocol PPP on the interface Serial1/0/0 has entered the DOWN state.
[RTA-Serial1/0/0]
Apr 3 2019 18:50:04+00:00 RTA %%01IFNET/4/LINK_STATE(l)[2]: The line protocol PPP IPCP on the interface Serial1/0/0 has entered the DOWN state.
[RTA-Serial1/0/0]
Apr 3 2019 18:50:04+00:00 RTA %%01IFPDT/4/IF_STATE(l)[3]: Interface Serial1/0/0 has turned into DOWN state.
[RTA-Serial1/0/0]undo shutdown
Apr 3 2019 18:50:11+00:00 RTA %%01IFPDT/4/IF_STATE(l)[4]: Interface Serial1/0/0 has turned into UP state.
[RTA-Serial1/0/0]
Apr 3 2019 18:50:14+00:00 RTA %%01IFNET/4/LINK_STATE(l)[5]: The line protocol PPP on the interface Serial1/0/0 has entered the UP state.
[RTA-Serial1/0/0]
Apr 3 2019 18:50:14+00:00 RTA %%01IFNET/4/LINK_STATE(l)[6]: The line protocol PPP IPCP on the interface Serial1/0/0 has entered the UP state.
[RTA-Serial1/0/0]
Apr 3 2019 18:50:14.290.1+00:00 RTA PPP/7/debug2:
　　PPP Event:
　　　　Serial1/0/0 PAP Initial　Event
　　　　state Initial
[RTA-Serial1/0/0]
Apr 3 2019 18:50:14.290.2+00:00 RTA PPP/7/debug2:
　　PPP Event:
　　　　Serial1/0/0 PAP Client Lower Up Event
　　　　state Initial
[RTA-Serial1/0/0]
Apr 3 2019 18:50:14.330.1+00:00 RTA PPP/7/debug2:
　　PPP Packet:
　　　　Serial1/0/0 Output PAP(c023) Pkt, Len 27
　　　　State Initial, code Request(01), id 1, len 23
　　　　Host Len: 7　Name:zhangsf
[RTA-Serial1/0/0]
Apr 3 2019 18:50:14.330.2+00:00 RTA PPP/7/debug2:
　　PPP State Change:
　　　　Serial1/0/0 PAP : Initial --> SendRequest
[RTA-Serial1/0/0]
Apr 3 2019 18:50:14.360.1+00:00 RTA PPP/7/debug2:
　　PPP Packet:
　　　　Serial1/0/0 Input　PAP(c023) Pkt, Len 51
　　　　State SendRequest, code Ack(02), id 1, len 47
　　　　Msg Len: 42　Msg:Welcome to use Access ROUTER, Huawei Tech.
[RTA-Serial1/0/0]
Apr 3 2019 18:50:14.360.2+00:00 RTA PPP/7/debug2:
　　PPP Event:
　　　　Serial1/0/0 PAP Receive Ack Event

```
            state SendRequest
[RTA-Serial1/0/0]
Apr 3 2019 18:50:14.360.3+00:00 RTA PPP/7/debug2:
  PPP State Change:
        Serial1/0/0 PAP : SendRequest --> ClientSuccess
```

在这里先将路由器 RTA 的接口 Serial 1/0/0 关闭,然后激活,使两台路由器之间重新建立 PPP 连接,即可以看到 PAP 的验证过程。

本例只配置了单向验证,也可以配置双向验证,使路由器 RTA 和 RTB 互相进行验证。

2. CHAP 身份验证配置

在华为路由器上,CHAP 验证的配置存在两种不同的方式,下面分别对它们进行介绍。

(1) 方式一

主验证方的配置如下。

```
[Huawei]interface Serial1/0/0
[Huawei-Serial1/0/0]link-protocol ppp
[Huawei-Serial1/0/0]ppp authentication-mode chap
[Huawei-Serial1/0/0]ppp chap user username
[Huawei-Serial1/0/0]quit
[Huawei]aaa
[Huawei-aaa]local-user username password { simple | cipher } password
[Huawei-aaa]local-user username service-type ppp
```

在主验证方,配置串口的封装类型为 PPP(该步骤可以省略),指定串口上使用的验证类型为 CHAP。通过 ppp chap user 命令指定发送到对端设备进行 CHAP 验证时使用的用户名,该用户名必须与被验证方 local-user 指定的用户名一致。在 AAA 配置视图下,将被验证方的用户名和密码加入本地用户列表并指定其服务类型为 PPP,要求密码必须与被验证方的密码相同。

被验证方的配置如下。

```
[Huawei]interface Serial1/0/0
[Huawei-Serial1/0/0]link-protocol ppp
[Huawei-Serial1/0/0]ppp chap user username
[Huawei-Serial1/0/0]quit
[Huawei]aaa
[Huawei-aaa]local-user username password { simple | cipher } password
[Huawei-aaa]local-user username service-type ppp
```

可以看出,被验证方的配置只是少了一条指定验证类型的命令 ppp authentication-mode chap,其他命令与主验证方的配置相同。同样要求命令 ppp chap user 中指定的用户名与主验证方 local-user 指定的用户名一致,密码也必须与主验证方的密码相同。

在此依然使用如图 5-3 所示的网络,配置 CHAP 验证,要求路由器 RTA 为被验证方,路由器 RTB 为主验证方。

具体配置如下。

```
[RTA]interface Serial 1/0/0
[RTA-Serial1/0/0]link-protocol ppp
```

```
[RTA-Serial1/0/0]ppp chap user rta
[RTA-Serial1/0/0]quit
[RTA]aaa
[RTA-aaa]local-user rtb password cipher zhangsf123
[RTA-aaa]local-user rtb service-type ppp

[RTB]interface Serial 1/0/1
[RTB-Serial1/0/1]link-protocol ppp
[RTB-Serial1/0/1]ppp authentication-mode chap
[RTB-Serial1/0/1]ppp chap user rtb
[RTB-Serial1/0/1]quit
[RTB]aaa
[RTB-aaa]local-user rta password cipher zhangsf123
[RTB-aaa]local-user rta service-type ppp
```

在上述配置中,路由器 RTA 和 RTB 配置的本地用户名均为对端的用户名,实际上 local-user 配置的本地用户名只要和对端的 ppp chap user 命令配置的用户名相同即可,并不要求一定使用对端的用户名。

配置完成后,在路由器 RTA 上执行 debugging ppp chap all 命令查看验证过程,显示结果如下。

```
<RTA> debugging ppp chap all
<RTA> system-view
Enter system view, return user view with Ctrl+Z.
[RTA]interface Serial 1/0/0
[RTA-Serial1/0/0]shutdown
[RTA-Serial1/0/0]
Apr 3 2019 19:13:48+00:00 RTA %%01PPP/4/PHYSICALDOWN(l)[0]:On the interface Serial1/0/0, PPP link was closed because the status of the physical layer was Down.
[RTA-Serial1/0/0]
Apr 3 2019 19:13:48+00:00 RTA %%01IFNET/4/LINK_STATE(l)[1]:The line protocol PPP on the interface Serial1/0/0 has entered the DOWN state.
[RTA-Serial1/0/0]
Apr 3 2019 19:13:48+00:00 RTA %%01IFNET/4/LINK_STATE(l)[2]:The line protocol PPP IPCP on the interface Serial1/0/0 has entered the DOWN state.
[RTA-Serial1/0/0]
Apr 3 2019 19:13:48+00:00 RTA %%01IFPDT/4/IF_STATE(l)[3]:Interface Serial1/0/0 has turned into DOWN state.
[RTA-Serial1/0/0]undo shutdown
[RTA-Serial1/0/0]
Apr 3 2019 19:13:52+00:00 RTA %%01IFPDT/4/IF_STATE(l)[4]:Interface Serial1/0/0 has turned into UP state.
[RTA-Serial1/0/0]
Apr 3 2019 19:13:55+00:00 RTA %%01IFNET/4/LINK_STATE(l)[5]:The line protocol PPP on the interface Serial1/0/0 has entered the UP state.
[RTA-Serial1/0/0]
Apr 3 2019 19:13:55+00:00 RTA %%01IFNET/4/LINK_STATE(l)[6]:The line protocol PPP IPCP on the interface Serial1/0/0 has entered the UP state.
[RTA-Serial1/0/0]
Apr 3 2019 19:13:55.523.1+00:00 RTA PPP/7/debug2:
```

```
    PPP Event:
        Serial1/0/0 CHAP Initial Event
        state Initial
[RTA-Serial1/0/0]
Apr 3 2019 19:13:55.523.2+00:00 RTA PPP/7/debug2:
    PPP Event:
        Serial1/0/0 CHAP Client Lower Up Event
        state Initial
[RTA-Serial1/0/0]
Apr 3 2019 19:13:55.523.3+00:00 RTA PPP/7/debug2:
    PPP State Change:
        Serial1/0/0 CHAP : Initial --> ListenChallenge
[RTA-Serial1/0/0]
Apr 3 2019 19:13:55.533.1+00:00 RTA PPP/7/debug2:
    PPP Packet:
        Serial1/0/0 Input   CHAP(c223) Pkt, Len 28
        State ListenChallenge, code Challenge(01), id 1, len 24
        Value_Size:   16   Value: c3  9 ad 65 54 47 2f 1b c0 71 72 fd 2e 8d df f5
        Name: rtb
[RTA-Serial1/0/0]
Apr 3 2019 19:13:55.533.2+00:00 RTA PPP/7/debug2:
    PPP Event:
        Serial1/0/0 CHAP Receive Challenge Event
        state ListenChallenge
[RTA-Serial1/0/0]
Apr 3 2019 19:13:55.573.1+00:00 RTA PPP/7/debug2:
    PPP Packet:
        Serial1/0/0 Output CHAP(c223) Pkt, Len 28
        State ListenChallenge, code Response(02), id 1, len 24
        Value_Size:   16   Value: 74 b1 cb 79 10 51 ab 66 62 ae b7 d3 3b 4a 7b 1a
        Name: rta
[RTA-Serial1/0/0]
Apr 3 2019 19:13:55.573.2+00:00 RTA PPP/7/debug2:
    PPP State Change:
        Serial1/0/0 CHAP : ListenChallenge --> SendResponse
[RTA-Serial1/0/0]
Apr 3 2019 19:13:55.583.1+00:00 RTA PPP/7/debug2:
    PPP Packet:
        Serial1/0/0 Input   CHAP(c223) Pkt, Len 23
        State SendResponse, code SUCCESS(03), id 1, len 19
        Message: Welcome to rtb.
[RTA-Serial1/0/0]
Apr 3 2019 19:13:55.583.2+00:00 RTA PPP/7/debug2:
    PPP Event:
        Serial1/0/0 CHAP Receive Success Event
        state SendResponse
[RTA-Serial1/0/0]
Apr 3 2019 19:13:55.593.1+00:00 RTA PPP/7/debug2:
    PPP State Change:
        Serial1/0/0 CHAP : SendResponse --> ClientSuccess
```

在这里先将路由器 RTA 的接口 Serial 1/0/0 关闭，然后激活，使两台路由器之间重新建立 PPP 连接。这样即可以看到 CHAP 的验证过程。

(2) 方式二

主验证方配置如下。

[RTA]interface Serial 1/0/0
[RTA-Serial1/0/0]link-protocol ppp
[Huawei-Serial1/0/0]ppp authentication-mode chap
[Huawei-Serial1/0/0]quit
[Huawei]aaa
[Huawei-aaa]local-user *username* password { simple | cipher } *password*
[Huawei-aaa]local-user *username* service-type ppp

被验证方配置如下。

[RTA]interface Serial 1/0/0
[RTA-Serial1/0/0]link-protocol ppp
[Huawei-Serial1/0/0]ppp chap user *username*
[Huawei-Serial1/0/0]ppp chap password { simple | cipher } *password*

方式二的配置比方式一的相对要简单一些。在方式二中，被验证方在接口视图下通过 ppp chap password 命令配置进行 CHAP 验证时使用的密码，而不再进行本地用户的配置。由于被验证方不再通过查找本地用户获得密码，因此主验证方也就不再需要配置 ppp chap user 命令。

在此依然使用如图 5-3 所示的网络，要求使用方式二为其配置 CHAP 验证，其中路由器 RTA 为被验证方，路由器 RTB 为主验证方。

具体配置如下。

[RTA]interface Serial 1/0/0
[RTA-Serial1/0/0]link-protocol ppp
[RTA-Serial1/0/0]ppp chap user rta
[RTA-Serial1/0/0]ppp chap password cipher zhangsf123

[RTB]interface Serial 1/0/1
[RTB-Serial1/0/1]link-protocol ppp
[RTB-Serial1/0/1]ppp authentication-mode chap
[RTB-Serial1/0/1]quit
[RTB]aaa
[RTB-aaa]local-user rta password cipher zhangsf123
[RTB-aaa]local-user rta service-type ppp

CHAP 也可以配置双向验证，使路由器 RTA 和 RTB 互相进行验证。

在进行验证的配置时，也可以同时启用 PAP 和 CHAP，如 [Huawei-Serial 1/0/0] ppp authentication-mode pap chap。如果同时启用了 PAP 和 CHAP，则配置中指定的第一种验证方式在链路协商过程中被请求使用。如果另一端设备建议使用第二种验证方式，或简单地拒绝了第一种验证方式，则尝试使用第二种验证方式。

微课 5-1：PPP 协议配置

5.4 企业网络广域网连接配置

在模拟学院网络中,两个分校区与主校区之间的两条广域网链路使用 PPP 进行封装,为保证对端设备的真实可靠,要求在 PPP 链路上配置双向 CHAP 认证。由于两条链路的配置类似,在此只给出主校区与分校区 1 之间链路的相关配置。

主校区的出口路由器相关的配置如下。

[M-O]aaa
[M-O-aaa]local-user userb password cipher xywlaut123
[M-O-aaa]local-user userb service-type ppp
[M-O-aaa]quit
[M-O]interface Serial 1/0/0
[M-O-Serial1/0/0]ip address 202.207.127.249 30
[M-O-Serial1/0/0]link-protocol ppp
[M-O-Serial1/0/0]ppp authentication-mode chap
[M-O-Serial1/0/0]ppp chap user usera

分校区 1 的出口路由器相关的配置如下。

[B-O-1]aaa
[B-O-1-aaa]local-user usera password cipher xywlaut123
[B-O-1-aaa]local-user usera service-type ppp
[B-O-1-aaa]quit
[B-O-1]interface Serial 1/0/0
[B-O-1-Serial1/0/0]ip address 202.207.127.250 30
[B-O-1-Serial1/0/0]link-protocol ppp
[B-O-1-Serial1/0/0]ppp authentication-mode chap
[B-O-1-Serial1/0/0]ppp chap user userb

5.5 小　　结

本章对广域网中常用的两种数据链路层封装协议 HDLC 和 PPP 进行了介绍,其中详细介绍了 PPP 中两种身份验证方式的验证过程和配置方法,并在最后给出了企业网络中广域网链路上 PPP 的配置。

5.6 习　　题

(1) Cisco HDLC 和标准 HDLC 在帧结构上有什么区别?
(2) HDLC 在应用上有哪些局限性?
(3) 简述在 PPP 中 LCP 和 NCP 各自的作用。

(4) 简述 PAP 验证的过程及其存在的问题。

(5) 简述 CHAP 验证的过程。

5.7 PPP 配置实训

实训学时：2 学时；每实训组学生人数：5 人。

1. 实训目的

掌握 PPP 的配置及 PAP 身份验证的配置方法；掌握 CHAP 身份验证的配置方法。

2. 实训环境

(1) 安装有 TCP/IP 通信协议的 Windows 系统 PC：2 台。

(2) 华为路由器：3 台。

(3) UTP 电缆：3 条。

(4) V.35 背对背电缆：2 条。

(5) Console 电缆：3 条。

(6) 保持所有的路由器为出厂配置。

3. 实训内容

(1) 串行链路 PPP 配置。

(2) PPP 的 PAP 身份验证配置。

(3) PPP 的 CHAP 身份验证配置。

4. 实训指导

(1) 按照如图 5-8 所示的网络拓扑结构搭建网络，完成网络连接。

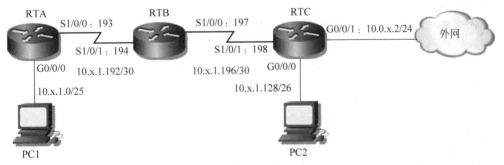

图 5-8 PPP 配置网络拓扑结构

(2) 按照图 5-8 所示为 PC、路由器的以太口和串口配置 IP 地址。配置完成后，在 3 台路由器上分别执行 display interface Serial 1/0/0 或 display interface Serial 1/0/1 命令查看路由器的串口信息，确认 PPP 中 LCP 和 IPCP 的状态。

(3) 在路由器 RTA 和 RTB 之间的串行链路上进行双向的 PAP 验证配置。要求 RTA 到 RTB 上进行验证的用户名为 huawei，密码为 huawei123；RTB 到 RTA 上进行验证的用户名为 network，密码为 network123。参考命令如下。

[RTA]interface Serial 1/0/0

```
[RTA-Serial1/0/0]link-protocol ppp
[RTA-Serial1/0/0]ppp authentication-mode pap
[RTA-Serial10//0]ppp pap local-user huawei password cipher huawei123
[RTA-Serial1/0/0]quit
[RTA]aaa
[RTA-aaa]local-user network password cipher network123
[RTA-aaa]local-user network service-type ppp

[RTB]interface Serial1/0/1
[RTB-Serial1/0/1]link-protocol ppp
[RTB-Serial1/0/1]ppp authentication-mode pap
[RTB-Serial1/0/1]ppp pap local-user network password cipher network123
[RTB-Serial1/0/1]quit
[RTB]aaa
[RTB-aaa]local-user huawei password cipher huawei123
[RTB-aaa]local-user huawei service-type ppp
```

配置完成后，在路由器RTA和RTB上分别执行debugging ppp pap all命令查看双向PAP的验证过程，确认在验证过程中是否传送了用户名和密码。考虑PAP身份验证方式是否安全。

（4）在路由器RTB和RTC之间的串行链路上进行双向的CHAP验证配置。要求验证使用的用户名为路由器名称，密码均为zhangsf123。参考命令如下。

```
[RTB]interface Serial 1/0/0
[RTB-Serial1/0/0]link-protocol ppp
[RTB-Serial1/0/0]ppp authentication-mode chap
[RTB-Serial1/0/0]ppp chap user rtb
[RTB-Serial1/0/0]quit
[RTB]aaa
[RTB-aaa]local-user rtc password cipher zhangsf123
[RTB-aaa]local-user rtc service-type ppp

[RTC]interface Serial1/0/1
[RTC-Serial1/0/1]link-protocol ppp
[RTC-Serial1/0/1]ppp authentication-mode chap
[RTC-Serial1/0/1]ppp chap user rtc
[RTC-Serial1/0/1]quit
[RTC]aaa
[RTC-aaa]local-user rtb password cipher zhangsf123
[RTC-aaa]local-user rtb service-type ppp
```

配置完成后，在路由器RTB和RTC上分别执行debugging ppp chap all命令查看双向CHAP的验证过程，确认在验证过程中是否传送了用户名和密码。考虑CHAP身份验证方式是否安全。

（5）在3台路由器上配置RIPv2路由协议并传播默认路由，确保网络的连通性。

5. 实训报告

填写如表5-1所示的实训报告。

表 5-1　PPP 配置实训报告

				Name		Pwd	
RTA	PAP 身份验证配置						
	执行 debugging ppp pap all 命令的结果	Input Request					
		Output Request					
		Ack Msg					
RTB	PAP 身份验证配置			Name		Pwd	
	执行 debugging ppp pap all 命令的结果	Input Request					
		Output Request					
		Ack Msg					
	CHAP 身份验证配置						
	执行 debugging ppp chap all 命令的结果	Input Challenge Name			Output Challenge Name		
		Input Response Name			Output Response Name		
		Input SUCCESS Message					
		Output SUCCESS Message					
RTC	CHAP 身份验证配置						
	执行 debugging ppp chap all 命令的结果	Input Challenge Name			Output Challenge Name		
		Input Response Name			Output Response Name		
		Input SUCCESS Message					
		Output SUCCESS Message					

第6章 企业网络热点区域无线覆盖

技术总是随着人们需求的增长变化而不断地发展和进步,有线网络虽然能够让我们与身处世界各地的人进行交流、获取资源和信息,但其受到物理位置限制的缺点也非常明显,想必很多人都有在出差时抱着笔记本电脑寻找有线网络信息插座的经历。同样,手机虽然很好地满足了人们对移动通信的需求,但人们更希望能够使用手机实现宽带多媒体的应用,以消磨等人、等车时的无聊时间。正是基于人们的这些需求,无线通信技术在近十年内得到了蓬勃发展。目前我们熟悉的无线技术包括在数字化设备间进行近距离传输的蓝牙(bluetooth)技术、支持高速数据传输的第五代移动通信技术(the 5th generation,5G),以及进行计算机无线局域网(wireless local area network,WLAN)覆盖的 IEEE 802.11 技术等。其中 IEEE 802.11 系列技术既实现了计算机的无线接入,同时也支持智能手机终端的接入。本章将重点对 IEEE 802.11 系列技术实现的 WLAN 的原理、设备、设计、安装和配置等进行介绍。

作为有线网络的补充,无线局域网能够对非办公区域进行覆盖,很好地满足用户便捷接入网络的需求。但无线局域网的开放特性也导致其容易受到攻击,因此如何保障无线局域网的安全接入是其必须解决的问题。另外,无线接入点(wireless access point,WAP)覆盖的情况下如何确保无盲区并且信道无冲突地覆盖是其需要解决的另外一个问题。

6.1 企业网络无线覆盖项目介绍

模拟学院网络要求对教学楼、图科楼大厅、院属公司办公区域等位置进行无线网络的覆盖,以保障师生及公司用户可以方便快捷地接入模拟学院网络。在进行无线覆盖时,需要考虑以下几点。

(1) 在无线网络组网方式的选择上,考虑到需要覆盖的热点区域所处的位置相对分散,而且面积比较小,均处于一台 AP 的覆盖范围内,因此可以采用 Fat AP 方式进行覆盖,将 FAP AP 连接到相应的接入层交换机端口上即可。

(2) 在 AP 布放位置的选择上,需要考虑具体覆盖区域的物理环境。对于存在承重柱等障碍物的环境,应该调整 AP 的布放位置,尽量降低障碍物的影响,避免出现覆盖盲区。对于 AP 具体的安装位置,一般可以选择壁挂安装,对壁挂安装敏感时可以采用吸顶安装。

(3) 在两个或多个覆盖区域距离较近的情况下,在 AP 信道的选择上应该尽量保证蜂窝式的覆盖,避免出现因多路无线信号的信道重叠而导致的冲突。

(4) 为保障无线网络的安全,必须对无线网络的接入进行认证,并对无线传输信号进行加密,以免出现非法用户接入无线网络或因窃听而导致数据失密等情况。

6.2 IEEE 802.11 标准

IEEE 802 标准化委员会于 1990 年成立 IEEE 802.11 无线局域网标准工作组,进行 WLAN 相关领域的技术研究和标准定义,该工作组通过制定 IEEE 802.11 标准定义了如何使用免授权(free license)的工业、科学和医疗频带(industrial scientific and medical band, ISM)的射频(radio frequency,RF)信号进行网络数据的传输。

RF 频段由国际电信联盟的无线电部门(ITU-R)负责分配,ITU-R 指定 902~928MHz、2 400~2 483.5MHz 和 5 725~5 850MHz 3 个频段为 ISM 社区的免授权频段,开放给工业、科学和医疗机构使用。ISM 在各国的规定并不统一,但其中 2 400~2 483.5MHz 的频段范围为各国共同的 ISM。

6.2.1 IEEE 802.11

IEEE 802.11 标准于 1997 年发布,该标准是无线局域网领域的第一个被国际认可的标准,又称原始标准。该标准规定无线局域网使用 2.4GHz 的工作频段,能够提供的最高数据传输速率为 2Mb/s。由于其速率相对较低,因此该标准并没有获得广泛应用。

6.2.2 IEEE 802.11a

IEEE 802.11a 标准于 1999 年发布,它工作在 5GHz 频段,数据传输速率可达 54Mb/s。IEEE 802.11a 拥有 12 条非重叠的信道,在中国共开放了 5 个信道,分别是 149、153、157、161 和 165 信道。由于信道资源较多,IEEE 802.11a 能够给接入点提供更多的选择,可以有效降低信道间的冲突,提供更大的接入容量。另外,由于使用 5GHz 频段的电器较少,因此与运行在 2.4GHz 的设备相比,IEEE 802.11a 设备出现干扰的可能性更小。但由于 IEEE 802.11a 使用的工作频率较高,相对于 2.4GHz 的电磁波而言更容易被障碍物吸收,因此其覆盖范围较小,IEEE 802.11a 的覆盖范围一般只有 IEEE 802.11b/g 的一半甚至更小。另外,由于部分国家禁止使用 5GHz 频段,因此 IEEE 802.11a 也没有被广泛应用。

6.2.3 IEEE 802.11b

IEEE 802.11b 标准于 1999 年发布,它可以被看作对原始标准的修订,与 IEEE 802.11 相同,IEEE 802.11b 同样工作在 2.4GHz 频段,但其数据传输速率可达 11Mb/s。由于 2.4GHz 的 ISM 在各国均开放使用,因此 IEEE 802.11b 在全球得到了广泛应用,成为无线局域网中著名的"慢速"标准。

IEEE 802.11b 所在的 2.4GHz 频段共有 14 个信道,每个信道的带宽为 22MHz,相邻两个信道的中心频率之间的间隔为 5MHz,而信道 14 与信道 13 的中心频率之间的间隔为 12MHz。需要注意的是,并非所有国家都开放了所有的信道,其中北美地区开放了 1~11 信道,中国及欧洲的大部分地区开放了 1~13 信道,而日本则开放了全部的 14 个信道。

由于信道之间的间隔比信道带宽小,因此相邻的信道之间必然会出现频率的重叠。如果多个无线设备同时工作,并且选择了存在重叠的信道,则彼此发出的无线信号就会互相干扰，从而导致网络的传输效率降低。因此当同一区域内存在多个无线设备时，应该选择互不干扰的信道来进行无线覆盖，考虑到不同国家对信道的开放情况不同，一般建议采用1、6和11这3个互不干扰的信道来进行覆盖，如图6-1所示。这也就意味着，在无线网络覆盖的任意位置，可见无线信号不应该超过3个。

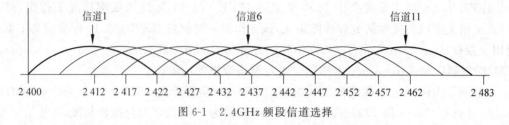

图6-1 2.4GHz频段信道选择

除可用信道比IEEE 802.11a少以外，IEEE 802.11b还比较容易受到干扰。因为很多常见的家用电器，包括微波炉、无绳电话等均工作在2.4GHz频段，所以在使用IEEE 802.11b进行无线覆盖时，需要注意周围是否存在干扰源。

6.2.4 IEEE 802.11g

IEEE 802.11g标准于2003年发布，它可以被看作对IEEE 802.11b标准的提速。IEEE 802.11g同样工作在2.4GHz频段，但其数据传输速率可达54Mb/s，并向后兼容IEEE 802.11b。

6.2.5 IEEE 802.11n(Wi-Fi 4)

IEEE 802.11n标准于2009年发布，它通过对IEEE 802.11物理层和MAC层的技术改进，使无线网络通信在性能和可靠性方面都得到了显著的提高。它的数据传输速率可达300Mb/s，从而使其可以同时为多个移动设备提供与百兆以太网相媲美的服务。IEEE 802.11n的核心技术为多输入多输出＋正交频分复用(multiple-input multiple-output＋orthogonal frequency division multiplexing，MIMO＋OFDM)。另外，IEEE 802.11n可以工作在2.4GHz和5GHz两个频段，从而可以向后兼容IEEE 802.11a、IEEE 802.11b和IEEE 802.11g。

6.2.6 IEEE 802.11ac(Wi-Fi 5)

IEEE 802.11ac标准于2013年6月正式发布，它的核心技术主要基于IEEE 802.11a，因此IEEE 802.11ac只工作在5GHz频段。但它对数据传输通道进行了扩充，采用并扩展了源自IEEE 802.11n的空中接口(air interface)概念，包括更宽的RF带宽(提升至160MHz)、更多的MIMO空间流(spatial stream)(增加到8)、多用户的MIMO，以及更高阶的调制(modulation)(达到256正交振幅调制(QAM))。理论上，IEEE 802.11ac能够提供最多1Gb/s带宽进行多站式无线局域网通信，或是最少500Mb/s的单一连接传输带宽。

6.2.7 IEEE 802.11ax(Wi-Fi 6)

IEEE 802.11ax标准于2019年正式发布。IEEE 802.11ax在IEEE 802.11ac的基础

上进行了改进,采用了正交频分多址(OFDMA)、上下行多用户输入输出(DL/UL MU-MIMO)、1024 正交幅度调制(1024-QAM)等技术,上下行均支持多用户并行多输入多输出,而且最高支持 8×8 MIMO,显著提高了效率和吞吐量。

IEEE 802.11ax 标准将信道划分成具有预定数量子载波的较小子信道,并将特定子载波集进一步指派给个别使用者。IEEE 802.11ax 标准将最小的子信道称为资源单位(resource unit,RU),每个 RU 至少包含 26 个子载波。基于多用户流量需求,无线接入点将决定如何分配信道,它可以一次将整个信道只分配给一个用户。IEEE 802.11ax 理论最大传输速率可达 9.6Gb/s。

6.3 无线网络拓扑

作为有线网络在接入层的延伸,无线网络的拓扑结构一般都比较简单,基本上可以分为基本服务集(basic service set,BSS)和扩展服务集(extended service set,ESS)两种。当然,不管是哪一种拓扑结构,无线网络都需要有唯一的标识,该标识称为服务集标识符(service set identifier,SSID),SSID 用来唯一标识并区分不同的无线网络。

6.3.1 BSS

BSS 是 WLAN 体系结构的基本构成单位,由一组相互通信的工作站(stations,STA)组成。BSS 可以分为独立基本服务集(independent BSS,IBSS)和基础结构型基本服务集(infrastructure BSS)两种。

1. IBSS

如果一个 BSS 完全由工作站组成,而不存在 AP,则该 BSS 称为 IBSS,如图 6-2 所示。

图 6-2 IBSS 网络

在 IBSS 中,工作站之间直接连接,并进行点对点的对等通信。IBSS 又称特设 BSS(ad hoc BSS)。

2. Infrastructure BSS

如果在 BSS 中存在且仅存在一个 AP,则该 BSS 称为 infrastructure BSS,在 infrastructure

BSS 中，AP 负责网络中所有工作站之间的通信，如图 6-3 所示。

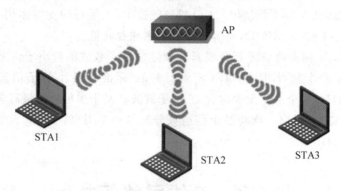

图 6-3 Infrastructure BSS 网络

注意：infrastructure BSS 不可简称 IBSS，以免与 independent BSS 混淆。

6.3.2 ESS

单个 BSS 的覆盖区域一般较小，而当无线网络需要覆盖较大区域时，可以通过公共分布系统将多个 BSS 串联起来形成 ESS。ESS 实际上就是由具有相同 SSID 的多个 BSS 形成的更大规模的虚拟 BSS，以扩展无线网络的覆盖范围。

在 ESS 中，各个 BSS 之间通过 BSS 标识符（BSSID）进行区分，BSSID 实际上就是为 BSS 提供服务的 AP 的 MAC 地址。ESS 网络如图 6-4 所示。

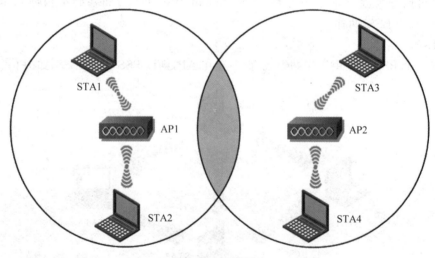

图 6-4 ESS 网络

在 ESS 网络中，每一个 BSS 中的 AP 都工作在一个特定的信道上，单个信道的覆盖区域称为一个蜂窝。相邻的两个蜂窝应工作在互不干扰的信道上并要有 10%～15% 的重叠，以实现工作站在不同 BSS 之间的漫游。

注意：漫游只能在同一 ESS 中的 AP 之间进行，即参与客户端漫游的 AP 必须具有相同的 SSID，在漫游过程中，客户端的 IP 地址不变，并且客户端的业务不能出现中断。漫游往往是由客户端无线网卡自身的驱动程序算法来实现的，是否进行漫游（即切换 AP）一般取决于客户端从 AP 收到的信号的强度或质量,这一过程对用户透明。

6.4 无线接入过程

在工作站利用 AP 进行无线通信之前,首先需要在工作站和 AP 之间建立无线关联,而无线关联的建立需要经过扫描(scanning)、认证(authentication)和关联(association)3 个步骤。这 3 个步骤会涉及多种不同类型的帧,按其功能帧可分为 3 种类型。

(1) 管理帧:管理帧负责工作站和 AP 之间能力级的交互,包括认证、关联等管理工作。常见的管理帧有 Beacon 帧、Probe 帧、Authentication 帧和 Association 帧等。其中 Beacon 帧和 Probe 帧用于工作站和 AP 之间的互相发现,Authentication 帧和 Association 帧用于工作站和 AP 之间的认证和关联。

(2) 控制帧:控制帧是用来协助数据帧收发的控制报文,如 RTS(request to send)帧、CTS(clear to send)帧和 ACK(acknowledgement)帧等。RTS/CTS 帧是避免在无线覆盖范围内出现隐藏节点的帧;而 ACK 帧则是常见的确认帧,在 WLAN 中,无线设备每发送一个数据报文,都要求对方回复一个 ACK 帧,以确定数据是否发送成功。

(3) 数据帧:无线用户发送的数据报文,也就是无线网络实际需要传输的信息。

6.4.1 扫描

扫描是工作站接入无线网络的第一个步骤,工作站通过扫描功能来寻找周围可用的无线网络,或者在漫游时寻找新的 AP。扫描有两种实现方式,分别是被动扫描(passive scanning)和主动扫描(active scanning)。

1. 被动扫描

在 AP 上开启了 SSID 广播功能后,AP 会在自己的工作信道上定期(默认发送间隔为 100 ms)地发送 Beacon 帧,Beacon 帧称为信标信号或灯塔信号。Beacon 帧中包含了 AP 所属的 BSS 基本信息,以及 AP 的基本能力级,包括 SSID、BSSID、支持的速率及认证方式等信息。Beacon 帧向周围的工作站宣告 AP 的存在。

在工作站使用被动扫描方式时,工作站会在各个信道间不断切换并监听是否有 Beacon 帧的存在,一旦接收到 Beacon 帧,就可以发现周围存在的无线网络服务。

2. 主动扫描

如果在 AP 上开启了 SSID 广播功能,则此无线网络对位于该 AP 覆盖范围内的所有工作站可见。很多时候,为了防止非法用户的接入,可能会在 AP 上禁用 SSID 的广播功能,在这种情况下,AP 将保持静默,不再发送 Beacon 帧。此时,工作站就需要采用主动扫描的方式来发现 AP。

在主动扫描方式中,工作站在每个信道上都会发送 Probe Request 帧以请求需要连接的无线网络服务,AP 在收到 Probe Request 帧后,会以 Probe Response 帧进行响应。Probe Response 帧所包含的信息与 Beacon 帧类似。工作站在收到 Probe Response 帧后,即可发现相应的无线网络服务。

需要注意的是,在 AP 禁用 SSID 广播的情况下,工作站所发出的 Probe Request 帧中必须包含期望的 SSID，否则 AP 将不予响应。

6.4.2 认证

通过扫描发现无线网络服务后，工作站将向相应的 AP 发起认证过程。目前，IEEE 802.11 可以提供 3 种不同的认证方式。

1. 开放式认证

在开放式认证中，工作站以自己的 MAC 地址作为身份证明，认证要求是工作站的 MAC 地址必须唯一，因此开放式认证实际上等于不需要认证，没有任何的安全防护能力。

2. WEP 认证

有线等效保密（wired equivalent privacy，WEP）认证方式通过工作站和 AP 之间的共享密钥进行认证，可以为无线网络提供与有线网络相当的安全保护。其具体的认证过程如图 6-5 所示。

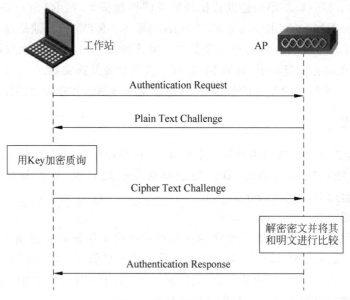

图 6-5　WEP 认证过程

首先，工作站向 AP 发送认证请求；AP 接收到认证请求后，向工作站发出一个明文的质询；工作站使用"共享密钥＋初始向量（initialization vector，IV）"形成的加密密钥对质询进行加密，并将加密后的密文连同 IV 值一同发送给 AP；AP 接收到密文后，使用自身保存的共享密钥加上接收到的 IV 值生成解密密钥，并对接收到的密文进行解密，将解密后的密文与原始明文进行比较以确定认证是否成功。

WEP 是一种较为简单的无线接入认证和无线数据加密方式，前些年比较广泛地应用在无线网络的接入认证和加密中，但 WEP 在安全性上存在着诸多缺陷，具体如下。

（1）WEP 对整个网络中的所有用户使用相同的密钥，这就意味着网络中任何一个员工离职都需要重新分配密钥，以免网络遭到攻击。

（2）WEP 在接入认证和数据传输的加密中使用相同的密钥。在 WEP 的加密中，密钥除了静态的共享密钥部分外，还有 24 位的 IV。IV 值动态生成，对每个数据包进行加密的密钥中的 IV 值均不相同,这客观上保证了 WEP 的加密强度。但是实际上 24 位长度的 IV 并不能保证其在忙碌的网络中不会重复,而对于 WEP 采用的流加密算法 RC4 而言,一旦密钥出现重复就很容易被破解。

事实上,基于 WEP 的认证和加密可以在两三分钟内被迅速破解,因此基本上已经没有什么安全性可言。在 IEEE 802.11n 中已经不提供对 WEP 的支持。

3. WPA/WPA-PSK

针对 WEP 方式存在的问题,IEEE 802.11i 提出了 Wi-Fi 保护接入(Wi-Fi protected access,WPA)的安全模式,有 WPA 和 WPA2 两个标准。

针对 WEP 中所有用户使用相同密钥的问题,WPA 可以采用 IEEE 802.1x 的认证方式为不同的用户提供不同的密钥,采用这种方式的 WPA 称为 WPA 企业版,或直接简称 WPA。而对于安全性要求较低的小型企业或家庭用户,也可以采用预共享密钥的方式让所有用户使用同一个密钥,采用这种方式的 WPA 称为 WPA 个人版,或简称 WPA-PSK。

在 WPA 中,接入认证时使用的静态密钥仅仅用于进行接入认证,而在数据传输过程中使用的加密密钥则在认证成功后动态生成。

在 WPA 中,采用了时限密钥完整性协议(temporal key integrity protocol,TKIP),其核心算法仍然是 RC4,但 IV 的长度增加到了 48 b,而且用户的密钥在使用过程中可以动态地改变,有效地避免了密钥的重复,确保了加密传输的安全性。

在 WPA2 中,采用了计数器模式密码块链消息认证码协议(counter CBC-MAC protocol,CCMP),算法也由高级加密标准(AES)取代了 RC4,它能够提供比 WPA 更高等级的安全性。

在当前的无线网络中,建议使用 WPA2(AES)或者 WPA2-PSK(AES)的认证加密方式来保护网络的安全。TKIP 的加密方式也已经不被 IEEE 802.11n 支持。

6.4.3 关联

在认证成功后,进入关联阶段,关联操作由工作站发起。具体过程如图 6-6 所示。

图 6-6 关联过程

首先,工作站向 AP 发送关联请求,AP 接收到关联请求后,向工作站发送关联响应,在关联响应中包含关联标识符(association ID,AID)。通常在关联的过程中,没有任何安全防护措施,认证成功后,关联即可成功。关联成功后,工作站和 AP 之间就可以进行数据的发送和接收。

6.5 无线设备介绍

在构建无线网络时,需要使用许多区别于有线网络的设备,包括无线接入点、天线、无线控制器、无线网卡等。下面分别对其进行介绍。

6.5.1 无线接入点

无线接入点(Access Point,AP)负责将无线客户端接入无线网络中,它向下为无线客户端提供无线网络覆盖,而向上一般通过接入层交换机连接到有线网络中。AP 实现了有线网络和无线网络之间的桥接,进行有线和无线数据帧的转换。

AP 按照其功能的区别可以分为 Fat AP 和 Fit AP 两种。其中 Fat AP 又称胖 AP,它具有完整的无线功能,可以独立工作。胖 AP 适用于规模较小且对管理和漫游要求都较低的无线网络的部署,尤其是在家庭网络和公寓式办公楼(SOHO)网络中得到了广泛应用,平时在小型无线网络中常用的无线路由器实际上就是集成的胖 AP 的功能。但是在需要多台 AP 的较大型无线网络的组网中,胖 AP 会存在以下问题。

(1) 由于每台胖 AP 都需要单独进行配置,因此在大型无线网络中,AP 配置的工作量将非常大。

(2) 胖 AP 的系统软件和配置参数都保存在 AP 上,当需要进行系统升级和配置修改时同样会带来很大的工作量,而且 AP 设备丢失就会造成系统配置的泄露。

(3) 在大型的无线网络中,很多工作需要网络内的多台 AP 协同完成,而由于胖 AP 之间相互独立,因此很难完成此类工作。

(4) 胖 AP 一般都不能提供对三层漫游的支持。

(5) 由于胖 AP 的功能较多,因此价格相对较高,在大规模部署时投资成本较大。

实际上在大型无线网络的组网中,一般都会使用"无线控制器+Fit AP"的方式。Fit AP 又称瘦 AP,它只能提供可靠的、高性能的射频功能,而所有的配置均需要从无线控制器上下载,所有 AP 和无线客户端的管理都在无线控制器上完成。这样无论在网络中存在多少台 AP,均可以使用唯一的一台无线控制器来进行配置管理,极大地简化了管理工作的复杂度,而且采用"无线控制器+Fit AP"的方式还能够支持快速漫游、服务质量(QoS)、无线网络安全防护和网络故障自愈等高级功能。

在进行"无线控制器+Fit AP"的网络部署时,无线控制器和瘦 AP 之间可以采用直接连接、通过二层网络连接和跨越三层网络连接的任何一种连接方式,也就是说,只要在无线控制器和瘦 AP 之间存在逻辑可达的有线网络即可,因此可以在任何现有的有线网络中部署"无线控制器+Fit AP"的无线解决方案,而不需要对当前有线网络进行任何变动。

现在很多 AP 均为 FAT/FIT 双模 AP,通过更新 AP 的操作系统软件可以在胖瘦模式之间进行转换。

AP 按照射频特性可以分为单射频 AP 和双射频 AP，其中单射频 AP 只有一块射频卡，只能支持 2.4GHz 频段或 5GHz 频段，有些型号的单射频 AP 既可以支持 2.4GHz 频段，也可以支持 5GHz 频段，但是在某一时刻只能提供对某一频段的支持，无法同时支持两个频段。双射频 AP 有两块射频卡，因此可以同时支持 2.4GHz 频段和 5GHz 频段。

AP 按照安装位置的区别可以分为室内型 AP 和室外型 AP，其中室内型 AP 适用于覆盖半径小、对周围环境要求不高的室内应用场景，室内型 AP 又可以分为壁挂式 AP 和吸顶式 AP；而室外型 AP 主要面向对高低温、防水、防潮、防雷及防尘等有较高要求的室外应用场景。

壁挂式 AP、吸顶式 AP 和室外型 AP 如图 6-7 所示。

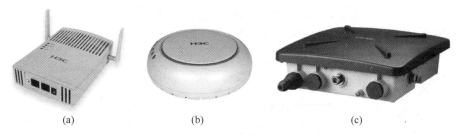

图 6-7　不同安装位置的 AP
(a) 壁挂式 AP；(b) 吸顶式 AP；(c) 室外型 AP

6.5.2　天线

AP 与无线客户端之间的无线通信有赖天线进行，天线能够将有线链路中的高频电磁能转换为电磁波向自由空间辐射出去，同样也可以将自由空间中的电磁波转换为有线链路中的高频电磁能，从而实现无线网络与有线网络之间的信息传递。可以说，没有天线就没有无线通信。

天线按照其辐射电磁波的方向性可以分为全向天线和定向天线两种。作为无源设备，天线不会增加输入能量的总量，即在不考虑损耗的理想情况下，天线发出的电磁波的总能量与天线输入端的总能量相等。但是不同的天线可能会以不同的形状和方向将电磁波发送出去。

(1) 全向天线

全向天线是指在水平方向上 360°均匀辐射的天线，它在水平面的各个方向上辐射的能量一样大。理想的全向天线称为各向同性天线，即三维立体空间中的全向，它是一个点源天线，其能量辐射是一个规则的球体，同一球面上所有点的电磁波辐射强度均相同。而实际中的全向天线只是在水平方向上的全向，如杆状天线，它将能量以一个类似面包圈的形状辐射出去，其水平方向图为一个圆，而从垂直方向图上可以看出，其最大的能量强度在水平面上，而在天线的垂直方向上能量强度为零。各向同性天线和全向天线的能量辐射形状如图 6-8 所示，全向天线的水平方向图和垂直方向图如图 6-9 所示。

(2) 定向天线

全向天线适用于应用距离近、无线客户端相对分散的情况，但是在很多时候无线客户端可能集中在某一个方向上,这就需要天线覆盖特定的某一部分区域,在这种情况下,一般会使用定向天线。定向天线的原理就是利用反射板把能量的辐射控制在单侧方向上从而形成一个扇形覆盖区域,如图 6-10 所示。定向天线在水平方向图上表现为一定角度范围的辐射。

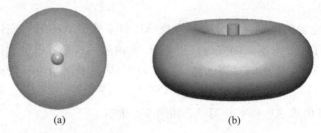

图 6-8 各向同性天线和全向天线的能量辐射形状
(a) 各向同性天线能量辐射形状;(b) 全向天线能量辐射形状

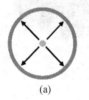 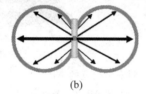 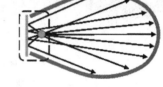

图 6-9 全向天线水平方向图和垂直方向图
(a) 水平方向图;(b) 垂直方向图

图 6-10 定向天线能量辐射形状

定向天线由于将本来辐射向反射板后面的能量反射到了前面,因此增加了反射板前面的信号强度,所以定向天线一般具有较高的增益。定向天线一般用于通信距离远、覆盖范围小、目标密度大、频率利用率高的环境。

天线的增益是指在输入功率相等的条件下,实际天线最强辐射方向上的功率密度与理想的辐射单元在空间同一点处的功率密度之比,用来描述天线对发射功率的汇聚程度,增益越大,说明天线在特定方向上的覆盖能力越强。具体的概念在此不再赘述,感兴趣的读者可以自行查阅相关资料。

按照天线外形的区别可以将天线分为杆状天线、板状天线及吸顶天线等。

(1) 杆状天线是一种常用的全向天线,分为室外覆盖和室内覆盖两种。室外杆状天线一般采用玻璃钢材质,需要安装到抱杆上;室内杆状天线一般采用阻燃塑料材质,可吸附于桌面上,如图 6-11 所示。

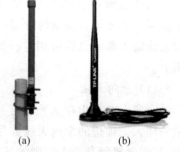

图 6-11 杆状天线
(a) 室外杆状天线;(b) 室内杆状天线

(2) 板状天线是一种典型的定向天线,主要用于室外信号的覆盖,与室外杆状天线类似,也需要安装到抱杆上。板状天线如图 6-12 所示。

(3) 吸顶天线用于室内信号的覆盖,一般吸附在天花板上,不需要占用额外的空间,并且相对美观。吸顶天线如图 6-13 所示。

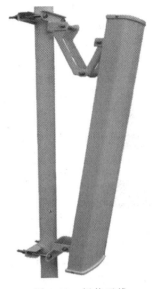

图 6-12 板状天线　　　　　图 6-13 吸顶天线

6.5.3 无线控制器

无线控制器用于配置管理网络中的瘦 AP,它一般都支持以太网供电(power over ethernet,PoE),能够使连接在其上的 AP 通过网线获得供电而不需要单独再为 AP 配置电源。在中小型企业无线网络接入中使用到的无线控制器多为有线无线一体化交换机,它同时集成了无线控制器和以太网交换机的功能,能够较好地满足中小企业的有线无线一体化接入需求。

在有线无线一体化交换机中存在无线控制模块和交换模块共两个控制模块,两个模块之间通过内部接口进行连接。在默认情况下,有线无线一体化交换机的 Console 口是对无线控制模块进行配置操作,可以通过命令配置模块间的切换。

某款有线无线一体化交换机外观如图 6-14 所示。

图 6-14 有线无线一体化交换机外观

6.5.4 无线网卡

无线网卡是无线客户端收发射频信号的设备,无线客户端通过无线网卡与 AP 进行无线连接,并进行数据的传输。当前市场上的笔记本电脑基本上都在内部集成了无线网卡,对于没有配置无线网卡的台式机或希望提高无线传输质量的笔记本电脑可以选择外置无线网卡。外置无线网卡一般采用 USB 接口与计算机进行连接,为了在相对较差的传输环境中获得较好的通信稳定性,有些无线网卡还配置外接的天线,以提升网卡的信号强度,获得更好的传输能力。

目前市场上的无线网卡品牌非常多,外形也千差万别,部分无线网卡的外形如图 6-15 所示。

图 6-15　部分无线网卡

需要注意的是,增加外置天线虽然可以提高无线网络的传输质量,但信号强度增大的同时会带来更多的辐射问题,因此一般在室内应尽量避免使用高增益的天线,以免对人体健康产生影响。

6.6　无线网络勘测与设计

无线网络的勘测与设计是 WLAN 项目实施中非常关键的一个环节,随着当前无线网络应用方案的日趋丰富和覆盖范围的不断扩大,在复杂的环境中部署高效的无线网络成为 WLAN 项目中的重中之重。高质量的无线网络勘测设计方案不仅可以提高设备的使用效率,提升用户的使用体验,还可以减少后续大量的运维工作,提高整个无线网络的使用满意度。

6.6.1　无线网络勘测设计流程

无线网络的勘测与设计一般遵循以下 3 个步骤。

1. 勘测前的准备工作

在进行勘测前,首先需要制订勘测设计实施计划,并就勘测条件和勘测计划与用户进行协商。具体内容包括以下几个方面。

(1)确定无线网络需要覆盖的区域并明确覆盖的要求。根据用户不同的业务需求,需要遵循不同的勘测设计标准。

(2)获取并熟悉覆盖区域的平面图。对于大面积的园区或者楼宇的覆盖,在进行现场勘测设计时,覆盖区域的平面图可以帮助勘测设计人员熟悉覆盖区域的现场环境,有利于方便准确地进行勘测结果的记录和统计。

(3)了解当前现有网络的组网情况。绝大部分的无线网络的建设均是依托在现有的有线网络上进行的,因此在进行勘测和设计之前,勘测设计人员必须从用户处了解当前有线网络的组网信息,包括当前网络中的接入交换机是否支持以太网供电,以及接入交换机是否有足够的空闲端口来进行 AP 的接入等信息。

另外，除了需要用户提供覆盖区域的平面图以及现有网络的组网情况外，在进行勘测时还需要用户提供一些其他的协助，包括提供 AP、天线等设备可能的安装位置、协调勘测现场等。必要时，还需要用户单位相关的供电、网络管理人员或物业人员随同进行勘测。

为了保证勘测结果的准确，在进行勘测前还需要准备常用的软硬件勘测工具。常用的硬件勘测工具有以下几种。

（1）企业级无线网卡：即普遍使用的企业级无线终端，一般将此终端作为勘测时信号强度的标准。

（2）用户实际中使用的无线终端：用户在实际中可能会使用各种不同的终端设备连接到无线网络，如掌上电脑（personal digital assistant，PDA）、Wi-Fi 电话等，在进行勘测时需要针对用户具体使用的终端设备来进行相关的测试。

（3）无线 AP：建议采用与该项目推荐的 AP 型号具有相同功率的 AP 进行勘测，以免出现勘测误差。

（4）长距离测距尺：用于进行覆盖范围的测量。

（5）各类增益天线：根据现场环境，选择不同增益的天线进行勘测，以达到最好的无线效果。

（6）后备电源：由于勘测的时间可能会比较长，因此需要为无线终端和 AP 准备好后备电源。

（7）数码照相机：用于记录现场环境和安装位置，以便在进行实际安装时将设备安装位置与勘测结果进行比较。

（8）胶带、塑料扎带等：在勘测的过程中用于对 AP 或天线等进行临时固定。

除了硬件工具，还需要准备用于对无线信号覆盖范围、无线信号强度及无线信号质量等进行检测的软件工具。

2. 现场勘测

在准备工作完成后即可进入现场进行勘测。现场勘测的主要内容有了解现场的环境；根据用户的覆盖需求及现场的环境情况，使用相关的软硬件设备进行现场测试；确定设备的数量、安装位置、安装方式、供电方式，以及防雷和接地方式等；统计分析并输出勘测结果。

3. 整理生成勘测设计报告

将现场统计的勘测结果进行分析整理，给出勘测设计报告，并提交用户进行审核。勘测设计报告中应包括 AP、天线、馈线等设备的型号和数量，从而为报价提供基础数据，还应该包括各种设备的安装位置和安装参数，从而为工程安装提供实施依据。

6.6.2 无线网络勘测设计总体原则

在使用基于 2.4GHz 频段的无线网络进行覆盖时，为避免出现同频干扰的问题，在二维平面上应按照蜂窝式覆盖的原则，交叉使用 1、6 和 11 这 3 个信道实现任意覆盖区域无相同信道干扰的无线部署，如图 6-16 所示。

从图 6-16 中可以看到，任何一个信道周围均为不会与其发生频率重叠的非干扰信道，从而避免了同频干扰的产生。但实际上如果某个无线设备的功率过大时，部分区域依然会

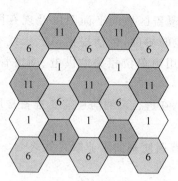

图 6-16 无线蜂窝式覆盖

出现干扰问题,此时就需要调整相关无线设备的发射功率来避免干扰。

在实际的无线组网中,需要覆盖的区域往往是三维的,如进行多楼层的无线覆盖时。而无线信号在空间中的传播也是三维的,这就要求在三维空间中同样需要按照蜂窝式覆盖的原则来进行无线的部署。在如图 6-17 所示的三层楼宇中进行无线的覆盖,考虑到跨楼层信号泄露的问题,在进行 AP 部署时同样遵循了蜂窝式覆盖的原则,以最大限度地避免楼层间的同频干扰问题。

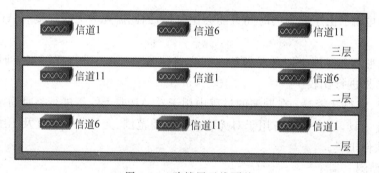

图 6-17 跨楼层无线覆盖

实际上,要想在三维空间中实现任意区域完全没有同频干扰几乎是不可能的。勘测设计人员需要做的就是如何通过合理的设计和优化尽量减少干扰带来的无线链路质量下降问题。例如,对于跨楼层信号泄露比较严重的楼宇应该考虑采用相邻楼层 AP 的交叉部署;对于个别无线设备可以调整其功率大小以调整其覆盖范围;而在采用定向天线的无线网络中可以通过调整天线的方向角来调整其覆盖范围,以尽量减少干扰的发生。

在对用户密度比较高的区域,如开放式办公区域、大型会议中心、报告厅等进行无线覆盖时,由于覆盖区域面积小、AP 数量多,这种情况下可能单独使用 2.4GHz 频段已经无法有效地避免同频干扰,此时就可以考虑采用 2.4GHz 和 5GHz 双频段覆盖的方式。采用 2.4GHz 频段和 5GHz 频段的混合部署,从而避免干扰,增加无线用户终端的接入能力。

在进行无线网络的勘测设计时,还需要保证无线覆盖区域内无线信号的强度。最基本的需求是,无线信号的强度至少要在无线终端的接收灵敏度以上,这样无线终端才能发现无线网络的存在。而实际上,为保证 AP 和无线终端之间有效可靠的数据传输,需要更好的信号强度作为保证。一般情况下,对于有业务需求的区域进行无线覆盖时,目标覆盖区域内 95% 以上位置的接收信号强度应大于或等于 −75dBm,重点覆盖区域的接收信号强度应大

于或等于 -70dBm。同时,为保证用户具有较好的上网感受,单个 AP 上的并发用户数量一般不宜超过 15 个,否则将会导致用户无线传输速率的降低。

6.6.3 室内覆盖勘测设计原则

无线网络室内覆盖区域主要针对家庭、办公室、会议室、教室、酒店、酒吧及会展中心等场景。在进行室内无线覆盖时,主要需要考虑两个方面的问题,一方面是确定一个 AP 能否覆盖所要求的区域;另一方面是一个 AP 覆盖范围内的实际并发用户数量是否超出了单 AP 的接入能力。因此,按照具体覆盖的区域大小及覆盖区域内并发接入用户数量的不同,可以将其分为 4 种不同的覆盖类型,如表 6-1 所示。

表 6-1 室内覆盖类型划分

覆盖区域半径/m	并发接入用户的数量/个	
	<15	>15
<60	半径小,并发用户少 典型场景:家庭、酒吧、会议室	半径小,并发用户多 典型场景:教室、开放式办公区域
>60	半径大,并发用户少 典型场景:酒店客房、写字楼	半径大,并发用户多 典型场景:体育馆、机场候机室

对于半径小且并发用户少的覆盖类型,一般使用一个 AP 即可实现覆盖,并能满足并发用户数量的需求。当然,考虑到墙体导致的信号衰减,当存在障碍物时应该合理选择 AP 的布放位置,例如在家庭中,AP 应该布放在相对居中的位置以保证各个房间的无线信号覆盖。另外,AP 具体的安装方式要考虑用户的需求选择壁挂或吸顶安装。

对于半径小且并发用户多的覆盖类型,由于接入用户的数量原因,一般要求使用多个 AP 进行覆盖。当使用多个 AP 覆盖时,由于其覆盖范围的重叠,因此必须遵循蜂窝式覆盖的原则,对于覆盖区域存在重叠的 AP 应该采用互不干扰的信道。

半径大且并发用户少的覆盖类型可以看作多个半径小并发用户少的覆盖类型的组合,而半径大且并发用户多的覆盖类型可以看作多个半径小并发用户多的覆盖类型的组合。

无论针对哪一种覆盖类型,在进行勘测与设计时都需要充分考虑用户需求,并根据现场情况进行详细的勘测。相同的覆盖要求对于不同的覆盖现场可能会产生完全不同的勘测与设计结果。在勘测与设计中重点需要考虑的问题有以下几点。

(1) 覆盖现场的各种障碍物导致无线信号的损耗。覆盖现场可能存在各种不同的障碍物,如承重柱、墙体、门窗、玻璃隔断、镜子、文件柜等。不同的障碍物对无线信号的损耗情况也不尽相同,其中承重柱或承重墙、镀水银的镜子及金属制品,如文件柜等都对无线信号有非常强的损耗,会导致其背后区域成为无线覆盖的盲区。在这种情况下,就需要考虑选择合适的 AP 布放位置,或通过多个 AP 实现区域的覆盖。

(2) 在满足用户需求的前提下,尽量减少三维空间中的信号可见数量。对于不同的楼宇结构其跨楼层信号的泄露情况也存在差异,对于一些老旧楼宇以及存在跨层中厅的特殊楼宇很容易因为信号的泄露导致干扰从而降低无线链路的传输质量。对于这种情况,必须合理选择 AP 的布放位置并进行信号的优化,尽量避免干扰的产生。原则上在无线网络覆盖的任意位置,可见无线信号都不应该超过 3 个。

(3) 尽量保证勘测时 AP 的部署位置与实际施工时的安装位置保持一致,以保证勘测数据的准确性。勘测时 AP 的位置和实际安装位置的差异往往会导致无线网络的部署无法实现预期的效果，从而影响用户的使用。例如，在勘测时可能只是将 AP 通过壁挂的方式放置在了天花板下方，而在实际安装时出于美观考虑将 AP 放置在了天花板内部，这可能会导致实际覆盖情况和勘测情况产生非常大的差异，从而无法达到预期的覆盖效果。

室内覆盖举例如下。

在此以学生宿舍为例介绍室内无线网络的覆盖。学生宿舍作为典型的无线网络室内覆盖区域，具有并发用户数量多、无线流量大及业务种类复杂等特点。同样是针对学生宿舍的无线网络，由于并发用户数量需求不同、用户带宽需求不同，以及楼宇本身墙体对无线信号的损耗影响不同，因此可能需要设计不同的无线覆盖方案。

（1）对于无线接入用户数量较少、楼宇墙体导致的信号损耗较小的情况，可以简单地将 AP 部署在楼道中以覆盖位于楼道两侧的宿舍房间，如图 6-18 所示。

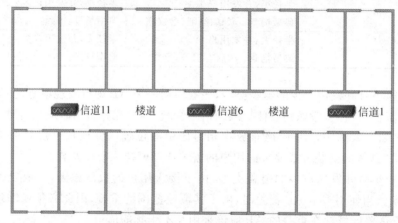

图 6-18　学生宿舍无线覆盖方案 1

（2）对于无线接入用户数量较少，但对无线信号覆盖强度要求较高的情况，可以采用如图 6-19 所示的覆盖方案。将 AP 部署在楼道中，并通过功分器将天线引入学生宿舍内。

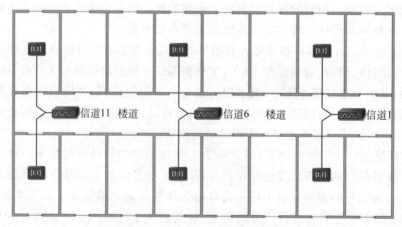

图 6-19　学生宿舍无线覆盖方案 2

通过在学生宿舍内安装天线,一个天线覆盖3个房间左右,这一方面保证了各宿舍内的无线信号的质量;另一方面利用宿舍间的墙体有效降低了各AP之间的可见度,减少了AP间的相互干扰。

(3) 对于无线接入用户数量较多的情况,需要根据具体需求增加AP的数量,并将AP直接安装到宿舍内,每个AP覆盖3个房间左右,如图6-20所示。

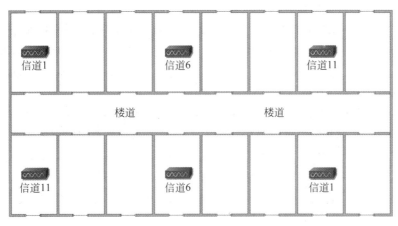

图6-20 学生宿舍无线覆盖方案3

(4) 在楼宇墙体导致信号损耗较大的情况下,在某个房间内安装AP或天线,信号可能无法很好地穿透宿舍间的墙体以覆盖两侧的房间。此时就需要通过功分器将天线引入每一个宿舍房间,以保证无线信号的良好覆盖,如图6-21所示。而一个AP能够覆盖多少个房间需要根据具体的无线接入用户数量来定。

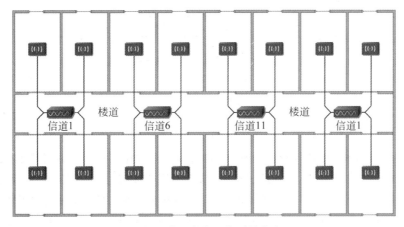

图6-21 学生宿舍无线覆盖方案4

6.6.4 室外覆盖勘测设计原则

无线网络室外覆盖主要的勘测设计原则如下。

(1) 在进行无线网络室外覆盖时,首先应该考虑AP与无线终端之间的有效交互,即保证用户能够有效地接入无线网络,所以必须保证AP能够有效地覆盖用户区域;其次再考虑用户的有效接入带宽。AP+定向天线的覆盖方式,在空旷区域的覆盖距离一般可达300m左右,但当到达覆盖距离的极限时,速率下降比较严重,一般会降到仅1Mb/s左右。

(2) 在进行室外天线的选择时,应该尽量使信号分布得均匀,对于覆盖的重点区域和信号冲突区域,应该调整天线的方位角和下倾角以获得较好的覆盖效果。

(3) 天线的安装位置应该确保天线的主波瓣方向正对覆盖目标区域,被覆盖区域与天线应该尽可能直视,以保证良好的覆盖效果。

(4) 工作在相同频段的AP的覆盖方向应该尽可能地错开,以免产生同频干扰。

(5) 在室外覆盖室内的情况下,从室外透过封闭的混凝土墙后的无线信号几乎不可用,因此只能考虑利用从门或窗入射的信号。即使无线信号能够通过门窗入射,纵向也最多只能覆盖8m左右,即两个房间。

室外覆盖主要可以分为室外空旷/半空旷地带的覆盖和室外对室内的覆盖两种。其中室外空旷/半空旷地带的覆盖可以采用将全向天线安装在需要覆盖区域的中间位置,或者将定向天线架设在高处并保持一定的下倾角以进行室外空间的覆盖,如图6-22所示。而室外对室内的覆盖,可以采用在对面楼宇中间位置或路灯柱、抱杆上安装高增益的定向天线来进行楼宇的覆盖;对于纵深较大、单面无法完全覆盖的楼宇,可以选择从双面进行覆盖,或选择卧室、客厅等重点区域进行覆盖。

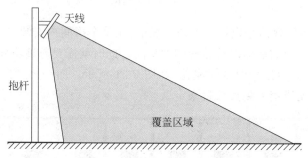

图6-22 定向天线下倾覆盖

6.6.5 室外桥接勘测设计原则

无线网络的桥接是指利用无线网桥将两个或多个位于不同区域的网络通过无线信号连接起来,其中无线网桥的作用与有线网络中的网桥设备的作用类似。相较于有线网络,无线网络的桥接无须架线挖沟、线路开通速度快、成本低并且易于管理与维护,但无线网络的桥接属于视距通信,即进行无线网络传输的两点之间必须可视。在进行短距离桥接时,两点之间的可视很容易实现;但是在进行数公里甚至数十千米的长距离通信时,要保证两点之间可视就必须考虑两点之间如山脉、建筑物、树木等障碍物及地球曲率的影响。

1. 地球曲率

由于地球是圆的,因此在进行长距离无线通信的勘测时,必须考虑地球曲率的影响,否则将可能因为两个无线网桥之间不能相视而无法进行无线信号的传输。不同距离情况下地球曲率的数值如表6-2所示。

表 6-2 地球曲率参考值

两点距离/km	地球曲率/m
1.6	0.9
8	1.52
16	4
24	8.5
32	15.2
40	23.8

2. 菲涅耳区（Fresnel region）

在无线信号的远距离传输中，信号并非只占用了收发天线之间的直线区域，而是占用了一个类似椭球体的较大区域，这个区域称为菲涅耳区，收发天线分别位于椭球体的两个焦点上，如图 6-23 所示。

图 6-23 菲涅耳区

菲涅耳区中的任何障碍物都有可能影响无线信号的传播，因此在理论上应该保持菲涅耳区为没有任何障碍物的自由空间，菲涅耳区中的障碍物应予以清除。而实际上只要保证最小菲涅耳区不受障碍物的阻挡，即可认为信号是在自由空间中进行传播的。最小菲涅耳区的半径为第一菲涅耳区半径的 0.577 倍。

菲涅耳区的大小是路径长度和信号频率的函数，在无线信号频率一定时，路径越长，菲涅耳区半径越大；在收发天线之间的距离一定时，无线信号频率越高（即波长越短），菲涅耳区半径越小。在不同距离情况下 2.4GHz 频段电磁波的最小菲涅耳区半径值如表 6-3 所示。

表 6-3 2.4GHz 频段电磁波最小菲涅耳区半径值

收发天线间距离/km	最小菲涅耳区半径值/m
1.6	3
8	9.2
16	13.4
24	16.8
32	19.2
40	22

从上述内容可以看出，在进行室外桥接勘测时，为保证无线信号的传输质量，进行桥接的室外天线的高度不应低于相应距离对应的地球曲率值与最小菲涅耳区半径值的和，如图 6-24 所示，并且应该保证中间没有山脉、建筑物、树木等障碍物的影响。

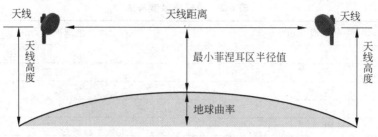

图 6-24 室外桥接天线高度测算

6.7 无线网络工程施工技术

6.7.1 无线网络安装组件介绍

无线网络工程会涉及很多有线网络工程中没有的安装组件,下面分别对其进行简单的介绍。

1. 射频连接器

在无线网络设备、天线及馈线之间连接使用的连接器一般有 N 型和 SMA 型两种。

(1) N 型连接器

N 型连接器是一种用于中小功率设备的具有螺纹连接结构的同轴电缆连接器,其适用的频率范围为 0~11GHz。N 型连接器的尺寸较大、连接可靠、插入损耗较小并且具有防水的功能,一般室外型 AP 和天线都使用 N 型连接器进行连接。

N 型连接器分为公头和母头两种类型,公头为内螺纹针型,母头为外螺纹孔型。室外型 AP 和大部分天线的射频接口均采用 N 型母头,而射频转接电缆一般采用 N 型公头,用于连接 AP 和天线。N 型连接器的公头如图 6-25 所示。

在进行 AP 和天线、馈线和馈线之间的连接时还需要用到 N 型转接头,N 型转接头分为双阳型和双阴型两种。双阳 N 型转接头一般用于 AP 和天线之间的连接;双阴 N 型转接头一般用于馈线之间的连接。双阳 N 型转接头如图 6-26 所示。

图 6-25 N 型连接器公头

图 6-26 双阳 N 型转接头

(2) SMA 型连接器

SMA 型连接器是一种小型的具有螺纹连接结构的同轴电缆连接器,配软电缆使用时其适用的频率范围为 0~12.4GHz,配半刚性电缆使用时其适用的频率范围为 0~18GHz。SMA 型连接器的尺寸较小、成本较低,一般室内型 AP 多使用这种类型的连接器。

出于健康因素的考虑,室内型 AP 应该尽量避免使用高增益天线,因此室内型 AP 一般都采用反极性的 SMA 公头。所谓反极性是指其螺纹与针孔的配合与正常的连接器相反，其中反极性公头为外螺纹针型，反极性母头为内螺纹孔型。由于配合反极性接口的天线不容易在市场上买到，因此可以防止用户擅自更换高增益天线。室内型 AP 的反极性 SMA 公头和自带天线的反极性 SMA 母头分别如图 6-27 和图 6-28 所示。

图 6-27 室内型 AP 的反极性 SMA 公头　　图 6-28 室内型 AP 自带天线的反极性 SMA 母头

2．射频电缆

射频电缆一般用于 AP 和天线之间的连接，根据其连接器的不同可以分为 N 型射频电缆、SMA 型射频电缆及 SMA 转 N 型射频电缆等，可以根据实际需求选择相应的电缆类型。例如，进行室外型 AP 和天线的连接一般需要使用两端均为 N 型公头的射频电缆，而进行室内型 AP 和天线的连接一般需要使用 SMA 转 N 型的射频电缆。两端均为 N 型公头的射频电缆如图 6-29 所示。

3．射频匹配负载

如果 AP 的某个射频接口不使用，则需要在该接口上安装射频匹配负载以进行信号的吸收，防止信号反射回输入端，造成射频干扰。常见的射频匹配负载包括用于室内型 AP 的 SMA 型射频匹配负载和用于室外型 AP 的 N 型射频匹配负载。SMA 型射频匹配负载如图 6-30 所示。

图 6-29 N 型公头射频电缆　　　　　图 6-30 SMA 型射频匹配负载

4．天馈防雷器

安装在室外的天线由于一般位于较高的位置，且馈线也比较长，因此很容易感应雷击，从而对 AP 设备造成损坏。为了保护 AP 设备免受雷击，天线和 AP 设备之间需要串联天馈防雷器。天馈防雷器通过接地可将直击雷和感应雷的能量泄放到地上，从而对 AP 设备起到保护作用。天馈防雷器如图 6-31 所示。

5．网口防雷器

网口防雷器串联在外部网络设备（如 AP）与以太网交换机之间，放置在交换机端，用来保护交换机侧的端口免遭雷击损坏。有些网口防雷器还提供 PoE 供电功能，可以与电源适配器配合利用以太网线的 4、5、6 和 8 空闲线为远端 AP 提供电源。网口防雷器如图 6-32 所示。

图6-31 天馈防雷器

图6-32 网口防雷器

6. 合路器

合路器是将不同频率的信号合路在同一端口输出的射频器件，通常应用于共用天馈的无线分布式系统中。在实际的工程中，进行无线局域网施工时可能已经存在其他的无线网络系统，如全球移动通信系统(GSM)、时分同步码分多路访问(TD-SCDMA)等。在这种情况下就可以进行合路的设计，通过合路器将WLAN系统的无线信号馈入已有无线网络的天馈系统中，使多个无线网络共用一套天馈系统，从而有效降低建设成本，加快建设进度。

合路器按照输入端口的数量可以分为双系统合路器、三系统合路器和四系统合路器。双系统合路器如图6-33所示。

7. 功分器

功分器即功率分配器，是将一路输入信号能量分成两路或多路相等能量输出的器件。在进行WLAN覆盖时，如果需要一个AP覆盖两个或两个以上的房间，可以使用功分器将AP输出的信号等分成两路或多路，然后连接两个或多个天线进行覆盖。功分器的输出支路端口之间应该保证足够的隔离度。

功分器按照输出端口的数量可以分为二功分器、三功分器及四功分器等。二功分器如图6-34所示。

图6-33 双系统合路器

图6-34 二功分器

8. 耦合器

耦合器是将一路输入信号按比例分成两路信号输出的器件。耦合器的两个输出端口分别称为主干端和耦合端，耦合端的输出功率比主干端小。耦合器一般用来从主干通道中提取部分信号，按照从耦合端输出信号功率与输入信号功率的差值即耦合度的不同，可以将耦合器分为3dB、5dB、6dB以及10dB等多种类型。耦合器如图6-35所示。

图6-35 耦合器

6.7.2 无线网络工程安装规范

1. AP安装规范

AP设备的安装位置应该遵循以下原则。

(1) 安装位置应该便于工程施工和运行维护。

(2) 确保安装位置附近 2～3m 内无强电、强磁和强腐蚀性设备。

(3) 安装位置应该满足 AP 与接入交换机之间的距离限制。

总体而言,AP 上的各种零部件及有关标识应该正确、清晰、齐全;AP 的安装位置必须符合工程设计要求;如果安装位置需要变更,必须征得设计和建设单位的同意,并办理变更手续。

(1) 室内型 AP 安装规范

AP 安装于室内时,必须遵循以下原则。

① 安装位置应该干燥、灰尘小且通风良好。

② 安装位置应该便于馈线、电源线以及地线等的布线。

③ 安装室内不得放置易燃、易爆等危险品。

④ 安装室内的温度、湿度不能超出 AP 工作要求的温度、湿度范围。

⑤ 如果 AP 安装在弱电井内,应该采取防尘、防水和防盗等安全措施。如果 AP 壁挂安装在大楼的墙面上,应该做好防盗措施;建议将 AP 安装在定做的机箱中,并安装在距地面高度 1.5m 以上,同时保持通风良好、通气孔畅通。如果 AP 安装在天花板上,必须用固定架进行固定,不允许悬空放置或直接摆放在天花板上面,安装位置应该靠近检修口,如果天花板高度高于 6m,则不宜采用天花板安装方式。

(2) 室外型 AP 安装规范

AP 安装于室外时,必须遵循以下原则。

① AP 设备表面应该垂直于水平面,未接线的出线孔应该使用防水塞进行封堵,AP 与馈线间的接头处应该采取防水密封措施。

② AP 如果放置在防水箱内,箱体要保持通风以利于设备的散热。机箱的安装应该便于工程施工和运行维护,且不影响设备或设施的正常功能。进入防水箱的全部线缆需要做防水弯,或采用下走线的方式。

③ 室外施工必须有附加的防雷装置,使用外接天线的,馈线与 AP 之间必须安装天馈防雷器,防雷器的导流线必须牢固可靠地连接在地线汇流排上。

④ 安装在楼顶屋面上的 AP,安装位置应该选择无日光直晒或直晒时间较短的位置。AP 相关的各类线缆必须根据要求穿铁管或 PVC 管后布放,可靠地固定在楼顶屋面或墙面上,不允许出现交叉和空中飞线的现象。

2. 天线安装规范

(1) 室内天线安装规范

① 室内天线的安装位置、型号必须符合工程设计的要求,并以尽可能不影响室内设计外观为原则。

② 室内天线安装时必须保证天线的清洁干净。

③ 壁挂式天线的安装必须牢固可靠,并保证天线垂直美观,不破坏室内的整体环境。

④ 吸顶式天线的安装必须牢固可靠,并保证天线的水平,在安装天花板吊顶内时,应预留维护口。

⑤ 吸顶式天线不允许与金属天花板吊顶直接接触,如果需要在金属天花板吊顶上安装时,接触面间必须加装绝缘垫片。

⑥ 天线的上方应该有足够的空间连接馈线,必须保证天线与馈线之间的连接紧密,无松动现象。

(2) 室外天线安装规范

① 室外天线的安装位置、型号必须符合工程设计的要求。天线必须牢固可靠地固定在支撑物上。

② 天线周围沿主要覆盖方向不得有建筑物或大片金属物等物体的遮挡,全向天线体的水平方向 1m 范围内不允许有金属体的存在。

③ 全向天线必须向上安装并且与地面保持垂直。

④ 定向天线的方位角和俯仰角可以根据覆盖目标进行调整,以满足信号覆盖的要求。

⑤ 天线安装位置如果高于楼顶,则必须安装避雷针,避雷针的长度要符合避雷要求,并可靠接地。天线的顶端要低于避雷针,并处于 45°避雷保护角范围内,如图 6-36 所示。

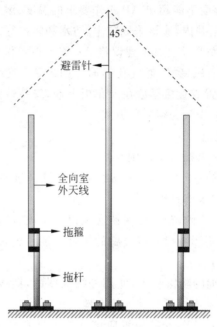

图 6-36 室外天线避雷要求

⑥ 在进行多 AP 安装时,各个 AP 的天线之间应该保持一定的距离间隔,以免邻道干扰。在安装壁挂式时,不同 AP 的天线间的垂直距离应该大于 4m;在安装路灯时考虑到安装位置的限制,各个 AP 天线间的垂直距离至少应该大于 2m。

在无线网络工程安装规范中,还包括馈线安装规范、接地安装规范和线槽及走线管安装规范等,在此不再一一进行介绍,感兴趣的读者可以自行查阅相关资料。

6.8 无线网络设备配置

通过对 6.5.1 节的学习可知,无线网络的组网包括 Fat AP 和"无线控制器+Fit AP"两种方式,本节主要介绍 Fat AP 的配置,对"无线控制器+Fit AP"的配置感兴趣的读者可以自行查阅相关资料。

本节以华为 H3C WA2210-AG 为例进行配置的介绍,WA2210-AG 是一款室内型

FAT/FIT 双模 AP,拥有一个二层以太网接口 Ethernet1/0/1,用于向上连接接入层交换机(注意:AP 属于接入层设备,一般位于网络的底层,处于接入层交换机之下,从而将无线终端连接到网络中)。其出厂默认安装的是 FIT 版操作系统,因此在将其作为 Fat AP 使用前首先要将 FIT 版操作系统卸载,并安装 FAT 版的操作系统。

6.8.1　Fat AP 基本配置

要想使终端可以通过 Fat AP 接入无线网络,在 Fat AP 上需要进行的基本配置涉及的命令如下。

(1) 创建 WLAN-BSS 接口。

[Huawei]interface WLAN-BSS *interface-number*

该命令用来创建一个 WLAN-BSS 接口并进入该接口的配置视图,如果指定的 WLAN-BSS 接口已经存在,则进入接口配置视图。

WLAN-BSS 接口是一种虚拟的二层接口,类似于 access 类型的二层以太网接口,具有二层属性,并可以配置多种二层协议。

(2) 将 WLAN-BSS 接口接入 VLAN 中。

[Huawei-WLAN-BSS1]port access vlan *vlan-id*

默认情况下,WLAN-BSS 接口位于 VLAN 1 中。

(3) 创建无线服务模板。

[Huawei]wlan service-template *service-template-number* {clear|crypto}

在无线服务模板中进行一些无线相关属性的配置,模板包括明文模板(clear)和密文模板(crypto)两种类型。如果在无线网络中不进行任何安全配置,则应该选择明文模板。

(4) 配置 SSID 名称。

[Huawei-wlan-st-1]ssid *ssid-name*

(5) 配置链路认证方式。

[Huawei-wlan-st-1]authentication-method {open-system|shared-key}

链路认证方式包括开放系统认证(open-system)和共享密钥认证(shared-key)两种方式。其中开放系统认证为不进行认证,而共享密钥认证需要在客户端和设备端配置相同的共享密钥进行认证。

需要注意的是,无线网络的接入认证包括无线链路认证和用户接入认证两种,该命令配置的是无线链路的认证方式。WEP 的认证即在无线链路的接入认证上采用共享密钥的认证方式,因此如果配置 WEP,则链路认证方式必须为 shared-key。而 WPA/WPA2 的认证是对用户接入进行认证,在无线链路认证上采用的是 open-system 认证。

(6) 指定某个 SSID 下的关联客户端的最大个数。

[Huawei-wlan-st-1]client max-count *max-number*

默认最多可以关联 64 个客户端。

(7)使能无线服务模板。

[Huawei-wlan-st-1]service-template enable

(8)进入射频接口配置视图。

[Huawei]interface WLAN-Radio *interface-number*

WLAN-Radio 接口是 AP 上的一种物理接口,用于提供无线接入服务,在 WA2210-AG 上存在一个 WLAN-Radio 接口,即 WLAN-Radio 1/0/1。

(9)配置射频类型。

[Huawei-WLAN-Radio1/0/1]radio-type {dot11a|dot11b|dot11g}

(10)配置射频工作信道。

[Huawei-WLAN-Radio1/0/1]channel {channel-number|auto}

在使用 IEEE 802.11b/g 的情况下,推荐配置为 1、6 或 11 信道。

(11)配置当前射频的服务模板和使用的 WLAN-BSS 接口。

[Huawei-WLAN-Radio1/0/1] service-template *service-template-number* interface WLAN-BSS *interface-number*

假设存在如图 6-37 所示的网络,为其配置 AP1 和交换机 SWA,使终端 PC1 和 PC2 可以通过 AP1 连接到网络中,其中 SSID 为 Huawei,为终端主机分配的 IP 地址为 192.168.1.0/24 网段地址,网关为 192.168.1.1。

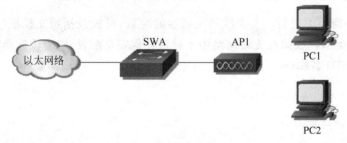

图 6-37 无线网络基本配置

具体的配置命令如下。

[SWA]interface Vlan-interface 1
[SWA-Vlan-interface1]ip address 192.168.1.2 24
[SWA-Vlan-interface1]quit
[SWA]ip route-static 0.0.0.0 0 192.168.1.1
[SWA]dhcp enable
[SWA]dhcp server forbidden-ip 192.168.1.1 192.168.1.2
[SWA]dhcp server ip-pool zhangsf
[SWA-dhcp-pool-zhangsf]network 192.168.1.0 mask 255.255.255.0
[SWA-dhcp-pool-zhangsf]gateway-list 192.168.1.1

[AP1]interface WLAN-BSS 1

［AP1-WLAN-BSS1］quit
［AP1］wlan service-template 1 clear
［AP1-wlan-st-1］ssid Huawei
［AP1-wlan-st-1］authentication-method open-system
［AP1-wlan-st-1］service-template enable
［AP1-wlan-st-1］quit
［AP1］interface WLAN-Radio 1/0/1
［AP1-WLAN-Radio1/0/1］radio-type dot11g
［AP1-WLAN-Radio1/0/1］channel 1
［AP1-WLAN-Radio1/0/1］service-template 1 interface WLAN-BSS 1

注意：由于 WA2210-AG 不支持 DHCP 的配置，因此需要在二层交换机 SWA 上配置 DHCP，而为使 DHCP 正常工作，SWA 自身必须配置 IP 地址，否则将因为 DHCP 服务器无法发送 IP 报文而导致 DHCP 失败。在上面的配置中可以看出，交换机 SWA 和终端主机 PC1、PC2 在同一个网段 192.168.1.0/24 中，并且拥有相同的网关 192.168.1.1，网关是位于交换机 SWA 上游的三层设备的接口或三层虚接口。

配置完成后，在 PC1 和 PC2 上分别安装无线网卡，并进行无线网络的发现，可以看到 SSID 为 Huawei 的无线网络，如图 6-38 所示。

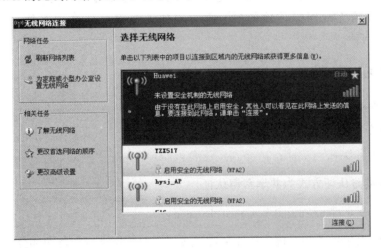

图 6-38　无线网络发现

由于该无线网络未设置任何安全机制，因此选中该无线网络，并单击"连接"按钮即可连接到该无线网络中。连接完成后，在 PC1 或 PC2 的命令行模式下使用 ipconfig 命令可以看到由交换机 SWA 为其分配的 IP 地址。

连接完成后，在 AP1 上执行 display wlan client 命令查看无线网络客户端信息，显示结果如下。

```
[AP1]display wlan client
  Total Number of Clients                   : 2
  Total Number of Clients Connected : 2
                     Client Information
--------------------------------------------------------------------
  MAC Address      BSSID            AID     State      PS Mode      QoS Mode
--------------------------------------------------------------------
```

0019-e07b-7a2e	0023-89c2-fe00	1	Running	Active	None
0019-e07b-828f	0023-89c2-fe00	2	Running	Active	None

从显示的结果可以看出，共有两台终端连接到了 AP1 上，其 MAC 地址分别是 0019-e07b-7a2e 和 0019-e07b-828f，而 AP1 的 MAC 地址是 0023-89c2-fe00。

此时，PC1 和 PC2 均可以通过网关连接外部网络，但使用 Ping 命令进行 PC1 和 PC2 之间的连通性测试会发现两台 PC 之间无法连通。这是因为在 AP 上默认启用了无线用户隔离功能，它使关联到同一个 AP 上的所有无线用户之间的二层报文，包括单播和广播报文均不能相互转发，从而使无线用户之间不能直接进行通信，以保护无线网络的安全。如果想要使 PC1 和 PC2 之间能够进行通信，可以输入［Huawei］undo l2fw wlan-client-isolation enable 命令来解除无线用户之间的隔离。

在对 Fat AP 进行了基本的配置后，就可使终端主机接入无线网络中，但由于其没有进行任何安全配置，因此任何一个终端只要处于该 AP 的有效覆盖区域内即可连接到无线网络，而且无线网络射频传输的特性也导致无线网络传输的信息容易被窃听。这就要求在无线网络接入时对终端用户的身份进行认证，并且在用户接入无线网络后，对无线传输的数据进行加密，以保障无线网络传输的安全。常用的无线网络认证加密技术包括 WEP 和 WPA/WPA2 两种。

6.8.2　WEP 配置

WEP 配置涉及的命令如下。

（1）创建密文的无线服务模板。

［Huawei］wlan service-template *service-template-number* crypto

（2）配置链路认证方式为共享密钥认证。

［Huawei-wlan-st-1］authentication-method shared-key

WEP 实际上包含了链路接入认证和对无线传输的数据进行加密两部分，从理论上来讲 WEP 可以配置为开放系统认证，此时 WEP 密钥只做加密，而不进行认证，也就是说即使客户端和 AP 的密钥不一致，用户依然可以上线，但上线后由于 WEP 密钥不一致，数据将无法在客户端和 AP 之间传递，因此无法进行正常通信。这就要求在 WEP 的配置中，链路认证方式必须配置为共享密钥认证。

（3）配置加密套件。

［Huawei-wlan-st-1］cipher-suite｛wep40｜wep104｜wep128｝

加密套件用于对数据的加解密进行封装和解封装。WEP 支持 wep40、wep104 和 wep128 三种密钥长度，密钥分别是 5 个、13 个和 16 个 ASCII 码字符，或者 10 个、26 个和 32 个十六进制数字符。

（4）配置 WEP 默认密钥。

［Huawei-wlan-st-1］wep default-key *key-index*｛wep40｜wep104｜wep128｝

{pass-phrase|raw-key} {simple|cipher} *key*

其中 *key-index* 是密钥的索引号,取值为 1～4,pass-phrase 是指密钥为 ASCII 码字符,而 raw-key 是指密钥为十六进制数字符。

(5) 配置密钥的索引号。

[Huawei-wlan-st-1]wep key-id *key-id*

密钥的索引号默认为 1。其他的配置与 Fat AP 的基本配置相同。

在此依然使用如图 6-37 所示的网络,为其进行 WEP 认证和加密,密钥采用 ASCII 码字符的 wep40,密钥值为 abcde。

交换机 SWA 的配置与 6.8.1 节相同,AP1 的具体配置命令如下。

[AP1]interface WLAN-BSS 1
[AP1-WLAN-BSS1]quit
[AP1]wlan service-template 1 crypto
[AP1-wlan-st-1]ssid Huawei
[AP1-wlan-st-1]authentication-method shared-key
[AP1-wlan-st-1]cipher-suite wep40
[AP1-wlan-st-1]wep default-key 1 wep40 pass-phrase simple abcde
[AP1-wlan-st-1]wep key-id 1
[AP1-wlan-st-1]service-template enable
[AP1-wlan-st-1]quit
[AP1]interface WLAN-Radio 1/0/1
[AP1-WLAN-Radio1/0/1]radio-type dot11g
[AP1-WLAN-Radio1/0/1]channel 1
[AP1-WLAN-Radio1/0/1]service-template 1 interface WLAN-BSS 1

配置完成后,在 PC1 和 PC2 上分别安装无线网卡,并进行无线网络的发现,可以看到 SSID 为 Huawei 的无线网络,该网络为"启用安全的无线网络"。选中该无线网络并单击"连接"按钮,会弹出"无线网络连接"对话框,要求输入网络密钥,如图 6-39 所示。

图 6-39 "无线网络连接"对话框

输入 WEP 密钥 abcde,单击"连接"按钮即可连接到该无线网络中。连接完成后,在 PC1 或 PC2 的命令行模式下使用 ipconfig 命令可以看到由交换机 SWA 为其分配的 IP 地址。在 AP1 上使用 display wlan client 命令可以看到相关无线网络客户端的信息。

6.8.3 WPA/WPA2 配置

WPA/WPA2 配置涉及的命令如下。

(1) 全局使能端口安全功能。

[Huawei]port-security enable

WPA/WPA2 的认证是对用户接入进行认证,其认证可以分为预共享密钥(pre-share key,PSK)认证和基于 IEEE 802.1x 的认证,无论采用哪一种认证方式,都需要全局使能端口安全功能。

(2) 创建 WLAN-BSS 接口。

[Huawei]interface WLAN-BSS *interface-number*

(3) 配置端口安全模式为预共享密钥模式。

[Huawei-WLAN-BSS1]port-security port-mode psk

端口安全模式可以是 PSK 认证模式、userlogin-secure-ext 即 IEEE 802.1x 认证模式,以及 mac-authentication 即 MAC 认证模式,在此只对 PSK 认证模式进行介绍。

(4) 开启无线密钥协商功能。

[Huawei-WLAN-BSS1]port-security tx-key-type 11key

(5) 配置进行 WPA/WPA2 认证使用的预共享密钥。

[Huawei-WLAN-BSS1]port-security preshared-key {pass-phrase|raw-key} {simple|cipher} *key*

(6) 创建密文的无线服务模板。

[Huawei]wlan service-template *service-template-number* crypto

(7) 配置链路认证方式为开放系统认证。

[Huawei-wlan-st-1]authentication-method open-system

一定要注意,在这里,链路认证方式必须配置为开放系统认证,即不进行链路的接入认证。

(8) 配置安全信息元素。

[Huawei-wlan-st-1]security-ie {wpa|rsn}

其中 rsn 为健壮安全网络(robust security network),即 WPA2,它提供了比 WPA 更强的安全性。

(9) 配置加密套件。

[Huawei-wlan-st-1]cipher-suite {tkip|ccmp}

加密可以选择 TKIP 或 CCMP 两种,其中 CCMP 具有更高等级的安全性。

其他配置与 Fat AP 的基本配置相同。

在此依然使用如图 6-37 所示的网络,为其进行 WPA2-PSK 认证和加密,密钥采用 ASCII 码字符,密钥值为 abcdefgi。

交换机 SWA 的配置与 6.8.1 节相同,AP1 的具体配置命令如下。

[AP1]port-security enable
[AP1]interface WLAN-BSS 1

```
[AP1-WLAN-BSS1]port-security port-mode psk
[AP1-WLAN-BSS1]port-security tx-key-type 11key
[AP1-WLAN-BSS1]port-security preshared-key pass-phrase simple abcdefgi
[AP1-WLAN-BSS1]quit
[AP1]wlan service-template 1 crypto
[AP1-wlan-st-1]authentication-method open-system
[AP1-wlan-st-1]ssid Huawei
[AP1-wlan-st-1]security-ie rsn
[AP1-wlan-st-1]cipher-suite ccmp
[AP1-wlan-st-1]service-template enable
[AP1-wlan-st-1]quit
[AP1]interface WLAN-Radio 1/0/1
[AP1-WLAN-Radio1/0/1]service-template 1 interface WLAN-BSS 1
[AP1-WLAN-Radio1/0/1]radio-type dot11g
[AP1-WLAN-Radio1/0/1]channel 1
```

配置完成后,在 PC1 和 PC2 上分别安装无线网卡,并进行无线网络的发现,可以看到 SSID 为 Huawei 的无线网络,该网络为"启用安全的无线网络(WPA2)",如图 6-40 所示。

图 6-40 SSID 为 Huawei 的安全无线网络

选中该无线网络并单击"连接"按钮,会弹出"无线网络连接"对话框,在对话框中输入密钥 abcdefgi,单击"连接"按钮即可连接到该无线网络中。连接完成后,在 PC1 或 PC2 的命令行模式下使用 ipconfig 命令可以看到由交换机 SWA 为其分配的 IP 地址。在 AP1 上使用 display wlan client 命令可以看到相关无线网络客户端的信息。

在 AP1 上执行 display port-security preshared-key user 命令查看预共享密钥认证用户信息,显示结果如下。

```
[AP1]display port-security preshared-key user
  Index      Mac-Address       VlanID       Interface
--------------------------------------------------------------
   0         0019-e07b-828f       1          WLAN-BSS1
   1         0019-e07b-7a2e       1          WLAN-BSS1
```

注意 WEP 与 WPA/WPA2 在配置上的区别,两者虽然都对无线网络传输的数据进行加密,但是在认证方面,WEP 对无线链路接入进行认证,其认证配置在无线服务模板中进行,认证方式为 shared-key。而 WPA/WPA2 对用户接入进行认证,其认证基于端口实现,因此需要首先全局使能端口安全功能,具体的认证配置在 WLAN-BSS 接口中进行,其在无线服务模板中的认证方式为 open system。

6.9 企业网络无线覆盖实现

在模拟学院网络中,多处热点区域无线覆盖的实现方法基本相同,在此仅给出教学楼大厅无线 AP 的布放和配置。

教学楼大厅的 AP 通过以太网链路连接到教学楼一楼的接入层交换机上，并采用壁挂式安装在大厅的东面墙壁上。在无线接入安全方面要求使用 WPA-PSK 进行认证和加密。AP 相关的配置如下。

[E-W-1]port-security enable
[E-W-1]interface WLAN-BSS 1
[E-W-1-WLAN-BSS1]port-security port-mode psk
[E-W-1-WLAN-BSS1]port-security tx-key-type 11key
[E-W-1-WLAN-BSS1]port-security preshared-key pass-phrase simple 12345678
[E-W-1-WLAN-BSS1]quit
[E-W-1]wlan service-template 1 crypto
[E-W-1-wlan-st-1]authentication-method open-system
[E-W-1-wlan-st-1]ssid EWLAN
[E-W-1-wlan-st-1]security-ie rsn
[E-W-1-wlan-st-1]cipher-suite ccmp
[E-W-1-wlan-st-1]service-template enable
[E-W-1-wlan-st-1]quit
[E-W-1]interface WLAN-Radio 1/0/1
[E-W-1-WLAN-Radio1/0/1]service-template 1 interface WLAN-BSS 1
[E-W-1-WLAN-Radio1/0/1]radio-type dot11g
[E-W-1-WLAN-Radio1/0/1]channel 6

微课 6-1：无线网络配置

6.10 小　　结

随着用户网络接入需求的变化，无线网络覆盖正在成为计算机网络规划和设计中不可或缺的一部分。本章通过对无线网络的基本概念、无线网络设备、无线网络勘测与设计、无线网络工程施工及基本的 Fat AP 配置进行介绍，力求使读者对无线网络有一个相对全面的认识。本章最后给出的企业网络热点区域覆盖的解决方案是无线网络覆盖在企业网络覆盖中的具体应用。

6.11 习　　题

(1) IEEE 802.11b/g 在我国一共开放了多少个信道，可以提供多少个互不干扰的信道？
(2) IEEE 802.11n 的工作频段是多少？
(3) 无线关联的建立需要经过哪几个步骤，这几个步骤会涉及几种不同类型的帧？
(4) AP 按照其功能的区别可以分为哪两种，它们在组网应用中有什么不同？
(5) 什么是全向天线？
(6) 什么是定向天线？
(7) 无线网络勘测设计的总体原则是什么，采用该原则的目的是什么？
(8) 简述 WEP 认证和 WPA/WPA2 认证的区别。

6.12　Fat AP 配置实训

实训学时：2 学时；每组实训学生人数：5 人。

1. 实训目的

掌握 Fat AP 的基本配置及 WPA/WPA2 的安全配置。

2. 实训环境

(1) 安装有 TCP/IP 通信协议的 Windows 系统 PC：5 台。

(2) 华为 Fat AP：1 台。

(3) 无线网卡：5 块。

(4) 二层交换机：1 台。

(5) UTP 电缆：2 条。

(6) Console 电缆：2 条。

(7) 保持 AP 和交换机均为出厂配置。

3. 实训内容

(1) 配置二层交换机，实现 DHCP 地址分配。

(2) 配置 Fat AP，实现基于 WPA/WPA2 的安全无线网络的接入。

4. 实训指导

(1) 按照如图 6-41 所示的网络拓扑结构搭建网络，完成网络连接。

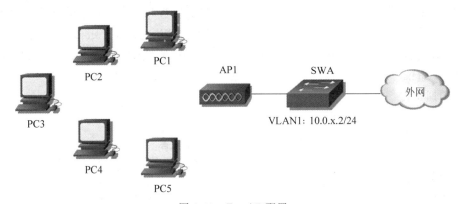

图 6-41　Fat AP 配置

(2) 配置二层交换机 SWA，使其可以为无线网络终端主机通过 DHCP 的方式分配地址，地址池为 10.0.x.0/24。参考命令如下。

[SWA]interface Vlan-interface 1
[SWA-Vlan-interface1]ip address 10.0.x.2 24
[SWA-Vlan-interface1]quit
[SWA]ip route-static 0.0.0.0 0 10.0.x.1
[SWA]dhcp enable
[SWA]dhcp server forbidden-ip 10.0.x.1 10.0.9.2
[SWA]dhcp server ip-pool wlan

```
[SWA-dhcp-pool-wlan]network 10.0.x.0 mask 255.255.255.0
[SWA-dhcp-pool-wlan]gateway-list 10.0.x.1
```

（3）配置 Fat AP，使终端主机 PC1～PC5 可以通过 AP1 连接到网络中，其中 SSID 为 network-x，x 为具体的实训台席号，要求进行 WPA2-PSK 认证和加密，密钥采用 ASCII 码字符，密钥值为 12345678。参考配置命令如下。

```
[AP1]port-security enable
[AP1]interface WLAN-BSS 1
[AP1-WLAN-BSS1]port-security port-mode psk
[AP1-WLAN-BSS1]port-security tx-key-type 11key
[AP1-WLAN-BSS1]port-security preshared-key pass-phrase simple 12345678
[AP1-WLAN-BSS1]quit
[AP1]wlan service-template 1 crypto
[AP1-wlan-st-1]authentication-method open-system
[AP1-wlan-st-1]ssid network-x
[AP1-wlan-st-1]security-ie rsn
[AP1-wlan-st-1]cipher-suite ccmp
[AP1-wlan-st-1]service-template enable
[AP1-wlan-st-1]quit
[AP1]interface WLAN-Radio 1/0/1
[AP1-WLAN-Radio1/0/1]service-template 1 interface WLAN-BSS 1
[AP1-WLAN-Radio1/0/1]radio-type dot11g
[AP1-WLAN-Radio1/0/1]channel 6
```

配置完成后，在 PC1～PC5 上安装无线网卡，并搜索可用无线网络，应该可以看到启用了 WPA2 安全防护的无线网络 network-x，连接该网络并输入密钥 12345678，即可连接到该无线网络中。在 PC1～PC5 的"命令提示符"窗口下执行 ipconfig 命令可以看到主机通过 DHCP 获得了 10.0.x.0/24 网段的 IP 地址。在交换机 SWA 上执行 display dhcp server ip-in-use all 命令可以看到 DHCP 地址池中已分配的 IP 地址情况，在 AP1 上执行 display wlan client 命令可以看到无线终端的基本信息。

5．实训报告

填写如表 6-4 所示的实训报告。

表 6-4　Fat AP 配置实训报告

SWA 上 DHCP 的配置		
SWA 是否必须要配置 IP 地址，为什么		
SWA 是否可以不进行 DHCP 的配置，如果在 SWA 上未配置 DHCP，可以用什么方法确保无线终端连接到网络中		
Fat AP 的配置		
执行 display wlan client 命令的结果	MAC 地址	BSSID

第 7 章 企业网络设备管理与维护

对于模拟学院网络而言,在各种配置完成后即可投入运行。在网络的运行过程中,一方面,网络可能会出现故障,需要进行维护;另一方面,在用户的需求产生变化或者网络的某一部分需要优化时,同样需要进行网络设备的管理与维护。网络设备的管理与维护贯穿网络的整个运行过程,是一项长期的工作。

7.1 企业网络设备管理与维护项目介绍

对于已经投入运行的模拟学院网络,网络设备的管理与维护涉及的内容如下。

(1) 配置文件的管理与维护。在网络设备上,所有的配置均保存在一个独立的配置文件中,一旦网络设备上的配置文件丢失或被破坏,将对网络造成灾难性的后果,因此需要对网络中所有的网络设备的配置文件进行备份以备需要时恢复配置文件。另外,对于同一级别的多台网络设备也可以通过将一台设备上的配置文件恢复到多台设备上,然后进行简单的修改,以减轻网络配置和维护的工作量。

(2) 操作系统的管理与维护。与 PC 类似,网络设备作为一台专用的计算机也有自己的操作系统,同样也会涉及操作系统的安装和维护。网络设备在使用前,一般需要对其操作系统进行备份,以备系统崩溃时进行恢复。另外,还需要定期对操作系统进行升级,以使其能够对最新的网络协议提供支持。

(3) 网络设备远程配置管理。无论是网络出现故障还是用户需求发生变化时,都需要对网络设备进行调试及配置的修改。而网络管理员不可能全天守候在网络设备旁边,因此很多时候就需要网络管理员能够远程连接到网络中对网络设备进行配置管理。这就需要配置网络设备,使其支持 Telnet 或 SSH 的认证登录。

7.2 华为设备基础

网络设备在启动顺序上与 PC 类似,同样要经过加电硬件自检、加载 BootROM 程序、加载操作系统(如 VRP)映象和加载启动配置文件等步骤,但是在设备具体运行和管理方面与 PC 存在较大的差异。下面对网络设备的一些特性进行简要的介绍。

7.2.1 华为命令级别

为保障设备的运行安全,通用路由平台(VRP)对命令采用了分级保护的方式,将命令划分为4个不同的级别,具体如下。

1. 参观级(VISIT-0 级)

该级别可执行网络诊断工具命令(如 ping、tracert)、从本设备出发访问外部设备的命令(如 telnet)等。该级别命令不允许进行配置文件保存的操作。

2. 监控级(MONITOR-1 级)

该级别用于系统维护、业务故障诊断等,可执行 display、debugging 等命令。该级别命令不允许进行配置文件保存的操作。

3. 系统级(SYSTEM-2 级)

该级别用于执行业务配置命令,包括各个层次网络协议的配置命令等。

4. 管理级(MANAGE-3 级)

该级别可执行与系统基本运行、系统支撑模块相关的命令,包括文件系统、文件传输协议(FTP)、简易文件传送协议(TFTP)、配置文件切换命令、电源控制命令、背板控制命令、用户管理命令、级别设置命令、系统内部参数设置命令等。

除了命令级别,华为还对用户进行了权限级别的设定,而且用户权限级别和命令级别具有一定的对应关系。用户登录网络设备后,只能执行等于或低于自己权限级别的命令。在华为设备中,用户权限分为0~15共16个级别。默认情况下,3级用户就可以操作VRP系统的所有命令,也就是说4~15级的用户权限在默认情况下和3级用户权限是相同的。命令级别与用户权限级别的具体对应关系请参考教材《计算机网络(华为配置版)》第4章的相关内容。

7.2.2 华为的文件系统

华为的文件系统中主要的文件类型如下。

1. BootROM 程序文件

启动只读内存(boot read-only memory,BootROM)程序文件是设备启动时用来引导应用程序的文件,相当于 PC 中的 BIOS 系统。BootROM 程序文件固化在只读存储器 ROM 中,保存着设备最重要的基本输入/输出程序、系统设置信息、开机后自检程序和系统自启动程序。它是网络设备启动时首先需要调用的软件系统,提供了配置恢复、系统软件升级等功能。

2. 操作系统文件

华为网络设备的操作系统称为通用路由平台(versatile routing platform,VRP),文件的扩展名为.cc,该文件必须存放在存储器的根目录下。在华为的部分设备上,系统默认定义了3个用于启动的操作系统文件:主操作系统文件、备份操作系统文件和安全操作系统文件。系统会首先尝试引导并启动主操作系统文件,如果主操作系统文件启动失败,则系统以备份操作系统文件启动;如果备份操作系统文件也启动失败,则系统以安全操作系统文件启动;如果安全操作系统文件启动失败,系统将提示无法找到操作系统文件,并进入BootROM 模式。

BootROM 程序文件和操作系统文件统称为系统软件,目前华为网络设备的系统软件中已经包含了 BootROM,在升级 VRP 系统软件的同时即可自动升级 BootRom。

3. 配置文件

配置文件以文本格式保存了非默认的配置命令,文件的扩展名为.cfg 或.zip。配置文件的默认名称一般为 vrpcfg.zip,也可以对其进行手工命名。与操作系统文件的要求相同,配置文件也必须存放在存储器的根目录下。

配置文件中命令的组织以命令视图为基本框架,同一命令视图的命令组织在一起形成一节,节与节之间一般用注释行"#"隔开,整个文件以 return 结束。配置文件可以通过 more 命令进行查看。

值得注意的是,华为网络设备上不存在非易失性随机访问存储器(NVRAM),因此无论是路由器还是交换机,配置文件均存放在闪存(Flash)中。

4. 补丁文件

补丁是一种与设备操作系统软件兼容的软件,用于解决设备操作系统软件少量且急需解决的问题,与 Windows 操作系统中的补丁文件性质相似。补丁通常以补丁文件的形式发布,其扩展名为.pat,一个补丁文件可能包含一个或多个补丁,不同的补丁具有不同的功能。当补丁文件被用户从存储器加载到内存补丁区时,补丁文件中的补丁将被分配一个在此内存补丁区中唯一的单元序号,用于标志、管理和操作各补丁。

根据补丁生效对业务运行的影响,可以将其分为热补丁和冷补丁。热补丁可以在不中断业务、不影响业务运行的同时安装并立即生效(不需要重新启动设备);冷补丁安装后则必须重新启动设备才能生效。

根据补丁之间的依赖关系,可以将其分为增量型补丁和非增量型补丁。增量型补丁是指对其前面的补丁有依赖性的补丁,一个新的补丁文件必须包含前一个补丁文件中的所有补丁信息,且用户可以在不卸载原补丁文件的情况下直接安装新的补丁文件;非增量型补丁则具有排他性,即只允许当前系统安装一个补丁文件,如果用户安装完补丁文件之后希望安装另一个补丁文件,则需要先卸载当前的补丁文件,才能安装并运行新的补丁文件。

当前,华为发布的补丁都是热补丁和增量型补丁。

5. 日志文件

日志文件用来存储系统在运行中产生的文本日志,文件的扩展名为.log。日志文件可以通过 more 命令进行查看。

7.3 配置文件管理

网络管理员可以通过命令行对网络设备进行配置和管理,这些配置被暂时存放在随机存取存储器(RAM)中作为当前生效的配置文件,在设备断电或重启后,这些配置会丢失。如果要使当前配置在设备断电或重启后依然有效,则需要将当前配置保存到 Flash 中成为启动配置文件。在某些时候可能还需要删除当前配置(如在实训室环境中)或将配置文件进行备份。本节将分别对配置文件管理的常用命令和配置文件的备份和恢复进行介绍。

7.3.1 配置文件管理常用命令

1. display current-configuration

display current-configuration 命令用于显示当前生效的系统配置,该命令可以在任何视图下运行。具体显示如下。

```
[Huawei]display current-configuration
[V200R009C00SPC500]
#
 board add 0/1 2SA
#
 drop illegal-mac alarm
#
authentication-profile name default_authen_profile
authentication-profile name dot1x_authen_profile
authentication-profile name mac_authen_profile
authentication-profile name portal_authen_profile
authentication-profile name dot1xmac_authen_profile
authentication-profile name multi_authen_profile
#
dhcp enable
#
radius-server template default
#
pki realm default
#
ssl policy default_policy type server
 pki-realm default
 version tls1.0 tls1.1
 ciphersuite rsa_aes_128_cbc_sha
#
ike proposal default
 encryption-algorithm aes-256
 dh group14
 authentication-algorithm sha2-256
 authentication-method pre-share
 integrity-algorithm hmac-sha2-256
 prf hmac-sha2-256
#
free-rule-template name default_free_rule
#
portal-access-profile name portal_access_profile
#
aaa
 authentication-scheme default
 authentication-scheme radius
  authentication-mode radius
 authorization-scheme default
 accounting-scheme default
 domain default
  authentication-scheme default
 domain default_admin
  authentication-scheme default
 local-user admin password irreversible-cipher
 $1a${0,!7#^MhY$ilEz@\wL&:Z>2"G\uUF;%w[QE#@Y89yi-#1MBdS;$
 local-user admin privilege level 15
 local-user admin service-type terminal http
```

```
#
firewall zone Local
#
interface Serial1/0/0
 link-protocol ppp
#
interface Serial1/0/1
 link-protocol ppp
#
interface GigabitEthernet0/0/0
#
interface GigabitEthernet0/0/1
#
interface GigabitEthernet0/0/2
#
interface GigabitEthernet0/0/3
#
interface GigabitEthernet0/0/4
#
interface GigabitEthernet0/0/5
#
interface GigabitEthernet0/0/6
#
interface GigabitEthernet0/0/7
#
interface GigabitEthernet0/0/8
#
interface GigabitEthernet0/0/9
 ip address 192.168.1.1 255.255.255.0
 dhcp select interface
#
interface GigabitEthernet0/0/10
#
interface GigabitEthernet0/0/11
#
interface GigabitEthernet0/0/12
#
interface GigabitEthernet0/0/13
 description VirtualPort
#
interface Cellular0/0/0
#
interface Cellular0/0/1
#
interface NULL0
#
 snmp-agent local-engineid 800007DB03F063F9913E60
#
 http secure-server ssl-policy default_policy
 http server enable
 http secure-server enable
```

```
 http server permit interface GigabitEthernet0/0/9
#
 fib regularly-refresh disable
#
 user-interface con 0
  authentication-mode aaa
 user-interface vty 0
  authentication-mode aaa
  user privilege level 15
 user-interface vty 1 4
#
 wlan ac
  traffic-profile name default
  security-profile name default
  security-profile name default-wds
   security wpa2 psk
pass-phrase %^%#>%\GF]P%0S>+UN!:<3J)J19O>cx[>)}XhE'YEgQ%^%# aes
  ssid-profile name default
  vap-profile name default
  wds-profile name default
  regulatory-domain-profile name default
  air-scan-profile name default
  rrm-profile name default
  radio-2g-profile name default
  radio-5g-profile name default
  wids-spoof-profile name default
  wids-profile name default
  ap-system-profile name default
  port-link-profile name default
  wired-port-profile name default
  ap-group name default
#
 dot1x-access-profile name dot1x_access_profile
#
 mac-access-profile name mac_access_profile
#
 ops
#
 autostart
#
 secelog
#
return
```

2. display saved-configuration

display saved-configuration 命令用于查看系统保存的配置文件,该命令可以在任何视图下运行。在设备出厂时 Flash 中没有启动配置文件,此时执行该命令系统会提示配置文件不存在。具体显示如下。

<RTA> display saved-configuration

Info: There is no correct configuration file

此时,要想使当前配置保存到 Flash 中成为启动配置,则需要执行 save 命令。具体显示如下。

<RTA> save
　Warning: The current configuration will be written to the device.
　Are you sure to continue?[Y/N]:y
　It will take several minutes to save configuration file, please wait.................
　Configuration file had been saved successfully
　Note: The configuration file will take effect after being activated

在执行 save 命令的过程中,系统会提示当前配置将被写入设备中,并询问是否继续,输入 y 并回车,配置将保存到系统默认的配置文件 vrpcfg.zip 中。

保存完成后,执行 display saved-configuration 命令可以查看启动配置文件的内容。具体显示如下。

<RTA> display saved-configuration
[V200R009C00SPC500]
#
 sysname RTA
#
 board add 0/1 2SA
#
 drop illegal-mac alarm
#
authentication-profile name default_authen_profile
authentication-profile name dot1x_authen_profile
authentication-profile name mac_authen_profile
--------output omitted--------

在用户视图下,执行 dir 命令可以看到 Flash 中存在启动配置文件 vrpcfg.zip。具体显示如下。

<RTA> dir
Directory of flash:/

Idx	Attr	Size(Byte)	Date	Time(LMT)	FileName
0	drw-	-	Jan 01 1970	00:00:49	shelldir
1	drw-	-	Apr 02 2019	00:07:38	evm
2	drw-	-	Apr 01 2019	23:58:28	dhcp
3	drw-	-	Apr 01 2019	23:55:50	slog
4	-rw-	11,171	Apr 02 2019	00:00:13	default_ca.cer
5	-rw-	200	Apr 01 2019	23:55:08	hostkey_ECC
6	drw-	-	Apr 01 2019	23:56:09	logopath
7	drw-	-	Jan 01 1970	00:00:42	shlogfile
8	-rw-	1,289	Apr 02 2019	00:00:07	default_local.cer
9	-rw-	1,227	Apr 02 2019	00:07:06	vrpcfg.zip
10	drw-	-	Apr 01 2019	23:55:28	$_user
11	-rw-	0	Apr 01 2019	23:58:08	brdxpon_snmp_cfg.efs
12	-rw-	152,704	Apr 02 2019	00:01:14	AR1220C-V200R009SPH008.pat
13	-rw-	687	Apr 02 2019	00:09:16	logrotate.status

14	-rw-	1,253	Apr 01 2019	23:59:01	local.cer
15	-rw-	612	Apr 02 2019	00:07:09	private-data.txt
16	drw-	-	Apr 02 2019	00:10:50	localuser
17	-rw-	1,318	Apr 01 2019	23:59:01	ca.cer
18	drw-	-	Apr 02 2019	00:00:15	default-sdb
19	drw-	-	Apr 01 2019	23:55:36	update
20	drw-	-	Jan 01 1970	00:00:52	libnetconf
21	-rw-	178,542,976	Mar 27 2018	07:32:26	AR1220C-V200R009C00SPC500.cc
22	-rw-	1,168	Apr 02 2019	00:01:35	mon_file.txt
23	-rw-	200	Apr 02 2019	00:00:13	ca_config.ini

371,468 KB total available (197,368 KB free)

需要注意的是,vrpcfg.zip 是系统配置文件,该文件不能使用 delete 命令删除,如果直接删除,系统会报错,具体显示如下。

```
<RTA>delete vrpcfg.zip
Info: Delete flash:/vrpcfg.zip?[Y/N]:y
Info: Deleting file flash:/vrpcfg.zip...
Error: This is system startup file
```

系统提示该文件为系统配置文件,不能删除。

3. reset saved-configuration

reset saved-configuration 命令用于清空保存配置,该命令只能在用户视图下执行。具体显示如下。

```
<RTA>reset saved-configuration
Warning: This will delete the configuration in the flash memory.
The device configurations will be erased to reconfigure.
Are you sure? (y/n):y...
Info: Clear the configuration in the device successfully.
```

执行完上述命令后,执行 display startup 命令查看系统启动配置文件,显示结果如下。

```
<RTA>display startup
MainBoard:
  Startup system software:                flash:/AR1220C-V200R009C00SPC500.cc
  Next startup system software:           flash:/AR1220C-V200R009C00SPC500.cc
  Backup system software for next startup: null
  Startup saved-configuration file:       null
  Next startup saved-configuration file:  null
  Startup license file:                   null
  Next startup license file:              null
  Startup patch package:                  flash:/AR1220C-V200R009SPH008.pat
  Next startup patch package:             flash:/AR1220C-V200R009SPH008.pat
  Startup voice-files:                    null
  Next startup voice-files:               null
```

从显示的结果可以看出,启动配置文件为 null。

注意,此时使用 dir 命令依然可以在 Flash 中看到 vrpcfg.zip 文件的存在,这是因为在华为网络设备上,默认配置文件即为 vrpcfg.zip。不过此时,vrpcfg.zip 可以删除,具体显示如下。

<RTA>delete vrpcfg.zip
Info: Delete flash:/vrpcfg.zip? [Y/N]:y
Info: Deleting file flash:/vrpcfg.zip...succeeded.

清空配置后,重新启动网络设备,设备重启后会提示是否停止运行自动配置,输入 y 将其停止即可,具体显示如下。

Warning: Auto-Config is working. Before configuring the device, stop Auto-Config.
If you perform configurations when Auto-Config is running, the DHCP, routing,
DNS, and VTY configurations will be lost. Do you want to stop Auto-Config? [y/n]:y
Info: Auto-Config has been stopped.

4. startup saved-configuration

有些时候用户会在网络设备中保存多个配置文件,以实现设备角色的快速切换,这就涉及指定哪一个配置文件作为下次启动配置文件的问题。例如,在路由器 RTA 中保存两个配置文件 vrpcfg.zip 和 abc.cfg,如下所示。

<RTA>dir
Directory of flash:/

Idx	Attr	Size(Byte)	Date	Time(LMT)	FileName
0	drw-	-	Jan 01 1970	00:00:49	shelldir
1	drw-	-	Apr 02 2019	00:50:46	evm
2	drw-	-	Apr 01 2019	23:58:28	dhcp
3	drw-	-	Apr 01 2019	23:55:50	slog
4	-rw-	11,171	Apr 02 2019	00:00:13	default_ca.cer
5	-rw-	200	Apr 01 2019	23:55:08	hostkey_ECC
6	drw-	-	Apr 01 2019	23:56:09	logopath
7	drw-	-	Jan 01 1970	00:00:42	shlogfile
8	-rw-	3,272	Apr 02 2019	00:59:21	abc.cfg
9	-rw-	1,289	Apr 02 2019	00:00:07	default_local.cer
10	drw-	-	Apr 02 2019	00:28:50	logfile
11	-rw-	1,223	Apr 02 2019	00:55:12	vrpcfg.zip
12	drw-	-	Apr 01 2019	23:55:28	$_user

--------output omitted--------

执行 display startup 命令,显示结果如下。

<RTA>display startup
MainBoard:
  Startup system software: flash:/AR1220C-V200R009C00SPC500.cc
  Next startup system software: flash:/AR1220C-V200R009C00SPC500.cc
  Backup system software for next startup: null
  Startup saved-configuration file: flash:/vrpcfg.zip
  Next startup saved-configuration file: flash:/vrpcfg.zip
  Startup license file: null
  Next startup license file: null
  Startup patch package: flash:/AR1220C-V200R009SPH008.pat

```
    Next startup patch package:           flash:/AR1220C-V200R009SPH008.pat
    Startup voice-files:                  null
    Next startup voice-files:             null
```

从显示的结果可以看出，本次启动的配置文件是 vrpcfg.zip，下次启动的配置文件依然是 vrpcfg.zip。在华为网络设备中，无论保存几个配置文件，下次默认启动的配置文件依然是 vrpcfg.zip（注意，在 H3C 设备中，系统下次默认启动的配置文件是最后保存的那个配置文件）。

通过 startup saved-configuration 命令可以指定系统下次启动时的配置文件。例如，指定 abc.cfg 为下次启动时的配置文件，具体命令如下。

```
<RTA> startup saved-configuration abc.cfg
Info: This operation will take several minutes, please wait...
Info: Succeeded in setting the file for main booting system
```

执行完成后，执行 display startup 命令查看系统启动配置文件，显示结果如下。

```
<RTA> display startup
MainBoard:
    Startup system software:              flash:/AR1220C-V200R009C00SPC500.cc
    Next startup system software:         flash:/AR1220C-V200R009C00SPC500.cc
    Backup system software for next startup:  null
    Startup saved-configuration file:     flash:/vrpcfg.zip
    Next startup saved-configuration file: flash:/abc.cfg
    Startup license file:                 null
    Next startup license file:            null
    Startup patch package:                flash:/AR1220C-V200R009SPH008.pat
    Next startup patch package:           flash:/AR1220C-V200R009SPH008.pat
    Startup voice-files:                  null
    Next startup voice-files:             null
```

从显示的结果可以看出，下次启动的配置文件为 abc.cfg。

5. compare configuration

compare configuration 命令用于比较当前配置和下次启动的配置文件之间的不同，从而决定是否需要将当前配置设置为下次启动时的配置文件。

系统在比较出不同之处时，将从两者有差异的地方开始显示字符（默认显示 120 个字符），如果该不同之处到文件末尾不足 120 个字符，将显示到文件末尾为止。在比较当前配置和下次启动的配置文件时，如果下次启动的配置文件为空，或者下次启动的配置文件虽然存在，但是内容为空，则系统将提示读取文件失败。

执行具体命令的显示结果如下。

```
<RTA> compare configuration
Info: The current configuration is not the same as the next startup configuration file.
====== Current configuration line 2 ======
 sysname RTA
#
 board add 0/1 2SA
```

```
 #
  drop illegal-mac alarm
 #
 authentication-profile name default_authen_profile
 authentication-profile name dot1x_authen_profile
  ====== Configuration file line 2 ======
  board add 0/1 2SA
 #
  drop illegal-mac alarm
 #
 authentication-profile name default_authen_profile
 authentication-profile name dot1x_authen_profile
```

7.3.2 配置文件的备份和恢复

为了防止因设备而出现配置文件的损坏或因误操作而导致的配置文件丢失,一般要求对配置文件进行外部备份,即将配置文件保存到某一台主机中,以备在必要的时候将配置文件恢复到网络设备中。可以通过 FTP 和 TFTP 两种不同的方式进行配置文件的备份和恢复。

路由器和交换机配置文件的备份和恢复方法完全相同,在此以路由器为例进行介绍。

1. 使用 FTP 进行配置文件的备份和恢复

网络设备可以作为 FTP 的客户端,也可以作为 FTP 的服务器端。在进行配置文件的备份和恢复时,一般我们会将网络设备作为 FTP 的服务器端,因为网络设备作为 FTP 服务器端的配置相对简单,而且不需要第三方软件的支持。

在如图 7-1 所示的网络中,要求为路由器备份配置文件。

图 7-1　基于 FTP 的配置文件的备份和恢复

路由器作为 FTP 服务器端,具体的配置如下。

```
[RTA]ftp server enable
[RTA]set default ftp-directory flash:
[RTA]aaa
[RTA-aaa]local-user zhangsf password irreversible-cipher zhangzx123
[RTA-aaa]local-user zhangsf privilege level 3
[RTA-aaa]local-user zhangsf service-type ftp
[RTA-aaa]local-user zhangsf ftp-directory flash:
```

首先,通过 ftp server enable 命令启用路由器的 FTP 服务,并指定 FTP 用户的默认工作目录为 flash:;然后需要为客户端登录 FTP 服务器创建一个用户,为其创建密码并指定其服务类型为 FTP。特别需要注意的是,local-user zhangsf privilege level 3 命令,因为在默认情况下用户的运行级别为 0 级,在该级别下执行 put 操作(即配置文件的恢复)时将会被设备拒绝,所以需要通过 local-user zhangsf privilege level 3 命令将用户的运行级别设定为 3 级。另外,需要通过 local-user zhangsf ftp-directory flash:命令指定用户 zhangsf 的 FTP

工作目录为 flash：（两条命令：set default ftp-directory flash；和 local-user zhangsf ftp-directory flash；选择其中一条进行配置即可）。

在路由器上配置完成后，就可以在 FTP 客户端主机上登录路由器并进行备份操作了。具体显示如下。

```
D:\> ftp 192.168.1.1
Connected to 192.168.1.1.
220 FTP service ready.
User (192.168.1.1:(none)): zhangsf
331 Password required for zhangsf.
Password:
230 User logged in.
ftp> dir
200 Port command okay.
150 Opening ASCII mode data connection for *.
drwxrwxrwx   1 noone    nogroup           0 Jan 01  1970 shelldir
drwxrwxrwx   1 noone    nogroup           0 Apr 02 00:50 evm
drwxrwxrwx   1 noone    nogroup           0 Apr 01 23:58 dhcp
drwxrwxrwx   1 noone    nogroup           0 Apr 01 23:55 slog
-rwxrwxrwx   1 noone    nogroup       11171 Apr 02 00:00 default_ca.cer
-rwxrwxrwx   1 noone    nogroup         200 Apr 01 23:55 hostkey_ECC
drwxrwxrwx   1 noone    nogroup           0 Apr 01 23:56 logopath
drwxrwxrwx   1 noone    nogroup           0 Jan 01  1970 shlogfile
-rwxrwxrwx   1 noone    nogroup        1289 Apr 02 00:00 default_local.cer
drwxrwxrwx   1 noone    nogroup           0 Apr 02 00:28 logfile
-rwxrwxrwx   1 noone    nogroup        1223 Apr 02 00:55 vrpcfg.zip
drwxrwxrwx   1 noone    nogroup           0 Apr 01 23:55 $_user
-rwxrwxrwx   1 noone    nogroup           0 Apr 01 23:58 brdxpon_snmp_cfg.efs
-rwxrwxrwx   1 noone    nogroup      152704 Apr 02 00:01 AR1220C-V200R009SPH008.pat
-rwxrwxrwx   1 noone    nogroup         687 Apr 02 01:35 logrotate.status
-rwxrwxrwx   1 noone    nogroup        1253 Apr 01 23:59 local.cer
-rwxrwxrwx   1 noone    nogroup         612 Apr 02 01:02 private-data.txt
drwxrwxrwx   1 noone    nogroup           0 Apr 02 00:49 localuser
-rwxrwxrwx   1 noone    nogroup        1318 Apr 01 23:59 ca.cer
drwxrwxrwx   1 noone    nogroup           0 Apr 02 00:56 default-sdb
drwxrwxrwx   1 noone    nogroup           0 Apr 01 23:55 update
drwxrwxrwx   1 noone    nogroup           0 Jan 01  1970 libnetconf
-rwxrwxrwx   1 noone    nogroup   178542976 Mar 27  2018 AR1220C-V200R009C00SPC500.cc
-rwxrwxrwx   1 noone    nogroup        2407 Apr 02 00:57 mon_file.txt
-rwxrwxrwx   1 noone    nogroup         200 Apr 02 00:00 ca_config.ini
226 Transfer complete.
ftp:收到 1708 字节，用时 0.16Seconds 10.88Kbytes/sec.
ftp> get vrpcfg.zip
200 Port command okay.
150 Opening ASCII mode data connection for vrpcfg.zip.
226 Transfer complete.
ftp:收到 1223 字节，用时 0.06Seconds 19.73Kbytes/sec.
```

备份完成后，在 FTP 客户端主机的相应目录下可以找到 vrpcfg.zip 文件，可以通过写字板工具查看并修改配置文件的内容。

在进行配置文件的恢复时,使用 put 命令即可。但需要注意,由于 vrpcfg.zip 是一个系统文件,因此不允许对其进行覆盖,如果直接对 vrpcfg.zip 进行 put 操作,则系统会出现错误提示信息。具体显示如下。

D:\> ftp 192.168.1.1
Connected to 192.168.1.1.
220 FTP service ready.
User (192.168.1.1:(none)): zhangsf
331 Password required for zhangsf.
Password:
230 User logged in.
ftp > put vrpcfg.zip
200 Port command okay.
The file vrpcfg.zip is a system file, the system doesn't allow to overwrite it, please try a different file name.

此时将配置文件改名为 bbbbb.zip,然后重新进行恢复,具体恢复过程如下。

D:\> ftp 192.168.1.1
Connected to 192.168.1.1.
220 FTP service ready.
User (192.168.1.1:(none)): zhangsf
331 Password required for zhangsf.
Password:
230 User logged in.
ftp > put bbbbb.zip
200 Port command okay.
150 Opening ASCII mode data connection for bbbbb.zip.
226 Transfer complete.
ftp:发送 1223 字节,用时 0.00Seconds 1223000.00Kbytes/sec.

2. 使用 TFTP 进行配置文件的备份和恢复

在使用 TFTP 进行配置文件的备份和恢复时,网络设备扮演的角色是 TFTP 客户端,此时需要有一台主机通过安装 TFTP 服务器软件来作为 TFTP 服务器。在进行备份和恢复时,在网络设备上执行的命令如下。

< Huawei > tftp *server-address* { get | put } *source-filename* [*destination-filename*]

该命令必须运行在用户视图下。其中,get 操作为将配置文件从 TFTP 服务器下载到网络设备;put 操作为将配置文件从网络设备上传到 TFTP 服务器。参数 *destination-filename* 可以不指定,如果不指定则目的文件名与源文件名相同。

在如图 7-2 所示的网络中,为路由器备份配置文件。

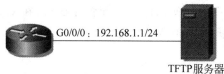

图 7-2 基于 TFTP 的配置文件的备份和恢复

具体配置如下。

<RTA> tftp 192.168.1.2 put vrpcfg.zip
Info: Transfer file in binary mode.
Uploading the file to the remote TFTP server. Please wait...
 100%
TFTP: Uploading the file successfully.
    1223 bytes send in 1 second.

此时,在 TFTP 服务器端相应的目录下可以找到 vrpcfg.zip 文件。

在进行配置文件恢复时的具体配置如下。

<RTA> tftp 192.168.1.2 get bbbbb.zip
Info: Transfer file in binary mode.
Downloading the file from the remote TFTP server. Please wait...

    1223 bytes received in 1 second.
TFTP: Downloading the file successfully.

这里和使用 FTP 进行恢复时相同,同样不能直接对 vrpcfg.zip 进行恢复。

7.4 网络设备的远程管理

在此,依然使用如图 7-1 所示的网络,进行 Telnet 的基本配置,具体配置如下。

[RTA]telnet server enable
[RTA]user-interface vty 0 4
[RTA-ui-vty0-4]authentication-mode { password | aaa }

在部分设备上,Telnet 服务默认处于开启状态,可以不必输入命令 telnet server enable。Telnet 支持两种不同的验证方式,password 表示仅使用密码进行验证,即登录时只需要输入密码;aaa 表示使用用户名/密码进行验证,即登录时必须输入用户名和密码。注意,华为的网络设备,不再支持 none,即不进行验证。

7.4.1 密码验证方式

如果采用密码验证方式,则需要在 vty 视图下配置远程登录的密码。

[RTA-ui-vty0-4]set authentication password cipher
Enter Password(<8-128>):
Confirm password:

配置密码时,系统默认没有任何的回显。配置完成后,在 vty 视图下执行 display this 命令,查看当前 vty 相关配置,显示结果如下。

[RTA-ui-vty0-4]display this
[V200R009C00SPC500]
#
user-interface con 0

```
 authentication-mode aaa
 user-interface vty 0
 authentication-mode password
 user privilege level 15
 set authentication password cipher %^%#v-'$JFHe[8tRR5~%|ku8ywAyRJ%#l(e18_-q5]+,.P
 |"A3\VV+pI2MBbeZG'%^%
 #
 user-interface vty 1 4
 authentication-mode password
 set authentication password cipher %^%#v-'$JFHe[8tRR5~%|ku8ywAyRJ%#l(e18_-q5]+,.P
 |"A3\VV+pI2MBbeZG'%^%
 #
 #
 return
```

在客户端主机远程登录路由器,显示结果如下。

```
C:\Documents and Settings\Administrator>telnet 192.168.1.1
Login authentication
Password:
<RTA>system-view
[RTA]
```

从显示的结果可以看出,客户端主机已经可以登录路由器,并且可以进入系统视图。这是因为对于 vty 0 而言,用户的权限级别是 15 级(参考命令 user privilege level 15)。当然这并不安全,因此一般建议将其安全级别设置为 0 级,而在需要的时候再进行用户权限的升级。具体配置命令如下。

```
[RTA-ui-vty0-4]user privilege level 0
```

对用户权限进行升级的具体实现方式有以下两种。

1. 配置 super 密码

通过 super password 命令可以为不同的运行级别设置密码,从而实现从低级别到高级别的切换。为使远程登录的用户可以从 0 级切换到 3 级,可以为 3 级的用户权限级别设置密码,具体配置如下。

```
[RTA]super password level 3 cipher
Enter Password(<8-16>):
Confirm password:
```

配置完成后,从客户端主机重新登录路由器,具体结果如下。

```
C:\Documents and Settings\Administrator>telnet 192.168.1.1
Login authentication
Password:
<RTA>super 3
 Password:
Now user privilege is level 3, and only those commands whose level is equal to or less than this level
can be used.
Privilege note: 0-VISIT, 1-MONITOR, 2-SYSTEM, 3-MANAGE
<RTA>system-view
Enter system view: return user view with Ctrl+Z.
```

[RTA]

从显示的结果可以看出,通过 super 命令将运行级别切换到 3 级以后,客户端主机即可进入系统视图下进行各种配置操作。

2. 定义 vty 登录级别

可以通过命令定义其运行级别,具体配置如下。

[RTA-ui-vty0-4]user privilege level 3

配置完成后,从客户端主机重新登录路由器,具体结果如下。

C:\Documents and Settings\Administrator＞telnet 192.168.1.1
Login authentication
Password:
＜RTA＞system-view
Enter system view: return user view with Ctrl+Z.
[RTA]

从显示的结果可以看出,从客户端登录路由器后可以直接进入系统视图,而不必运行级别的切换,这是因为远程登录的运行级别即为 3 级。

7.4.2 用户名/密码验证方式

如果采用用户名/密码验证方式,则系统默认采用本地用户数据库中的用户信息进行验证,因此必须为远程登录配置用户名、密码和用户级别等信息。具体配置如下。

[RTA]aaa
[RTA-aaa]local-user sunhf password irreversible-cipher zhangzx123
[RTA-aaa]local-user sunhf privilege level 3
[RTA-aaa]local-user sunhf service-type telnet

需要注意的是第 3 条命令,该命令定义了用户 sunhf 远程登录路由器以后的运行级别为 3 级。如果不进行用户级别的定义,则默认级别为 0 级,需要通过 super 命令切换到 3 级。

配置完成后,从客户端主机登录路由器,具体结果如下。

C:\Documents and Settings\Administrator＞telnet 192.167.1.1
Login authentication
Username:sunhf
Password:
＜RTA＞system-view
Enter system view: return user view with Ctrl+Z
[RTA]

从显示的结果可以看出,需要输入用户名和密码才可以登录路由器。

7.5 企业网络设备管理与维护方案

在模拟学院网络中,对所有网络设备的操作系统和配置文件均需要进行备份,并统一保存。由于网络设备数量众多,因此必须在备份文件的名称上对其加以区分,其中局域网内交换机的具体命名规则为：楼宇名称-设备层次-楼层号(接入层交换机)/设备编号(有冗余的汇聚层或核心层交换机).后缀。楼宇名称及设备层次缩写如表 7-1 所示。

表 7-1 楼宇名称与设备层次缩写表

楼宇名称	缩写	设备层次	缩写
教学楼	E	核心层	C
图科楼	L	汇聚层	D
清苑大厦	G	接入层	A
体育馆	S	网络中心接入	N
校园宾馆	W		

例如，清苑大厦 10 楼的接入层交换机的操作系统文件名称为 G-A-10.bin，教学楼的两台汇聚层交换机的配置文件名称分别为 E-D-1.cfg 和 E-D-2.cfg。

AP 的命名规则为：楼宇名称-W-设备编号，其中 W 代表 WLAN。主校区的出口路由器名称为 M-O，M 代表 Master，O 代表 Output；两个分校区的出口路由器名称分别为 B-O-1 和 B-O-2，其中 B 代表 Branch。

为了使网络管理员可以远程登录网络设备，进行管理和维护，在所有的网络设备上开启 Telnet 功能，并且要为不同的设备配置不同的用户名和密码，以确保网络设备的安全。设备登录使用的用户名和密码要放置到一张电子表格中统一进行管理。如果有必要的话，可以采用远程身份认证拨号用户服务(RADIUS)的方式进行集中的登录认证和授权。

7.6 小 结

本章主要介绍了网络设备管理与维护的基础知识，包括路由器和交换机的运行级别，配置文件的备份和恢复方法，以及路由器和交换机的远程管理方法等。这些知识是网络管理员必须掌握并且经常要应用到的，是做好网络运行维护管理的基础。

7.7 习 题

(1) 简述华为设备的运行级别，以及每个级别可以执行的操作。
(2) 简述华为设备的文件系统类型。
(3) 简述使用 FTP 方式进行配置文件备份和恢复的过程。
(4) 简述使用 TFTP 方式进行配置文件备份和恢复的过程。
(5) 远程登录网络设备有哪两种验证方式，分别如何实现？
(6) 简述 super 命令的作用。

7.8 实 训

7.8.1 网络设备系统安装实训

实训学时:2学时;每实训组学生人数:5人。

1. 实训目的

掌握路由器在多配置文件环境下指定启动配置文件的方法;掌握路由器配置文件的备份和恢复方法;掌握路由器 VRP 备份的方法。

2. 实训环境

(1) 安装有 TCP/IP 通信协议的 Windows 系统 PC:1 台。

(2) 华为路由器:1 台。

(3) UTP 电缆:1 条。

(4) Console 电缆:1 条。

(5) 保持路由器为出厂配置。

3. 实训内容

(1) 指定启动配置文件。

(2) 配置文件的备份和恢复。

(3) VRP 文件的备份。

4. 实训指导

(1) 按照如图 7-3 所示的网络拓扑结构搭建网络,完成网络连接,并进行基本配置。其中 x 为台席号,y 为机位号。

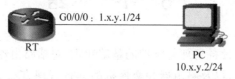

图 7-3 设备系统安装实训拓扑结构

(2) 在路由器上配置环回接口 LO0 的 IP 地址为 1.1.1.1/32,并保存为 first.cfg。参考配置如下。

[Huawei]interface LoopBack 0
[Huawei-LoopBack0]ip address 1.1.1.1 32
[Huawei-LoopBack0]quit
[Huawei]quit
< Huawei > save first.cfg
  Are you sure to save the configuration to first.cfg? (y/n):y
  It will take several minutes to save configuration file, please wait...
  ...
  Configuration file had been saved successfully
  Note: The configuration file will take effect after being activated

配置完成后,在路由器上执行 display startup 命令,查看路由器下次启动将要加载的配置文件并考虑原因。在用户视图下执行 reboot 命令重启路由器,重启后执行 display current-configuration 命令,对加载的配置文件进行确认。

在用户视图下,指定路由器下次启动的配置文件为 first.cfg。参考命令如下。

<RTA> startup saved-configuration first.cfg
Info: This operation will take several minutes, please wait…
Info: Succeeded in setting the file for main booting system

配置完成后,在路由器上执行 display startup 命令,查看路由器下次启动将要加载的配置文件。在用户视图下执行 reboot 命令重启路由器,重启后执行 display current-configuration 命令,对加载的配置文件进行确认。

(3) 对配置文件进行备份和恢复。

① 使用 FTP 方式进行配置文件的备份和恢复。首先在路由器上启用 FTP 服务,参考命令如下。

[RTA]ftp server enable
[RTA]set default ftp-directory flash:
[RTA]aaa
[RTA-aaa]local-user huawei password irreversible-cipher zhangsf123
[RTA-aaa]local-user huawei privilege level 3
[RTA-aaa]local-user huawei service-type ftp
[RTA-aaa]local-user huawei ftp-directory flash:

路由器配置完成后,在 PC 上使用命令行进行配置文件 first.cfg 的备份。参考命令如下。

D:\> ftp 10.x.y.1
Connected to 10.x.y.1.
220 FTP service ready.
User (10.x.y.1:(none)): huawei
331 Password required for huawei.
Password:
230 User logged in.
ftp> get first.cfg
200 Port command okay.
150 Opening ASCII mode data connection for first.cfg.
226 Transfer complete.
ftp:收到 1223 字节,用时 0.06Seconds 19.73Kbytes/sec.

备份完成后,在 PC 的相应目录下可以找到配置文件 first.cfg。此时将路由器上的配置文件 first.cfg 删除,参考命令如下。

<RTA> reset saved-configuration
Warning: This will delete the configuration in the flash memory.
The device configurations will be erased to reconfigure.
Are you sure? (y/n):y…
Info: Clear the configuration in the device successfully.

删除后,在路由器的用户视图下执行 dir 命令,确认 first.cfg 已经不存在。然后在 PC

上进行配置文件 first.cfg 的恢复,参考命令如下。

ftp> put first.cfg
200 Port command okay.
150 Opening ASCII mode data connection for first.cfg.
226 Transfer complete.
ftp:发送 1223 字节,用时 0.00Seconds 1223000.00Kbytes/sec.

恢复完成后,在路由器的用户视图下执行 dir 命令,确认 first.cfg 已经被恢复。

② 使用 TFTP 方式进行配置文件的备份和恢复。首先,在 PC 上安装 TFTP 服务软件 SolarWinds-TFTP-Server.exe,该软件位于 D:\soft\NetworkTools 目录下。安装完成后,运行 TFTP 服务,并将其安全级别修改为 Transmit and Receive files,如图 7-4 所示。

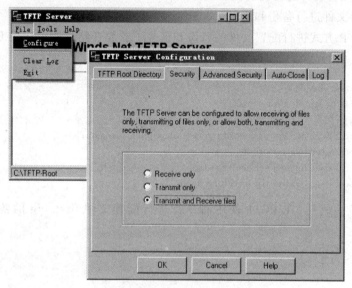

图 7-4 TFTP 服务安全级别修改

TFTP 服务安装配置完成后,在路由器的用户视图下进行配置文件 first.cfg 的备份,参考命令如下。

<Huawei> tftp 10.x.y.2 put first.cfg
Info: Transfer file in binary mode.
Uploading the file to the remote TFTP server. Please wait…
 100%
TFTP: Uploading the file successfully.
    1223 bytes send in 1 second.

备份完成后,在 PC 的 C:\TFTP-Root 目录下可以看到配置文件 first.cfg。此时将路由器上的配置文件 first.cfg 删除,然后在路由器上进行配置文件 first.cfg 的恢复。参考命令如下。

<Huawei> tftp 10.x.y.2 get first.cfg
Info: Transfer file in binary mode.
Downloading the file from the remote TFTP server. Please wait…

1223 bytes received in 1 second.
TFTP: Downloading the file successfully.

恢复完成后,在路由器的用户视图下执行 dir 命令,确认 first.cfg 已经被恢复。

(4) 对 VRP 文件 AR1220C-V200R009C00SPC500.cc 进行备份。VRP 的备份同样分为 FTP 和 TFTP 两种方式,需要注意的是,本部分仅仅是进行 VRP 的备份,切勿进行 VRP 的恢复操作。如果有任何问题必须马上与实训指导教师联系。

本次实训不需要提交实训报告。

7.8.2 网络设备远程管理实训

实训学时:2 学时;每实训组学生人数:5 人。

1. 实训目的

掌握网络设备的远程登录管理配置方法。

2. 实训环境

(1) 安装有 TCP/IP 通信协议的 Windows 系统 PC:1 台。
(2) 华为交换机:1 台。
(3) UTP 电缆:1 条。
(4) Console 电缆:1 条。
(5) 保持交换机为出厂配置。

3. 实训内容

(1) 配置密码验证方式的远程登录。
(2) 配置用户名/密码验证方式的远程登录。

4. 实训指导

(1) 按照如图 7-5 所示的网络拓扑结构搭建网络,完成网络连接,并进行基本配置。其中 x 为台席号,y 为机位号。

图 7-5 网络设备远程管理实训拓扑结构

(2) 在交换机上配置 VLAN 99 为管理 VLAN,并为其分配 IP 地址。参考配置如下。

[Huawei]vlan 99
[Huawei-vlan99]quit
[Huawei]interface GigabitEthernet 0/0/1
[Huawei-GigabitEthernet0/0/1]port link-type access
[Huawei-GigabitEthernet0/0/1]port default vlan 99
[Huawei-GigabitEthernet0/0/1]quit
[Huawei]interface Vlanif 99
[Huawei-Vlanif99]ip address 10.x.y.1 24

配置完成后,通过 Ping 命令测试交换机与 PC 之间的连通性。

（3）配置密码验证方式的远程登录，要求登录密码为 Huawei123，登录级别为 0 级，3 级的密码为 network123456。参考配置如下。

［Huawei］telnet server enable
［Huawei］user-interface vty 0 4
［Huawei-ui-vty0-4］authentication-mode password
［Huawei-ui-vty0-4］set authentication password cipher
Enter Password(＜8-128＞)：
Confirm password：
［Huawei-ui-vty0-4］user privilege level 0
［Huawei-ui-vty0-4］quit
［Huawei］super password level 3 cipher
Enter Password(＜8-16＞)：
Confirm password：

配置完成后，在 PC 上远程登录交换机，并切换到 3 级进行测试。在 PC 上打开 Wireshark 软件对流量进行监听，观察是否可以捕获到相关信息，并考虑 Telnet 的安全性。

（4）配置用户名/密码验证方式的远程登录，要求用户名为 wangluo，密码为 system123，用户级别为 3 级。参考配置如下。

［Huawei］telnet server enable
［Huawei］user-interface vty 0 4
［Huawei-ui-vty0-4］authentication-mode aaa
［Huawei-ui-vty0-4］quit
［Huawei］aaa
［Huawei-aaa］local-user wangluo password irreversible-cipher system123
［Huawei-aaa］local-user wangluo privilege level 3
［Huawei-aaa］local-user wangluo service-type telnet

配置完成后，在 PC 上远程登录交换机进行测试。

本次实训不需要提交实训报告。

参 考 文 献

[1] 华为技术有限公司. HCIA-Datacom 网络技术学习指南[M]. 北京：人民邮电出版社，2022.
[2] 华为技术有限公司. HCIA-Datacom 网络技术实验指南[M]. 北京：人民邮电出版社，2022.
[3] 刘伟，王鹏. HCIP-Datacom 认证实验指南[M]. 北京：中国水利水电出版社，2023.
[4] 王达. 华为交换机学习指南[M]. 2 版. 北京：人民邮电出版社，2019.
[5] 王达. 华为路由器学习指南[M]. 2 版. 北京：人民邮电出版社，2020.
[6] 华为技术有限公司. 网络系统建设与运维（高级）[M]. 北京：人民邮电出版社，2020.
[7] 华为技术有限公司. HCIP-Datacom Core Technology V1.0 华为认证数通核心技术高级工程师在线课程[EB/OL]. https://e.huawei.com/cn/talent/outPage/#/sxz-course/home? courseId＝XiN1BCV-76fgzeQRrfWyus2D4OsY
[8] 华为技术有限公司. 网络系统建设与运维（高级）在线课程[EB/OL]. https://e.huawei.com/cn/talent/outPage/#/sxz-course/home? courseId＝cWXSSdT_8ctpZ1gvo0sqVTBqZ2w
[9] 江礼教. 华为 HCIP 路由与交换技术实战[M]. 北京：清华大学出版社，2023.
[10] 田庚林，张少芳，赵艳春，等. 计算机网络技术基础[M]. 3 版. 北京：清华大学出版社，2019.